生命科学领域国际大科学计划
组织与管理

International Big Science Project in the
Field of Life Sciences

Organization and Management

徐萍 王玥 杨忠 主编

科学出版社
北京

内 容 简 介

牵头组织国际大科学计划和大科学工程是我国科技发展的重要规划方向，同时也是我国实现高水平科技自立自强的重要基石。为了支撑我国生命科学领域牵头发起和组织国际大科学计划，本书在系统分析总结国际大科学计划的发展历程和组织特点的基础上，选取了18个生命科学领域的国际大科学计划，从研究问题提出、研究目标设定、组织管理和经费资助体系构建、管理体系框架和管理准则制定、成果产出与管理等多维度，对这些计划进行了全面而深入的分析，并归纳凝练了生命科学领域国际大科学计划从发起到完成全过程的组织实施体系和运作机制。

本书既面向具备一定管理知识，希望发起或参与到国际大科学计划中的科技政策制定者、研究人员和管理人员，旨在帮助他们深入了解并掌握国际大科学计划的组织模式和实施经验；也面向对国际大科学计划的组织与管理感兴趣的公众，为他们提供一份关于国际大科学计划开展情况的知识概览。

图书在版编目（CIP）数据

生命科学领域国际大科学计划：组织与管理 / 徐萍，王玥，杨忠主编. -- 北京：科学出版社，2024.11
ISBN 978-7-03-077597-9

Ⅰ. ①生… Ⅱ. ①徐… ②王… ③杨… Ⅲ. ①生命科学－研究 Ⅳ. ①Q1-0

中国国家版本馆 CIP 数据核字（2024）第 016625 号

责任编辑：王 好 / 责任校对：郑金红
责任印制：赵 博 / 封面设计：无极书装

科学出版社 出版
北京东黄城根北街 16 号
邮政编码：100717
http://www.sciencep.com

天津市新科印刷有限公司印刷
科学出版社发行　各地新华书店经销

*

2024 年 11 月第 一 版　开本：787×1092 1/16
2025 年 9 月第二次印刷　印张：15 1/4
字数：360 000
定价：198.00 元
(如有印装质量问题，我社负责调换)

本书编委会

主　　编：徐　萍　王　玥　杨　忠

副 主 编：施慧琳　孙学会

编　　委（以姓氏笔画为序）：

马俊才　王　玥　刘　晗　许　丽　孙学会

李　伟　李祯祺　杨　忠　杨若南　吴林寰

陈兴栋　施慧琳　袁子宇　徐　萍　陶韡烁

靳晨琦

前　言

"大科学"是一类研究目标宏大、研究内容复杂、经费投入巨大、参与人员数量庞大的科学研究活动。大科学计划是"大科学"研究开展的主要形式之一，主要围绕生物多样性、人类疾病、作物培育等关乎民生福祉的主题，以及地球科学、生态学、生命科学等依赖观测和数据分析的学科开展，研究形式以实验室研究、野外调查或数据分析等为主。大科学计划的出现，改变了自然科学发展的组织范式，逐渐成为开拓知识前沿、探索未知世界和解决重大全球性问题的重要手段。近年来，随着对科学认识的逐渐深入，科学问题的复杂性逐渐超出一国的能力范畴，"大科学"研究也逐渐形成了国际化发展的新体系。

"人类基因组计划"开启了生命科学领域的大科学时代，该计划的成功实施不仅推动了生命科学和医学研究的跨越式发展，其开创的全新科研组织模式也为生命科学研究带来了研究新范式。因此，在人类基因组计划结束后，国际人类基因组单体型图计划、千人基因组计划、人类蛋白质组计划、DNA 元件百科全书计划等一系列生命科学领域的国际大科学计划陆续开展起来。经过多年的发展，国际大科学计划逐渐成为生命科学研究工作开展的重要组织模式，获得全球的广泛认可并取得积极进展。随着经验的不断积累，目前生命科学领域已经逐渐建立起一套国际大科学计划运行的完整体系，在组织模式、资助方式、管理体系和管理准则等方面都已形成了相对成熟的发展模式。

改革开放以来，我国积极开展国际科技交流与合作，先后参与了国际热核聚变实验堆计划、人类基因组计划、国际地球观测组织、国际大洋发现计划和平方公里阵列射电望远镜等一系列国际大科学计划或大科学工程（组织）的实施，为解决世界性重大科学问题贡献了中国智慧。为了能够更好地在重大科学研究中提出中国方案、发出中国声音，提升我国在国际上的科技影响力，"十三五"期间，我国开始积极牵头并着力推动国际大科学计划和大科学工程的实施。2018 年，国务院正式印发《积极牵头组织国际大科学计划和大科学工程方案》（以下简称《方案》）。《方案》旨在围绕物质科学、宇宙演化、生命起源、地球系统、环境和气候变化、健康、能源、材料、空间、天文、农业、信息以及多学科交叉领域，遴选并重点培育具有合作潜力的项目。为落实上述《方案》，科技部于 2019 年在国家重点研发计划"战略性国际科技创新合作"重点专项中，特别部署了"牵头组织国际大科学计划和大科学工程培育项目"。此举旨在借鉴国际经验，探索并建立国际大科学计划和大科学工程项目相关的体系和制度，为后续启动相关研究计划奠定基础。

然而，从整体来看，我国当前在牵头开展国际大科学计划和大科学工程方面的经验确实较为有限。特别是在大科学计划的实施上，我国尚未构建出一套完整的组织管理体系。

因此，为了助力我国在国际大科学计划中从"参与者"向"牵头者"的角色转变，并为我国牵头组织国际大科学计划过程中的主题遴选、立项和管理制度制定提供国际经验借鉴，本书选取生命科学领域的国际大科学计划为研究对象，从研究问题提出、研究目标设定、组织管理和经费资助体系构建、管理体系框架和管理准则制定、成果产出与管理等方面，系统探讨了这些计划从发起到完成过程中的组织实施体系和机制。

本书分为三章。第一章主要介绍了国际大科学计划的发展与组织管理体系。本章首先对"大科学"的概念内涵进行了辨析，从典型特征的角度，界定了本书中"大科学"的概念；同时回顾并总结了大科学研究主题和组织模式的发展演变特点。在此基础上，本章进一步围绕"国际大科学计划和大科学工程"，概述了其组织实施特点和流程，并对方案设计要素进行了梳理。

第二章聚焦于生命科学领域国际大科学计划的组织与管理体系研究。本章重点对生命科学领域国际大科学计划的组织管理体系、模式和特点进行了系统归纳和深入剖析，具体涵盖计划发起阶段的研究问题的提出和确定、计划的酝酿和筹备、目标的设定等过程，以及计划实施阶段的组织模式、资助方式、管理体系和管理准则等。此外，本章还以人类肝脏蛋白质组计划等多个案例，概述了我国生命科学领域国际大科学计划的发起和实施情况。

第三章是生命科学领域国际大科学计划的案例研究。本章选取了不同组织模式的国际大科学计划，以案例分析的形式，从全过程管理的视角出发，系统分析了每个计划的酝酿与发起过程，理清了这些计划发起的科学基础和全流程，并从各个计划的目标设定、成员结构、经费管理、组织管理架构等多维度，全面总结了计划的组织实施机制，同时系统梳理了计划的管理政策细节，包括知情同意、样本获取、数据管理、知识产权等方面，还从数据产出、文章发表、社会影响等多个角度，阐述了各计划的综合影响力。本章选取的案例包括：人类基因组计划、人类蛋白质组计划、国际人类基因组单体型图计划等任务分配制计划，国际人类表观基因组联盟、国际癌症基因组联盟、国际小鼠表型分析联盟等联盟成员制计划，人类细胞图谱计划等项目竞标制计划，国际生物多样性计划、国际海洋生物普查计划等国家（地区）联合制计划。

希望本书能为我国生命科学及其他领域的科技政策制定者、研究人员和管理人员组织开展国际大科学计划提供有益借鉴和参考。在编写过程中，虽然作者对书中内容反复斟酌，几易其稿，但由于水平所限，书中不足之处在所难免，恳请广大读者批评指正。

本书编委会
2024 年 3 月

目 录

第一章 国际大科学计划的发展与组织管理体系研究 ... 1
 第一节 大科学的提出与演变 ... 1
  一、大科学的概念内涵 ... 2
  二、大科学的研究主题 ... 4
  三、大科学的研究特点 ... 6
 第二节 国际大科学计划/工程的发展 ... 8
  一、国际大科学计划/工程的特点 ... 8
  二、国际大科学计划/工程组织流程与方案设计 ... 9

第二章 生命科学领域国际大科学计划组织与管理体系研究 ... 13
 第一节 生命科学领域国际大科学计划组织与管理分析 ... 14
  一、生命科学领域国际大科学计划概况 ... 14
  二、生命科学领域国际大科学计划发起阶段 ... 16
  三、生命科学领域国际大科学计划实施阶段的组织体系剖析 ... 20
  四、生命科学领域国际大科学计划实施阶段的管理体系和管理准则 ... 23
 第二节 我国牵头酝酿和开展的生命科学领域的国际大科学计划案例 ... 25
  一、人类肝脏蛋白质组计划 ... 25
  二、人类表型组国际大科学计划 ... 28
  三、全脑介观神经联接图谱国际大科学计划 ... 33
  四、全球微生物菌种保藏目录国际大科学计划 ... 34

第三章 生命科学领域国际大科学计划案例研究 ... 37
 第一节 任务分配制国际大科学计划 ... 37
  一、人类基因组计划 ... 37
  二、人类蛋白质组计划 ... 45
  三、国际人类基因组单体型图计划 ... 54
  四、DNA元件百科全书计划 ... 61
  五、千人基因组计划 ... 70
  六、地球生物基因组计划 ... 79
  七、万种脊椎动物基因组计划 ... 93
 第二节 联盟成员制大科学计划 ... 101
  一、国际人类表观基因组联盟 ... 101
  二、国际癌症基因组联盟 ... 112
  三、国际水稻基因组测序计划 ... 130

四、国际人类微生物组联盟 140
　　五、国际小鼠表型分析联盟 145
　　六、全球艾滋病疫苗企业计划 154
　　七、国际动物健康研究联盟 168
　　八、国际罕见病研究联盟 179
　第三节　项目竞标制大科学计划 201
　　一、人类细胞图谱计划 201
　第四节　国家（地区）联合制大科学计划 210
　　一、国际生物多样性计划 210
　　二、国际海洋生物普查计划 218

参考文献 230

第一章　国际大科学计划的发展与组织管理体系研究

"大科学"是 20 世纪中叶由国际科技界提出的有别于"小科学"的研究组织新模式。经过几十年的发展,"大科学"研究涉及的领域不断扩展,组织形式日趋多样,跨学科特性日益凸显,其对科学和社会的影响也愈发深远。当前,大科学工程已为高能物理、空间科学、天文观测等领域科学技术的发展奠定了坚实基础,同时,大科学计划的开展也满足了生命科学、生态学、地球科学等领域对"数据密集型科学"新研究范式的需求。随着科学研究规模持续扩大、内容日益深化以及科技全球化进程的加速,国际合作愈发密切,超出单个国家范畴的国际大科学计划和大科学工程正成为"大科学"研究的主要模式,为解决世界性重大科学难题提供了重要途径。

第一节　大科学的提出与演变

科技活动的组织最初由个人或一个独立研究团队主导,即处于与"大科学"(big science)相对的"小科学"(little science)阶段,其发展经历了个体研究、学会研究和集体研究的演变过程。18 世纪之前,科技活动主要依托于个体研究的形式。当时的重大科学发现,如哥白尼的日心说、牛顿的经典力学体系都是个人兴趣以及长期研究、试验和观察的结果。而随着手工生产逐步被机械化工业生产所取代,科学技术研究课题变得愈加复杂。此时,各类科学和技术学会应运而生,它们不仅促进科学家进行协作,还为相关科研成果的相互交流搭建了平台。19 世纪末,社会生产和现实生活所显现的各类复杂需求,对科学和技术的结合、多学科之间的合作提出了更高的要求,从而推动形成了以研究所为依托的集体研究方式(宝胜,2008)。进入 20 世纪以来,科学技术的发展和进步,使科学探索的深度和范围大幅拓宽,科学研究的复杂性显著提升。与此同时,粮食短缺、气候变化、环境恶化等问题日趋严峻,对人类可持续发展构成了重大威胁,进而衍生了更为宏大、更具挑战性的全新科学问题。在此背景下,随着科学研究复杂性和创新难度的不断提高,许多科学问题愈发难以仅凭单一技术、单一学科解决。相应地,研究的实施规模扩大和所需经费投入的大幅增长,预示着在面对这些复杂性科学问题时,"小科学"中以科学家个人或单一团队为主导的研究模式已经无法胜任,从而"大科学"这一新型科研组织模式开始萌芽。

"大科学"思想最早的践行者是苏联和美国。20 世纪 20 年代,苏联提出了一种新的科学发展模式——规划科学,即在分析人类的需要的基础上,通过严密思考和周密计划找出解决方法(老墨,2006)。第二次世界大战期间,美国政府资助了曼哈顿计划、雷达工程等多个大科学计划,且都取得了重大突破。其中,曼哈顿计划集中了当时世界上最优秀的核科学家,历时 3 年,耗资 20 亿美元,并于 1945 年 7 月 16 日成功地进行了世界上第一次核爆炸,还按计划制造出两颗原子弹。雷达工程则通过大规模多学科交叉定向研究，在 1940~1945 年的五年间，取得了以往可能需要 20 年才能取得的科学技术成就，以 1.5 亿美元的总经费预算产出了价值达 14.6 亿美元的雷达产品（马晓琨，2007）。在苏联和美国的实践下，"大科学"开始兴起。

一、大科学的概念内涵

1961 年，Alvin Weinberg 在 *Science* 期刊上发表了一篇题为 "Impact of Large-Scale Science on the United States"（《大科学对美国的影响》）的文章，提出了 "large-scale science" 一词，用于描述大型火箭、高能加速器、高通量反应堆等大型科学研究装置建设的科学工程组织体制、机制，这些体制、机制的建设依赖于政府大量人力、财力投入。1963 年，Derek Price 出版了 *Little Science，Big Science*（《小科学·大科学》）一书，使用了 Alvin Weinberg 提出的 "大科学" 概念，并从科学的指数型发展和科学家的作用层面进一步系统论述了 "小科学" 向 "大科学" 过渡的本质，并率先洞察到 "大科学" 的普适性。正如 Derek Price 所强调，"大科学" 的出现并不是科学发展史中的一个转折，"小科学" 向 "大科学" 的发展是一个漫长的、渐进的过程，两者之间并不存在一个清晰的界限。因此，Derek Price 并没有给出 "大科学" 的定义。

之后，关于什么是大科学，不同研究学者提出了不同的见解。一些学者最初简单地以仪器设备规模或是学科来区分界定 "大科学" 与 "小科学"。例如，苏联学者指出，应用加速器、人造卫星等复杂而昂贵仪器的研究就是大科学，而应用示波器、质谱测定器等相对价格低廉仪器的研究则是小科学。再如，日本学者则认为大科学仅局限于高能物理学和天文学领域，而其他学科都应归为小科学。这些界定规则虽然简单明确，但不符合科技发展规律（李建明和曾华锋，2011）。随着研究的进一步推进，大科学的概念内涵也在不断丰富和细化。经济合作与发展组织（Organization for Economic Co-operation and Development，OECD）的大科学论坛（Megascience Forum）强化了 Alvin Weinberg 的大科学概念，将其定义为旨在解决一系列重大的、大范围的、复杂的需要大规模协作的科学问题，并且其开展是依赖大量人力资源的一项科学活动，包括大型仪器设备和基础设施建设。也有外国学者指出，望远镜、加速器、生物医学研究设施、激光、中子或同步辐射源、分子成像设施、高磁场设施、高性能超级计算机等这些 "大型研究基础设施" 是否属于大科学，取决于设施规模及其在创新体系中的作用。区分大科学与小科学的标志包括：地理因素、经济因素（数十亿美元）、多学科（多个学科和工程技术交叉）和全球化（多层次的国际合作）几个特征（Gastrow and Oppelt，2018）。大科学研究需要符合几个标准，即规模超出单一国家的承受能力，多边合作模式更具成本效益，跨地区合作有利于获得更多研究结果，可提升社会和经济凝聚力，鼓励成员方之间的科技人员流动和科技政策协调（Nurakhov，2020）。此外，国内外学者还从研究经费规模、研究组织形式、研究内容等多个方面，提出了他们对大科学概念内涵的见解。

（1）研究经费规模

20 世纪 80 年代，美国技术评估办公室对大科学研究的经费规模界定是 1 亿美元以上。不过以经费规模为界定与时代背景紧密相关，如 20 世纪 50 年代的几个大科学研究花费不足 1 亿美元，但在当时它们被视为大科学项目（申丹娜，2009）。吴家睿（2004）指出，经费和人力投入的多少并不总是能够全面体现大小科学之间的差别。他认为"目标大"和"视野大"比"规模大"更能反映生命科学领域"大科学"与"小科学"的本质不同。大科学是指利用大规模、高通量的研究手段进行的全局性、整体性的研究。规模大的研究一定是一个大项目，但不一定是大科学。

（2）研究组织形式

蒲慕明（2005）将"大科学"定义为由少数政治或科学领导人物"由上而下"组织起来的、需要大量科研经费的、包含众多实验室和科研人员的计划。例如，由我国科技部和其他政府部门组织的一些项目，如国家高技术研究发展计划（863 计划）、国家重点基础研究发展计划（973 计划），以及国家中长期科技发展规划所衍生的巨型项目，都归属于"大科学"。而"小科学"为由个别科学家发起，只有一个或几个实验室参加，并经过有竞争的同行评审的项目，如国家自然科学基金委员会（NSFC）资助的项目就是"小科学"的典型代表。哈尔滨工业大学经济与管理学院的研究人员从交易成本理论视角，剖析了因资产专用性的属性和程度不同，导致"小科学"主要采用市场治理结构，即由自发责任机制、分散化权力机制和强激励利益机制确立组织边界，边界内呈现简单离散构型，而大科学主要采用科层治理结构，由配置责任机制、集中式权力机制和弱激励利益机制确立组织边界，边界内呈现复杂网络构型（黄振羽和丁云龙，2014）。

（3）研究内容

强伯勤（2007）认为所谓"大科学"指的是以整体阐明为指导思想，以高通量、大规模操作为技术特点的科学活动；而"小科学"则指以假说驱动的科学研究。也有学者指出"大科学"改变了"小科学"以探索未知为目的的粗放式研究，聚焦于以满足已知需求为目的的集约式研究，并从探索为企业服务的知识转向直接服务于国家和社会的知识，明确了"大科学"公共知识生产中的地位和功能（老墨，2006）。还有文献指出，"小科学"时代的科学研究以自然界为对象，"大科学"时代的研究对象拓宽为自然、社会与人构成的复杂系统，科学研究的目的不仅是追求知识，而且要实现科学、技术、生产一体化，将知识形态的潜在生产力转化为直接生产力（宝胜，2008）。随着科技的持续发展，另有学者提出"超大科学"概念（沈律，2006），这一概念包含了超常规科技、超大规模科技体系、超复杂结构科技体系、超国家创新体系等，主要涉及大量交叉科技、边缘科技、横向科技及综合科技等领域，代表着未来科技发展的大方向（沈律，2021）。

与此同时，随着大科学时代的到来，以及大科学设施不断产生大量数据，有学者将"大科学"和"大数据"联系在一起。郭华东（2014）指出无论是需要巨额投资建造、运行和维护的大型研究设施支撑的大科学工程，还是需要跨学科合作开展的大规模、大尺度的前沿性科学研究计划，大部分都与大数据关系密切，形成了"大数据+大科学=大发现"格局。大科学研究将生成海量的实验数据或观测数据，如高亮度大型强子对撞机预计年产出数据量可达约 1 EB，再如平方公里阵列射电望远镜的天线更是每秒产生超过 100 TB 的数据（Heiss，2019）。而为了防止概念混淆，学者们开展了关于"大科学"与"大数据"关系的辨析，认为两者不能等同。Ratti（2016）提出大数据不仅源于大科学研究，就像社交媒体平台虽然用到了大数据分析，但其与大科学研究没有直接关系；反之，大科学也不一定产生大数据，如曼哈顿计划。

然而，时至今日，"大科学"也没有一个明确且统一的概念，更确切地说，学界始终无法对其"边界"达成一致的观点。目前，对于"大科学"的概念界定都是从其特征出发，其典型特征可以大致归纳为：研究目标宏大、研究内容复杂、经费投入巨大、参与人员数量庞大。

1）研究目标宏大

"大科学"的研究目标不再局限于"以好奇心驱动的自由探索"层面，其设立大都是为了解决科学中的重大问题，或满足政治、社会发展中的重大需求。宏大的目标也是"大科学"最显著的特征之一。

2）研究内容复杂

由于设定了宏大的目标，"大科学"研究的规模一般比较庞大，学科交叉程度也往往较高，需要多学科专业科研团队的支撑。

3）经费投入巨大

"大科学"研究的复杂性意味着相关研究大多需要大量经费的投入。

4）参与人员数量庞大

复杂的研究内容以及宏大目标意味着庞大的工作量。因此，"大科学"研究的参与人员数量较多，一些"大科学"研究的实施全程甚至可能涉及几十万人的参与。

二、大科学的研究主题

（一）国家发展需求驱动的研究主题更迭

第二次世界大战期间的"大科学"被定义为大组织、大装置和大政治的结合，是一场史无前例地服务于国家的科技动员。这场动员产生了一系列重大发明，如第一批核武器等。此阶段的大科学研究向世界证明了基础研究成果能转化为军事力量，还可以改变科学历史进程。

此后很长一段时间内，"大科学"主要聚焦于高能物理、空间科学等领域，这些研究多是需要依托巨额投资建造、运行和维护的大型研究设施的"工程式大科学"研究，旨在展现国防军事和科技实力。能否开展大科学研究以及大科学研究的规模成为体现意识形态优越性与国家威望的重要形式，更大的装置、更高的投入、更宏大的目标成为当时大科学发展的特征。例如，始于1961年的美国阿波罗登月计划的提出与实施背景是美国和苏联两国冷战时期开展的太空竞赛，该计划历时约11年，耗资255亿美元，在工程高峰时期，参加工程的有2万家企业、120多所大学和上百个科研机构，总人数超过30万人，最终实现载人登月飞行和对月球的实地考察（张义芳，2012）。

随着美苏冷战的结束，"大科学"研究方向开始发生变化，进一步转向环境生态、生命科学等关乎人类命运和未来福祉的研究。由于大科学研究的缘起与国家意志和政治紧密相连，因此，早期大科学主题的更迭也受到了政治的影响。冷战的结束、总统的更替、大科学研究中不确定的预算误差和管理不善、预期的国际合作未能实现，以及科学界内部为争取资金而产生的纷争和裂痕等因素，共同促使美国国会于 1993 年撤销对超导超级对撞机的资助。这标志着美国政府减少对高能物理领域的大力度的资金支持。美国国家航空航天局自 20 世纪 90 年代起转向开发体积更小、成本更低的卫星。这一转变是出于满足以更经济的方式开展研究的需求。与此同时，全球气候变暖、生物多样性锐减等威胁人类生存的问题日益凸显，这些问题已成为国际社会共同面临的挑战。在此背景下，国际科学组织发起了一系列环境科学相关的大科学研究计划，旨在凝聚全球力量，为全球可持续发展提供必要的理论知识、研究手段和方法。同一时期，越来越多基因遗传病的发现让科学家们意识到全面了解人体基因序列的重要性。1986 年，美国科学家 Dulbecco 在 *Science* 期刊上发表一篇题为"A Turning Point in Cancer Research: Sequencing the Human Genome"（《癌症研究的转折点：测定人类基因组序列》）文章，提出测定人类基因组序列的必要性和艰巨性，并指出这一工作是任何一个实验室都难以承担的，应该成为国家级的项目，甚至是国际性的项目。此后，人类基因组计划的提出标志着"大科学"研究主题范畴扩展到生命科学领域。

（二）科学技术进步驱动新研究主题的诞生

高能物理、天文学等学科领域的前沿研究依赖于大型科学装置的支持。20 世纪中期，为取得进一步的科学突破，科学家们对研究装置的规模、复杂程度提出了更高的要求。这一需求形成了需要巨额投资建造、运行和维护大科学设施这一"大科学"模式。

探索构成物质的最小或/及最基本的单位是物理学基础研究重点关注的问题之一。最初科学家们借助宇宙射线来发现基本粒子，并于 1932 年发现了第一种反物质粒子——正电子。20 世纪 50 年代起，相关研究逐步转向利用人造粒子加速器对物质的基本结构进行阐释。而随着发现的基本粒子数目不断增加，对粒子加速器的要求也越来越高，大型粒子加速器的建造已不再是一个实验室或是一个国家可以单独承担的任务，由此促成了高能物理领域大科学设施的诞生。与此同时，天文学作为观测科学，其研究依赖于天文观测工具——望远镜及其后端接收设备。20 世纪上半叶，观测宇宙还是各个国家/地区的独立活动，当时的合作停留在分享知识的水平上。随着望远镜制造技术的发展和天文学观测研究的推进，对极微弱信号，以及在极高空间/时间/谱分辨率、极精确空间导向定位条件下的观测需求，使得天文观测设备日益复杂化、大型化，投资规模也越来越大，且相关设备必须安置在具有观测优势的特定位置，由此诞生了围绕天文望远镜建造和运行的大科学设施。

与上述几个学科不同，地球科学、生态学、生命科学等学科的研究依赖于对实验数据的观测和分析，过程中不需要使用大型科学装置。随着科学技术的进步，数据集复杂性的提升和分析规模的扩大，形成了"大科学"研究模式。这种模式在获取大规模、复杂、多样化、纵向和/或分布式数据集的基础上，应用系统科学研究方法，揭示各学科尚未解答的问题，总结科学发展规律，最终实现特定的宏大研究目标（Light et al., 2014）。

地球科学的大科学计划源于对地球全域进行较长时期的观测的需求。19 世纪后半叶，科学家们认识到极地对中纬度地区气候形成的作用，开始对极地区域的大气、磁场进行观测和数据收集。20世纪40年代末至50年代初,科学家们发现发展地球科学的科研数据严重不足,固体地球及其大气圈、水圈和磁圈的许多物理学问题尚未得到解决(项仁杰,1984)。此后,随着雷达的发明以及照相技术、观测记录等技术的进步,科学家们于1957年提出了国际地理物理年计划。这一计划的观测工作不再限于极地区域,观测内容也进一步扩展,共有67个国家4000个观测站以及3万名科技人员参加,成为地球科学大科学计划的雏形。国际地球物理年计划展现了另一种大科学模式,是数据驱动科学的典范(Aronova et al.,2010),其成功经验被化学、生态学、生命科学等学科领域吸取。在生态学领域,随着传感器技术和信息网络技术发展,生态系统观测方式从短时间观测逐渐向长期观测转变。这一转变促进了全球大规模联合的网络化观测、天-空-地立体综合观测的实现。1964年启动的国际生物学计划(International Biological Program)是人类大规模研究自然生态系统的开端,随后催生的长期生态研究(Long Term Ecological Research,LTER)计划标志着生态学领域进入大数据驱动的大科学时代。在生命科学领域,20世纪中叶诞生的分子生物学促使生物学家将生命视为一种遵循物理和化学规律的复合体,只要对基因及其产物逐个进行研究,就可以揭示生物个体的活动规律,相关研究以"小科学"的形式开展。20世纪末,以基因组学为代表的组学研究模式被提出,其关注的不再是生物体内的一两个基因或蛋白质等个别组分,而是所有的基因或蛋白质。这种全局性、整体性的研究目标宏大且明确,需要集成大规模高通量分析手段、跨学科研究队伍、大规模资金投入,是典型的"大科学"研究模式,由此诞生了人类基因组计划。人类基因组计划建立了一种数据开放共享方法和开源软件,使得所有人都可以访问该计划产生的数据,并进一步激发了随后的大规模数据采集计划,如国际人类基因组单体型图计划、千人基因组计划、人类蛋白质组计划等(Hood and Rowen,2013)。

三、大科学的研究特点

(一)形成大科学工程和大科学计划两个主要分支

从研究的内容角度来区分,大科学工程和大科学计划是"大科学"发展的两个主要分支,而从研究的组织形式角度来看,"集中式"和"分布式"大科学则是比较常用的分类,强调研究的地域集中度。

大科学工程(或大科学设施)是以建设大型设施和装置为目标的"大科学"研究,即通过较大规模投入、设备研制和工程建设,建成后能长期稳定运行并可持续用于相关科学研究,最终实现重要科学技术目标的大型设施(中国科学院综合计划局和基础科学局,2004)。其主要特点是具有固定的地理位置和设施实体,项目实施的主要任务是大型设施或装置的建造、运行和维护等。这类大科学项目大都集中在天文、空间、高能物理等对大规模设施依赖度较高的领域,诸如大型强子对撞机、大型同步辐射光源、正负电子对撞机、大型光学红外望远镜等都是其中的典型代表。由于大科学工程在建造过程中具有固定的地域限制,需要以相对集中的方式来组织科研人员开展研究工作,因此,大科学工程的组织模式是以"集中式"为主。

与大科学工程不同，大科学计划是围绕一个宏大目标开展的实验室研究、野外调查、数据统计等，基本不涉及大型设施实体的建设。大科学计划涉及的学科领域大都为不需要依赖大规模设施开展研究的领域，如生物学、基础物理学、生态学等。这类研究的开展没有固定的地域限制，项目任务可以拆分，由分布在全球不同研究机构或不同国家的科研人员独立开展研究。因此，大科学计划也常与"分布式"大科学组织模式紧密相连。人类基因组计划是典型的分布式大科学项目，不仅成功实施，还开创了一种全新的"大科学"研究范式，即以获得大数据为核心目标，旨在为解决领域内的重大科学问题提供支撑。这种范式在后续的大科学计划的实施过程中逐渐被广泛认可与采纳。

值得注意的是，尽管对"大科学"进行了组织模式的区分，但在具体实施过程中，不同模式的"大科学"并非完全彼此孤立存在，如在大科学工程的建设过程中，涉及的关键技术研发、零件生产等任务也常以"分布式"的方式来组织科研力量开展攻关；而在大科学计划的实施中，可能也会涉及一些大设施的应用，在应用这些设施开展研究的过程中，也在一定程度上存在着"集中式"的组织模式。

（二）跨科学组织特征愈加明显

"大科学"起步于第二次世界大战期间，彼时"大科学"的开展大都出于国防、军事目的，涉及的领域相对局限，如军事科技、高能物理、核物理等，这一时期也被一些学者称为"旧大科学"时代，其更多强调设施规模的宏大。20世纪80年代以来，随着科技快速进步，以及世界政治、经济格局的不断变化，"大科学"的发展模式也逐渐发生转变，迎来了"新大科学"时代，呈现出不同的发展特征。例如，学科之间的交叉合作逐渐增多，研究不再局限于规模的扩张，而更多是研究复杂程度的提升；建立广泛的研究网络；建设大型设施的目标转为支持更广泛的研究和应用、允许企业参与计划的资助和实施等（Crease and Westfall，2016）。1999年，*Nature* 期刊刊登的题为"Big Science Comes of Age"（《大科学发展迈向成熟》）的文章，明确指出大科学逐步迈向成熟，利用跨学科方法来解决科学问题成为现阶段大科学的主要特征。

（三）形成政府行为、基金会行为、企业行为、团体行为、个人行为等多方面有机结合的综合性行为模式

不同于"小科学"时代的个人行为和"大科学"初期的政府行为，当前大科学组织模式逐步形成了政府行为、基金会行为、企业行为、团体行为、个人行为等多方面有机结合的综合性行为模式（沈律，2006）。例如，国际人类表观基因组联盟、国际小鼠表型分析联盟等，由原来的国家级大规模计划项目发展而来，以成立联盟形式开展大科学研究，参与成员可以是研究机构、基金会和企业。另外，项目竞标制国际大科学计划的代表——人类细胞图谱计划，2016年在陈•扎克伯格倡议（Chan Zuckerberg Initiative）的资助下启动，其获得了来自全世界政府机构、基金会、慈善机构、医药/生物科技和技术行业组织等在经费、技术、设备等方面的支持，旨在确定人类所有类型细胞在基因表达、生理状态、发育轨迹和空间位置等方面的特有模式，也将增进对健康的理解和对健康状况的监测，并提升疾病的诊断和治疗能力。

第二节 国际大科学计划/工程的发展

随着全球的国际化进程逐渐加速，科技领域的国际合作也逐渐增多，而科学的深入发展也使得很多科学问题已经超出了一国的能力范畴。在此背景下，"大科学"研究也开始向国际化的方向发展，形成了国际大科学研究计划或工程的新型研究模式。

OECD 在推动大科学研究的全球化发展中发挥了关键作用。1992 年，在 OECD 组织的专门讨论国际科学合作的会议上，专家们提出"大科学"的快速发展致使国家层面预算超支，迫切需要在大科学研究早期规划阶段融入国际合作的模式（Myers，1992）。之后，在 OECD 部长级会议上，与会人员提出并通过了设立 OECD 大科学论坛的决议，旨在为各成员国高级科学政策官员提供一个就大科学研究问题进行定期磋商的平台，以交流、讨论科学领域的发展，分析每个领域的发展机会和面临的挑战，从而制定出合作政策。论坛通过成立工作组，开展相关研究，提出了切实可行的行动建议，以推进科技合作。例如，在核物理领域，工作组就核物理科学的未来愿景达成了共识，包括协调推进放射性核束设施、重离子对撞机、电子加速器以及粒子束生产设施的发展，同时，还探索了核科学的一些应用，特别是核废料嬗变和医学成像等方向；在生物多样性信息学领域，工作组提出了建设全球生物多样性信息机构（Global Biodiversity Information Facility，GBIF）的计划；在神经信息学领域，工作组建议推进国际合作，将信息科学应用于大脑研究中。此外，大科学论坛还指出了国际大科学计划/工程组织管理中面临的一些共性问题，如数据处理，并提出了解决相关问题的关键要素。这些要素包括平衡并保护数据生产者权利；确保提供足够的资金，支持针对大计划产生的数据的分析和存储；解决与数据质量、数据可比性、存储和检索相关的技术问题；确保科学成果的自由和公开交流；确定数据访问条件等（Tindemans，1997）。

总体来看，由于科技投入规模的显著增大和科技交流范围的扩大，现阶段很多大科学研究已经超越了单一国家主导或参与的范畴，而演变为一种跨国家、跨政府、跨学科的研发模式。

一、国际大科学计划/工程的特点

国际大科学计划/工程是国际科技合作研究的一种，旨在联合各国力量，携手应对气候变化、人口健康、能源安全、粮食安全、环境问题等全球性挑战。

从研究目标来看，国际大科学计划/工程研究主要集中在基础科学研究领域，以及直接影响全球命运与可持续发展有直接影响的领域。其中，基础科学研究本质上都是超越国界的，而随着人类活动规模的扩大，涉及健康、能源、生态、环境、气候、海洋、自然灾害等影响全球可持续发展的研究，需要不同国家的科学家以区域乃至全球的视角进行联合或互补性的研究。此外，围绕特定主题和目标开展的研究计划是否属于国际大科学计划/工程范畴，其界定会随着技术进步带来的成本降低以及研究难度的变化而动态调整。以物种基因组测序计划为例,在基因测序技术尚未成熟的年代,该类计划需要大量人力、资金支持,集全球科研人员之力以开发相关研究方法,绘制特定物种的基因组图谱,属于典型的国际大科学计划,如人类基因组计划、国际水稻基因组测序计划。然而,随着科技的迅猛发展,基因测序成本急剧下降,人类全基因组测序成本由最初的几十亿美元锐减到现在的不足 1000 美元,甚至可能更低,物种测序工作也不再依赖大规模的人力、资金投入。此阶段,全球在研究机构层面进行联合并组建多个国际合作小组,发起多项覆盖海陆空物种的测序计划,破译了许多地球物种的全基因组序列,但这些计划在一定程度上并不属于国际大科学计划范畴。随后,国际大科学计划研究重心转移,旨在获得生物多样性和物种进化信息的千种/万种基因组测序,并进一步发展成以地球生物基因组计划为代表的面向所有植物、动物和微生物的大规模测序计划。

此外,相比局限于国内开展的"大科学"研究,由于涉及国际关系,国际大科学计划/工程在实施过程中会涉及更加复杂的组织协调问题,包括如何调动不同国家参与的积极性、如何组织不同国家科研人员之间的协作,以及如何协调各国的数据标准和共享、样本跨境使用、知识产权合理分配等问题。这些问题是否能够妥善解决关系到该国际大科学计划/工程能否顺利启动和成功实施。

二、国际大科学计划/工程组织流程与方案设计

国际大科学研究涉及项目立项、方案设计、合作研究、成果分享全过程合作(常青,1998)。1995 年,OECD 大科学论坛发布了一份指南文件,梳理了组织一个国际大科学计划/工程涉及的完整流程以及方案设计中需要考虑到的组织协调要素。该文件对于指导国际大科学计划/工程的组织管理具有非常大的参考意义,如下为相关内容的详述。

(一)国际大科学计划/工程组织管理整体流程框架

一个完整的国际大科学计划/工程组织实施流程涉及规划阶段、实施阶段和完成阶段,在每个阶段需要完成的任务如表 1-1 所示。

表 1-1 国际大科学计划/工程组织管理整体流程

流程	任务
规划阶段	1)制定计划愿景; 2)确定关键结果领域(key result area,KRA); 3)为 KRA 匹配可交付成果; 4)将每个可交付成果的工作分解,形成行动列表; 5)制定计划矩阵; 6)制定合理的进度表; 7)基于计划矩阵和进度表,制定预算和现金流转方案; 8)评估风险,并预备风险缓解计划
实施阶段	1)启动计划; 2)建立和维护项目团队; 3)分配工作;

续表

流程	任务
实施阶段	4）管理变更； 5）监控进度； 6）及时改正； 7）按要求报告进度； 8）为计划完成和移交做准备
完成阶段	1）准备完成计划； 2）解决不足； 3）完成计划； 4）跟进用户

（二）国际大科学计划/工程设计要素和检查清单

针对关键结果领域、可交付成果、行动方案、利益相关者和参与者、收益和支出、资助、组织和管理、风险管理等国际大科学计划/工程设计中需要考虑到的组织协调要素，OECD 大科学论坛提出了相应的检查清单（表 1-2）。

表 1-2　国际大科学计划/工程设计要素和检查清单（举例）

设计要素	检查清单
关键结果领域（KRA）	1）定义是否明确； 2）结果可实现且可衡量； 3）由利益相关者参与 KRA 的制定； 4）需要关键参与者签字； 5）数量有限（6 个或 7 个最佳）； 6）明确识别计划关注的所有关键问题； 7）不涉及可交付成果； 8）参与计划的团队成员是否在工作中获得满足感，也常被作为评价指标
可交付成果	1）所有可交付成果都与 KRA 对应； 2）有些可交付成果可能很宏大，需要进一步拆解； 3）所有可交付成果必须是可实现的； 4）针对每个可交付成果，明确任务分工，由专人负责按时、按要求在预算范围内完成； 5）可交付成果应有助于计划的有效完成，而不能随意设定或仅为满足政治要求； 6）详细定义每个可交付成果，使各方能够理解其目的，并准确衡量何时可以交付； 7）测试每组可交付成果的合理性，并思考如果这些成果都交付了，是否能够满足设定该 KRA 的初衷
行动方案	1）在计划概要中为每个可交付成果设计 1~5 项行动方案； 2）确定每一项行动所需的重要资源（人力、资金、材料和时间）； 3）确定各行动之间的相互关系； 4）明确为推进相关工作，需要在哪些方向做出关键决策； 5）预估每项行动所需时间
利益相关者和参与者	1）通过头脑风暴、提名推荐、公共宣传、民意调查等方法确定潜在的利益相关者； 2）对利益相关者进行分类，包括资助机构、合作研究机构、产业界代表（研究赞助方、用户、供应商和承包商）、正式或非正式地方代表、环境（经济、文化）等方面特殊利益群体、监管机构及其他； 3）明确利益相关者的关注和担心的问题； 4）确定利益相关者所担心的问题是否会成为该计划的阻碍因素； 5）如果相关问题可能导致计划中断，需要提出修订计划，并评估其对计划成本、进度、范围、质量或其他因素的影响，然后决定是按照修订计划继续执行或取消计划； 6）在解决完相关问题后，由利益相关者签署书面协议或确认书； 7）进一步思考尚未得到解决的突出问题，并评估其潜在影响

续表

设计要素	检查清单
收益和支出	1) 从社会和经济角度确定对国家发展的益处; 2) 如果收益将只属于单个利益相关者,或者不归属某个或多个特定利益相关者,应事先告知并确认; 3) 利益相关者的收益应尽可能与其投入相匹配; 4) 应全面评估投入,承认专业知识和技术服务等非货币形式的贡献,并对限制性货币资金部分进行单独管理
资助	1) 明确实施计划的资金来源; 2) 明确资金供应可能会面临哪些限制因素; 3) 如果有限制因素,需说明限制因素对项目预算的影响; 4) 考虑优化资金管理方式; 5) 考虑是否可以采取分阶段分配资金的策略,并评估其对计划实施进度和预算的影响; 6) 为应对一个或多个资助机构资金承诺无法兑现的风险,需制定备选方案,如寻求其他合作伙伴、新合作伙伴提供的额外资金
组织和管理	1) 在制定实施进度和预算时将团队组建问题考虑在内; 2) 制订涵盖从组建到解散的团队生命周期计划; 3) 确保关键参与者,尤其是项目负责人和高级科学家能够一直长期参与到计划实施过程中; 4) 在关键位置预备替补成员,减少个人因素对计划实施的影响; 5) 在团队中设置组织发展专家专职职位,最好由具备丰富经验的团队动力学专家担任; 6) 妥善安置受裁员计划影响的员工,为他们寻求下一份工作提供帮助
风险管理	1) 识别风险领域; 2) 制订相关管理计划(如应急准备金、替代或备用计划等),以应对重大风险(即高影响或高概率风险); 3) 将风险评估结果纳入预算和进度评估; 4) 深入评估风险发生概率和影响范围; 5) 每项决策的责任都应落实到个人,并延伸至任何后续事项变更,以确保问责追究

(三)国际大科学计划/工程准备和评估工作流程图

OECD 大科学论坛的指南文件还进一步为国际大科学计划/工程准备和评估过程绘制了工作流程图(图 1-1),并就推进国际协作、满足政府期望、完成计划风险分析等多个环节的工作流程进行了详细的分析(图 1-2)。

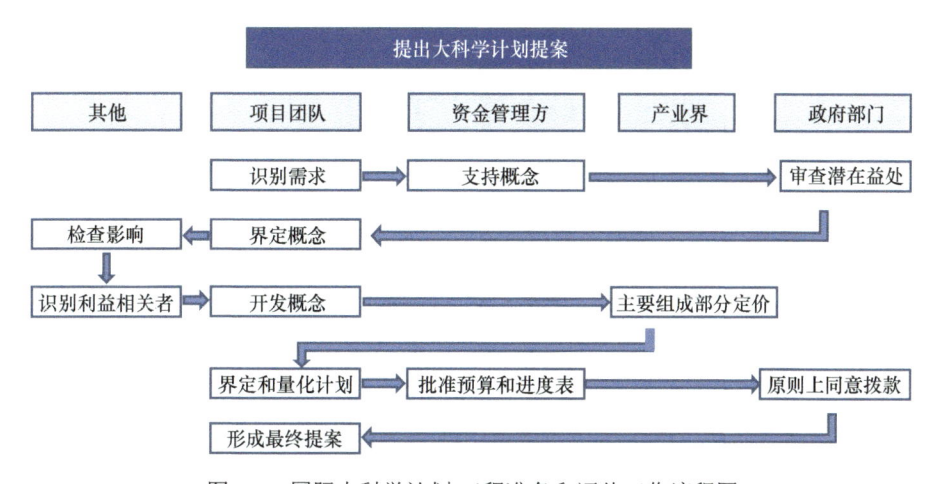

图 1-1 国际大科学计划/工程准备和评估工作流程图

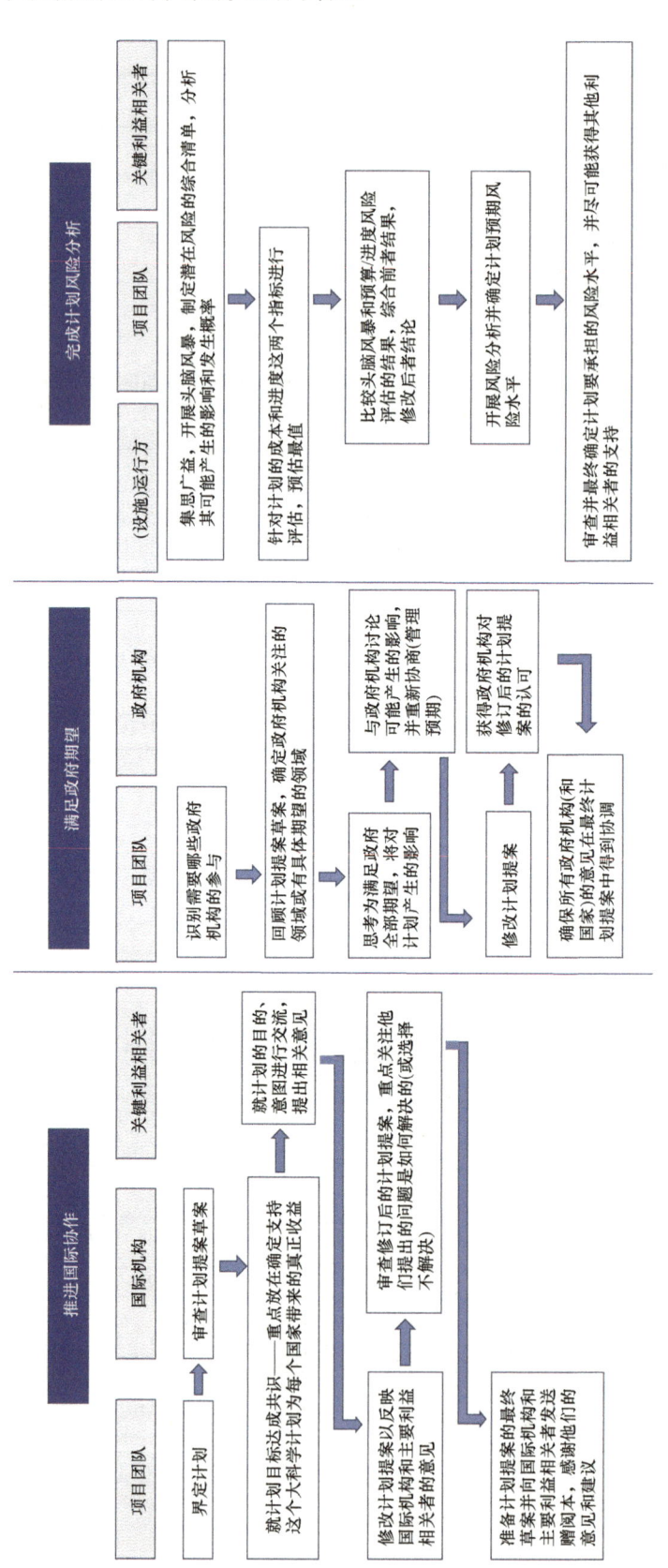

图 1-2 国际大科学计划工程准备和评估过程中部分环节工作流程图

第二章　生命科学领域国际大科学计划组织与管理体系研究

生命科学领域从"小科学"研究向"大科学"的合作研究发展经历了多个阶段（Vermeulen et al., 2013）。20 世纪初期，生命科学"小科学"研究合作形式就已出现，这一阶段的合作主要是科研人员之间、研究机构和企业之间自发的联合研究。例如，在 Michael Foster 的领导下，剑桥大学生理学系的科学家们进行交流互动，传授研究方法。到 20 世纪 20~30 年代，研究机构和产业界的合作进一步开启。美国制药公司开设了内部实验室并为科研人员提供资助，同时，还明确规定公司有权使用研究人员开发的新的工艺和发明成果，这些合作举措为第二次世界大战期间的大规模药物研发（如青霉素和血液制品的开发）奠定了基础。之后，沃森和克里克于 1953 年发现 DNA 双螺旋结构，这一发现不仅标志着分子生物学时代的开启，还促使遗传学研究深入到分子层面。与此同时，生命科学领域的合作也进入加速推进阶段，研究合作规模不断扩大。20 世纪 60~70 年代，欧洲分子生物学组织（European Molecular Biology Organization，EMBO）、欧洲分子生物学实验室（European Molecular Biology Laboratory，EMBL）等学术组织相继成立，这些组织借鉴了粒子物理学领域集中式研究模式（如欧洲核子研究组织），推动了分子生物学领域合作研究的进展。进入 20 世纪末，随着以基因组学为代表的组学研究模式的提出，研究关注点不再是生物体内的一两个基因或蛋白质等个别组分，而是所有的基因或蛋白质。此阶段，围绕模式生物（如果蝇、秀丽隐杆线虫等）测序研究的去中心化国际协作测序网络逐步成熟，不同实验室的科学家们开始交换研究材料，进行任务分工。这种模式不仅促进了基因图谱绘制技术和测序技术的发展，还扮演了人类基因组计划探路者的关键角色。随后，人类基因组计划被提出，不仅标志着生命科学领域迈入"大科学"范畴，同时也预示着生命科学领域"大科学"进入跨国合作的国际大科学计划时期。

生命科学领域的一些特征使其非常需要国际大科学计划的组织模式来推动发展，具体表现在以下几个方面。

首先，生命科学领域的科研工作对大型设施的依赖度较低，其所使用的设备大都为小型仪器，但无论是宏观层面的生物野外观测调查，还是微观层面的分子研究，这些研究都是以小规模的研究人员团队的形式开展。这种研究方式便于采用国际大科学计划的分布式组织模式。

其次，人类基因组计划的完成，带动了生命科学进入数据密集型科研范式。近年来，组学、单细胞分析等生物技术以及人工智能技术快速发展，进一步加快了生物大数据的产生速度，扩展了生物大数据的类型，为生命科学研究带来了更加广阔的视野，并提升了我们解析生命问题的能力。数据管理是数据密集型科研范式的必然要求，而国际大科学计划能够确保研究产生的数据的标准化和规范化。

最后，生命是一个完整的系统，无论是宏观的生态系统、中观的生理与疾病表型，还是微观的基因突变，都是一系列因素互相关联、相互作用的结果。因此，想要探明生命的终极奥秘，势必要以系统化的视角来分析问题。早期的生命科学研究多由散布在全球的实验室独立完成，较小的研究体量决定了其成果仅能揭示某一特定关联因素或某个特定调控通路，而无法反映全貌；同时各实验室采用的技术、方法，选取的样本均存在很大差异，使得研究结果无法实现整合分析。国际大科学计划则能够联合各国相关领域的多个团队，在相同的技术标准和操作规范下，针对特定问题开展协同攻关，这无疑为上述问题提供了良好的解决方案。

综合上述几个方面，确立了"国际大科学"这种研究模式在生命科学发展中的重要地位。目前，生命科学领域已经开展了十余个国际大科学计划，各计划根据不同研究目标需要，演变出多种类型组织模式，并逐渐形成了比较完善的组织体系、准则及规范框架。因此，本书以生命科学领域的国际大科学计划为例，探讨这些计划从发起到完成的整个过程中所采用的组织实施体系和运作机制，旨在为我国未来牵头开展国际大科学计划时，在酝酿发起、组织实施、框架构建与体系完善等方面，提供借鉴和参考。

第一节 生命科学领域国际大科学计划组织与管理分析

一、生命科学领域国际大科学计划概况

在生命科学领域，人类基因组计划的实施开启了生命科学研究的大科学时代（贺福初，2019）。该计划的实施引领生命科学发展进入"组学"时代。人类基因组计划实施之后，国际人类表观基因组联盟、国际人类基因组单体型图计划、国际癌症基因组联盟等基因组大科学计划陆续开展。与此同时，围绕生命科学领域的重大科学问题，如蛋白质组、细胞图谱、微生物组、表型组等一系列国际大科学计划也陆续启动。这些计划的实施进一步加深了对生命系统的全面认知，也加速了生命科学的发展进程（表 2-1）。

表 2-1 生命科学领域的国际大科学计划

计划名称	发起方	参与方数量	参与方	时间	成果	资助
人类基因组计划（Human Genome Project，HGP）	美国	6	美国、英国、日本、法国、德国、中国	1990～2003年	人类基因组数据	27 亿美元
人类蛋白质组计划（Human Proteome Project，HPP）	—	24	美国、加拿大、巴西、墨西哥、西班牙、法国、荷兰、意大利、瑞士、澳大利亚、新西兰、俄罗斯、伊朗、印度、中国、日本、韩国、卡塔尔、瑞典、新加坡、比利时、泰国、丹麦、以色列	2010年至今	人类蛋白质组数据	—
国际人类基因组单体型图计划（International HapMap Project）	美国、加拿大、中国、日本、尼日利亚、英国	6	美国、加拿大、中国、日本、尼日利亚、英国	2002年至今	人类基因组单体型数据	初期：1.2 亿美元

续表

计划名称	发起方	参与方数量	参与方	时间	成果	资助
DNA元件百科全书（Encyclopedia of DNA Elements，ENCODE）计划	美国	5	美国、英国、德国、新加坡、欧洲	2003年至今	人类与小鼠功能性DNA元件数据	—
千人基因组计划（1000 Genomes Project，1KGP）	美国、英国、中国	14	美国、英国、中国、德国、瑞士、西班牙、奥地利、丹麦、荷兰、土耳其、加拿大、秘鲁、欧洲、中美洲	2008~2015年	与生物医学相关的人类遗传多态性数据	—
地球生物基因组计划（Earth BioGenome Project，EBP）	美国	19	美国、英国、中国、德国、丹麦、巴西、澳大利亚、智利、爱沙尼亚、挪威、西班牙、瑞典、加拿大、哥伦比亚、墨西哥、日本、韩国、沙特阿拉伯、欧洲	2018年至今	真核生物基因组数据	47亿美元
万种脊椎动物基因组计划（Genome 10K Project，G10K）	美国	15	爱尔兰、澳大利亚、巴西、丹麦、德国、俄罗斯、法国、哥伦比亚、加拿大、美国、葡萄牙、瑞典、新加坡、英国、中国	2009年至今	脊椎动物基因组数据	6亿美元
国际水稻基因组测序计划（International Rice Genome Sequencing Project，IRGSP）	日本、美国、英国、韩国、中国	10	日本、美国、中国、法国、韩国、英国、泰国、印度、巴西、加拿大	1998~2005年	'日本晴'基因组数据	2亿美元
国际人类表观基因组联盟（International Human Epigenome Consortium，IHEC）	美国	9	加拿大、德国、中国、日本、新加坡、韩国、美国、新西兰、欧盟	2010年至今	人类表观基因组数据	分布式资助
国际癌症基因组联盟（International Cancer Genome Consortium，ICGC）	加拿大、美国、英国、德国、法国、西班牙、澳大利亚、中国、日本、新加坡、印度	17	美国、中国、法国、英国、澳大利亚、日本、加拿大、德国、韩国、新加坡、巴西、印度、意大利、沙特阿拉伯、西班牙、瑞士、欧盟	2007年至今	癌症基因组数据	分布式资助
国际人类微生物组联盟（International Human Microbiome Consortium，IHMC）	—	9	澳大利亚、加拿大、中国、法国、爱尔兰、日本、韩国、美国、欧盟	2008年至今	人类微生物组数据	分布式资助
国际小鼠表型分析联盟（International Mouse Phenotyping Consortium，IMPC）	—	15	美国、英国、德国、法国、意大利、捷克、西班牙、加拿大、日本、中国、韩国、澳大利亚、印度、南非、欧盟	2011年至今	小鼠表型数据	分布式资助
全球艾滋病疫苗企业计划（Global HIV/AIDS Vaccine Enterprise，GHAVE）	美国、英国、法国、瑞士、中国、南美、印度、联合国	—	—	2005年至今	安全、有效的HIV疫苗	分布式资助

续表

计划名称	发起方	参与方数量	参与方	时间	成果	资助
国际罕见病研究联盟（International Rare Diseases Research Consortium，IRDiRC）	欧盟、美国	21	美国、意大利、法国、英国、加拿大、博茨瓦纳、韩国、南非、中国、澳大利亚、西班牙、瑞士、格鲁吉亚、印度、德国、加纳、荷兰、日本、拉丁美洲、欧盟、亚太地区	2011年至今	罕见病新型诊断方法和疗法	分布式资助
国际动物健康研究联盟（International Research Consortium on Animal Health，IRC）	欧盟	20	丹麦、法国、意大利、荷兰、西班牙、英国、比利时、以色列、肯尼亚、坦桑尼亚、日本、美国、阿根廷、加拿大、尼日利亚、墨西哥、澳大利亚、中国、瑞典、欧盟	2016年至今	候选疫苗、诊断产品、疗法和其他动物保健产品，支持风险分析和疾病控制的核心科学信息/工具	分布式资助
人类细胞图谱计划（Human Cell Atlas，HCA）	美国、英国	—	—	2016年至今	人类所有类型细胞关于基因表达、生理状态、发育轨迹和空间位置的数据	初期由陈·扎克伯格基金会资助；项目运行期间，持续吸引更多的资助者
国际生物多样性计划（DIVERSITAS）	国际生物科学联合会（IUBS）、联合国教科文组织（UNESCO）、环境问题科学委员会（SCOPE）	33	正式成员：奥地利、比利时、法国、德国、墨西哥、挪威、西班牙、瑞典、瑞士、荷兰、英国、美国、斯洛伐克、中国台湾、阿根廷、南非附属成员：澳大利亚、白俄罗斯、中国、印度尼西亚、爱尔兰、日本、菲律宾、葡萄牙、巴西、智利、爱沙尼亚、匈牙利、肯尼亚、马拉维、摩洛哥、俄罗斯、沙特阿拉伯	1991年至今	政策（全球策略、决策指南）、措施（预警系统、管理与培训指南、检疫与消除措施）以及宣传产品（科普手册、网站、技术报告）	自身经费每年仅100万欧元左右，主要来源于会费和一些科研机构、研究基金、联合国机构等对特定项目的资金支持
国际海洋生物普查计划（Census of Marine Life，CoML）	美国	80	—	2000～2010年	海洋生物普查数据	6.5亿美元

注："—"表示未查到相关信息或数据，后同。

二、生命科学领域国际大科学计划发起阶段

（一）国际大科学计划的选题分析

纵观生命科学领域的国际大科学计划，其选题主要聚焦解决重大科学问题或人类生存与发展面临的重大社会问题，而并非将经济利益作为选题的首要驱动因素。

1. 解决重大科学问题

生命科学领域国际大科学计划主要是围绕科学问题的发起。生命科学领域的研究内容极其庞大且复杂，无论是微观层面的分子、细胞，还是宏观层面的个体、种群，都是以一个系统的形式存在的，系统内的各个组件都存在着相互作用、相互依存的关系，而许多重大科学问题的背后也都是一个系统作用的结果。例如，癌症的发生可能涉及几个乃至十几个基因的作用，有些癌症还受遗传性肿瘤易感基因的影响，不同基因又存在多个调控通路，其发生原理非常复杂。而对于这类复杂的科学问题，国际大科学计划提供

了一条非常有效的解决路径。人类基因组计划最初是在癌症威胁日益严峻，而我们对癌症致病机制的认识严重不足的背景下发起的（Hood and Rowen，2013）。该计划的实施引领生物医学研究进入到组学研究时代，为包括癌症在内的疾病研究提供了全新的思路和途径。

2. 解决人类生存与发展面临的重大社会问题

生命科学领域国际大科学计划同样聚焦解决人类生存与发展面临的重大社会问题。随着社会经济的发展，气候环境日趋恶化、自然灾害频发、生物物种数量持续减少，已对人类的生活，甚至生存构成了威胁。由于这些问题并非某个特定国家面临的问题，而是关乎全人类的福祉，国际大科学计划的研究模式在这些领域得到了尤为广泛的应用，其中一些计划的实施甚至还会延续数十年。例如，为了解决全球生物多样性的丧失和变化所引发的一系列环境问题、社会问题，28个国家政府和组织共同发起了全球生物多样性信息机构计划，该计划已经持续开展了24年。

（二）国际大科学计划的发起基础

1. 科技基础

如果说科学发展和人类生存与发展的需求是国际大科学计划发起的动力来源，那么科学技术的发展水平则是国际大科学计划发起的"引擎"。一方面，知识和技术充分的积累是国际大科学计划发起和实施的重要基础。例如，在人类基因组计划实施之前，科学界已经在基因研究方面积累了大量经验，基因测序逐步实现规模化，确保了开展人类基因组测序的技术可行性（图2-1）。再如，人类细胞图谱计划的成功发起，也是建立在一系列单细胞分析技术逐渐发展成熟的基础上的（图2-2）。另一方面，在由一国发起的

图 2-1 人类基因组计划启动的科技基础

图 2-2 人类细胞图谱计划启动的科技基础

国际大科学计划中，发起国在相关领域的科技发展水平不仅在一定程度上关乎其是否具有足够的号召力，还影响计划能否成功发起。

2. 前期项目基础

在以联盟形式组织的国际大科学计划中，各参与方前期已经开展的项目是计划开展的重要基础。这一类国际大科学计划的开展模式，是以目标为纽带，将各参与方已经开展的工作协调起来，并在此基础上前瞻未来发展的方向。一方面，此举避免各国之间的重复工作，实现资源利用效率最大化；另一方面，建立统一的高质量的技术标准和数据标准，也有利于各国研究数据之间的对比分析，能够更高效地实现领域重大突破。例如，国际人类表观基因组联盟计划在 2009 年启动，而在此之前，欧洲、亚洲、美国、加拿大、澳大利亚等多个地区/国家都已经开展了大规模的表观基因组研究计划。这些项目和计划都为国际人类表观基因组联盟的成立奠定了基础，部分国家开展的计划或组建的联盟也成为该联盟的雏形（表 2-2）。

表 2-2 国际大科学计划开展的前期项目基础

国际大科学计划	前期积累
国际人类表观基因组联盟	欧盟 BLUEPRINT 计划，欧盟 MultipleMS 计划，欧盟 SYSCID 计划，日本 CREST/IHEC，TEAM 日本计划，德国 DEEP 计划，加拿大表观遗传学、环境与健康研究联盟（CEEHRC），加拿大 McGill EMC 计划，美国 ENCODE 计划，美国 4DN 计划，美国 NIH 路线图计划，美国 EpiShare 计划，中国香港 EpiHK 计划
国际癌症基因组联盟	英国癌症基因组计划，美国癌症基因组图谱计划
国际人类微生物组联盟	美国人类微生物组计划，加拿大微生物组计划，欧洲人类肠道宏基因组计划（MetaHIT）
国际小鼠表型分析联盟	国际小鼠基因敲除联盟，欧洲小鼠疾病临床计划，英国维康信托桑格研究所小鼠遗传学计划

（三）国际大科学计划的发起过程

1. 发起主体

计划发起的主体一般是科学家共同体（也有一些计划是由科研机构或公司发起的），计划发起的过程是一个在跨国科学家团体中逐步扩展达成共识的过程。例如，国际人类表观基因组联盟是由美国科学家最初提出倡议，随后获得多国科学家的支持，最终共同发起的。

2. 筹备过程

国际大科学计划从提出想法到最终落地，经历了反复研讨、论证的决策过程，此过程短则 1~2 年，长则 4~5 年。在整个酝酿期内，发起方通过组织会议等形式，不断召集不同国家相关领域专家对计划进行论证，包括对计划的重要性、意义、可行性的论证，还针对计划的组织形式、工作模式、经费资助模式等细节问题的论证。有些计划还会通过召开研讨会或发放问卷的形式，就特定的问题展开更大范围的意见征询。例如，国际人类微生物组联盟初步设想于 2005 年提出，经过多次会议研讨，到最终得以实施，经历了 3 年的酝酿论证。国际小鼠表型分析联盟的酝酿也经历了 3 年时间，而在这个过程中，英国维康信托基金会和英国医学研究理事会曾针对该联盟的定位问题，向 100 名科研人员发放了问卷，并召开了多次研讨会，向包括终端用户、表型分析专家、临床医生和药理学专家等各类计划实施的利益相关者广泛征询了建议（表 2-3）。

表 2-3 部分国际大科学计划的筹备过程

国际大科学计划	筹备过程	筹备方式
人类基因组计划	1984～1986 年由美国举办针对人类基因组测序的研讨会，探索开展人类基因组测序意义和可能性，至 1990 年该计划正式启动，历时约 5 年	召开专题研讨会、发表倡议文章、启动部门项目（美国能源部和 NIH）
国际人类微生物组联盟	2005 年法国农业科学研究院组织召开圆桌会议，开始讨论启动人类微生物组计划，至 2008 年该联盟正式成立，历时 3 年	召开研讨会、启动国家项目
全球艾滋病疫苗企业计划	2003 年由 24 位领军人物发表倡议文章，至 2005～2007 年启动系列活动，历时 2～4 年	发表倡议文章、召开研讨会等
国际罕见病研究联盟	2009 年建立该联盟的想法被提出，至 2011 年该联盟正式成立，历时 2 年	召开研讨会
地球生物基因组计划	2015 年由 24 名科学家首次提出启动计划的想法，至 2018 年该计划正式启动，历时 3 年	召开研讨会

总体来说，由于国际大科学计划涉及多个国家的协调，也会触及各国的利益，因此，在酝酿期进行充分的论证和讨论，有利于建立起完善实施机制，还可促进计划的有序开展和顺利完成。

（四）国际大科学计划的目标设定分析

生命科学领域的国际大科学计划主要以分布式组织模式实施。计划的目标是实现各国之间协同前进的核心共识。因此，设定合理、明确的目标是生命科学领域国际大科学计划顺利实施的重要保障。

21 世纪以来，生命科学领域的国际大科学计划主要以系统收集、分析科学数据为核心发展理念，旨在为重大科学问题的突破奠定基础（冯身洪和刘瑞同，2011）。这些计划均设置了清晰而明确的目标，指导计划的实施。部分计划还会设置阶段性目标，明确各阶段不同的侧重点，并根据不同阶段的计划实施情况进行动态调整，以提高计划实施的效率和效果。例如，国际小鼠表型分析联盟（IMPC）计划设置了"在 10 年内完成全套小鼠编码基因的功能注释"的总体目标，同时分两个阶段设置了阶段性目标：前 5 年聚焦于能力建设和分析中心、数据库等设施平台建设，后 5 年全面开展基因的功能注释工作。其中，前 5 年的目标设定相当于在为计划的全面实施提供充足的准备期。此外，计划还对各阶段的目标进行了进一步的细化，从数量和质量等各个角度逐一进行明确，为计划的实施提供了清晰的方向。人类基因组计划也根据总目标的需要，设置了 3 个 5 年的阶段性目标。而随着基因测序技术的进步和企业的参与，该计划也陆续对第 2 个和第 3 个阶段性目标进行了调整，使之符合当时的客观情况。

三、生命科学领域国际大科学计划实施阶段的组织体系剖析

（一）组织模式

对生命科学领域国际大科学计划的组织模式进行分析，总体上来说，这些计划都具有分布式大科学计划组织的共同特点，如由一个总体的协调组织来负责整个计划的运行，从而协调各参与方之间的关系，而该组织与各参与方之间的关系是比较松散的，不是完全意义上的领导与被领导的关系，各参与方具有一定的独立性。从具体的组织模式上，生命科学领域的国际大科学计划还可以进一步分为四类：任务分配制、联盟成员制、项目竞标制、国家联合制。

1. 任务分配制

任务分配制的组织模式在较早期开展的生命科学国际大科学计划中应用较多。这类计划的典型特征是设置有明确的量化目标，会制定非常详细的实施路线图，并明确了具体的项目任务。这类计划通过给各参与方分配任务的方式来推进计划的实施，最终汇聚各方成果，达成计划目标。人类基因组计划是此模式的典型代表，在其之后开展的国际人类基因组单体型图计划、人类蛋白质组计划、万种脊椎动物基因组计划、千人基因组计划、DNA 元件百科全书计划等也都在一定程度上沿用了这种模式。例如，人类基因组单体型图谱计划设置了量化的发展目标及两个分阶段的发展战略，即针对非、亚、欧裔的 270 个样本，构建 5 kb 及 2 kb 密度的单体型图谱。基于这个目标，该计划将具体任务按照染色体进行了分工，由不同国家的研究机构分别承担（表 2-4）。

表 2-4 任务分配制国际大科学计划的目标及任务分配方式

计划	目标	任务分配方式
人类基因组计划	绘制人类基因组图谱，确定人类所有 32 亿个碱基对的序列，同时绘制多种模式生物的基因组图谱，并开发 DNA 分析技术	按照染色体进行分工
人类蛋白质组计划	系统地描绘人类的完整蛋白质组，提高在细胞水平对人类生物学的理解	按照染色体和线粒体进行分工；按照不同的疾病类型、人体组织器官、不同人群进行分工
国际人类基因组单体型图计划	通过识别不同人群 DNA 样本中的变异序列，分析其变异频率，并分析二者之间的关系，从而确定人类基因组中 DNA 序列变异的基本模式，以加速发现哮喘、癌症、糖尿病和心脏病等常见病相关的基因	按照染色体进行分工
DNA 元件百科全书计划	全面绘制人类基因组功能性 DNA 元件的综合图谱，包括基因以及与基因调控相关的生化区域（如转录因子结合位点、开放染色质和组蛋白标记）和转录亚型	按照不同类型功能元件进行分工
千人基因组计划	开发人类遗传变异的公共资源，进而支持遗传变异与疾病的关联研究，也为其他生物医学研究奠定基础	按照地理分区和人群进行分工
地球生物基因组计划	用 10 年时间对地球上 150 万种已知真核生物的基因组进行测序，并进行基因功能注释，以了解地球生命的进化过程	按照地理分区和科、属、种的生物分类阶元进行分工
万种脊椎动物基因组计划	对万种脊椎动物进行全基因组测序和分析	按照物种进行分工
国际水稻基因组测序计划	以'日本晴'为研究材料，利用克隆步移法测序策略，以 99.99% 的精度确定水稻 12 条染色体上大约 4.3 亿个碱基对的排列顺序	按照染色体进行分工

2. 联盟成员制

联盟成员制是现阶段生命科学领域国际大科学计划最常采用的模式。这种模式的国际大科学计划最初是由独立团队开展的"小科学"研究组成，或是各国国内已经规划的大规模研究计划组成。通过将这些已有研究整合起来，建立联盟，并共同规划相关领域未来的发展方向，采用国际大科学计划这种有系统、有组织的运行模式，旨在整合各国的科研力量，推动相关领域的发展。国际人类表观基因组联盟、国际人类微生物组联盟、国际癌症基因组联盟和国际小鼠表型分析联盟、全球艾滋病疫苗企业计划、国际罕见病研究联盟、国际动物健康研究联盟等都属于这种模式。

联盟成员制的国际大科学计划更类似于提供一个合作平台，平台由各参与方共同管理、联合运行，且遵守共同制定的准则，并共同享有最终成果。计划通过联盟成员的形式招募科研执行者和资金提供者，一般分为研究成员和资助成员两类，前者负责开展具体的研究工作，后者负责为计划的实施提供经费支持。联盟成员制的国际大科学计划同样没有统一的经费来源，联盟本身没有经费，所有的经费均由各资助成员提供，而且是提供给特定的研究成员。在招募成员时，计划都设置了详细、明确的条款，其核心"门槛"可以概括为以下两点。第一，无论是资助成员还是研究成员，一般都是机构，很少面向个人开放参与机会；第二，成员要具有与计划目标相符合的资助背景和研究背景，具体来说，即资助成员在申请时，必须承诺（或已经）为与计划目标相符合的一个计划/项目提供实质性资金支持，而研究成员一般由资助成员提名并直接资助，且已经就与计划目标相符的研究获得实质性经费支持。这种参与条件的设置，意味着这种类型的国际大科学计划并非从零起步，而是以各参与方已经开展的研究项目作为基础。

从各项计划的实际实施情况看，许多作为计划实施基础的项目都是各国资助的国家级大规模项目，在这一基础上开展大科学计划，无疑能够大幅提高计划实施的效率和效果。同时，在这一条件的限制下，参与各计划资助和研究的机构也主要是国家级资助机构、大型基金会和国立科研机构，这样的机构组合模式也最大限度地确保了经费的可持续性和科研的高质量性。

3. 项目竞标制

项目竞标制与前两者存在较大差异，其更类似于项目招标的模式，即通过设置具体的方向性指南，面向科研人员个人进行项目招标。通过这种模式组织的国际大科学计划较少，人类细胞图谱计划是其中的典型代表。该计划之所以采取这种形式，很大程度上是由于其启动初期的经费主要来自单一资助方——陈·扎克伯格基金会，而并非需要多个国家政府资助机构。因此，该计划在实施过程中，很多项目都是通过面向全球申请者以公开竞标的方式而招募的。事实上，除了这种竞标的方式，该计划也如上述联盟成员制计划一样，同样接受不同来源的经费和项目支持。

4. 国家（地区）联合制

国家（地区）联合制国际大科学计划与联盟成员制在组织管理模式方面比较类似，同样是以联盟形式，为各参与方提供一个协作平台，建立统一框架，便于各国之间建立沟通、开展合作。然而，二者在几个关键方面存在差异。首先，在目标方面，以国家（地区）联合制运作的国际大科学计划大都是为了解决全人类共同面临的重大社会问题，如环境问题、生物多样性问题、资源问题等，其开展的最终目标也主要是为了提升全人类福祉。其次，由于这类计划目标的宏大性和国际性，其组织实施都是由各国政府出面进行协调，通过在不同国家或区域建立协调委员会来推进计划的实施。这也是这类大科学计划最典型的特征。最后，这类计划的参与并不以经费、研究实力等作为唯一标准，而更多地从计划实施的实际角度来考虑，如需要参与方覆盖各个大洲、各类环境地区、不同文化背景地区等。国际生物多样性计划和国际海洋生物普查计划是这类计划的代表（表2-5）。

表2-5　国家（地区）联合制国际大科学计划的组织体系

计划	目标	参与方	协调方式
国际生物多样性计划	将生物学、生态学和社会学联系起来，推动系统开展生物多样性科学研究，同时为保护地球上的各种生命提供合理、科学的决策依据，进而提升人类福祉并消除贫困	正式成员 1）已成立委员会：奥地利、比利时、法国、德国、墨西哥、挪威、西班牙、瑞典、瑞士、荷兰、英国、美国、斯洛伐克、中国台湾； 2）已建立联络点：阿根廷、南非 附属成员 1）已成立委员会：澳大利亚、白俄罗斯、中国、印度尼西亚、爱尔兰、日本、菲律宾、葡萄牙； 2）已建立联络点：巴西、智利、爱沙尼亚、匈牙利、肯尼亚、马拉维、摩洛哥、俄罗斯、沙特阿拉伯	委员会将有目的地创建生物多样性科学计划；有计划地举办与国际生物多样性计划相关的座谈会或组建相关工作组；积极参与座谈会或者工作组活动来协助国际生物多样性计划的执行；加强与各参与方的合作；帮助以前各自独立的研究团队建立合作，这样可能使一些特别的项目有机会获得国际生物多样性计划经费的支持；帮助提高当地生物多样性研究的知名度和加强与其他参与方的合作关系，以便将相关行动呈现在国际大舞台上
国际海洋生物普查计划	评估和解释海洋中生物的多样性、分布和丰度，并预测未来海洋中的生物，为"海洋生物的过去、现在和未来"这一关键命题找到答案，同时从遗传、物种、群落到生态系统的不同层次来建立海洋生物多样性的调查研究及知识体系，以期能达成海洋生物资源可持续利用的目的	在澳大利亚、加拿大、中国、日本、印度尼西亚、韩国、南非、美国、加勒比海区域、欧洲、南美、印度洋区域、非洲等设立了13个国家和区域执行委员会	国家和区域执行委员会将在国际科学指导委员会的指导下开展工作，旨在加强普查工作的全球影响力和覆盖面，以更好地推进国际协同的海洋生物多样性研究，分别召集各地区各国的学者、政府机关、民间团体及管理者并负责收集、整理及评估当地海洋生物的现状以及已发表、未发表的资料

（二）出资方式

在出资方面，整体来看，各类国际大科学计划在运行期间一般都具有多个资助主体，大部分计划本身并不提供统一的经费支持。尽管如此，不同类型的国际大科学计划在具体经费的筹措方式和使用方面仍存在一些差异化的特征。表2-6列举了各类国际大科学计划经费的资助方式。

首先，部分任务分配制的国际大科学计划是由国家计划逐渐演变而来的，如人类基因组计划、DNA元件百科全书计划。因此，原有计划的发起方提供了计划的大部分经费，相应地也承担了计划的主要研究任务。随着研究任务演变为国际大科学计划后，各参与方则需要自行筹集经费。

表 2-6 部分国际大科学计划的筹资方式

计划	资金提供方	经费来源
人类基因组计划	美国、法国、日本、德国、中国、英国	政府资助机构、慈善基金
国际人类基因组单体型图计划	日本、英国、加拿大、中国、美国	政府资助机构、地方资助机构、科研机构、科研团体、慈善基金
国际人类表观基因组联盟	加拿大、德国、中国、日本、新加坡、韩国、美国；欧盟	政府资助机构、大型科研计划、科研团体
国际小鼠表型分析联盟	英国、美国、加拿大、日本、法国；欧盟	政府资助机构、慈善基金、企业
人类细胞图谱计划	—	政府资助机构、慈善基金、企业
国际生物多样性计划	主要由正式成员提供	成员会费、国际组织、政府资助机构、高校、大型科研计划、科研机构、科研团体

其次，联盟成员制的国际大科学计划没有统一的经费来源。联盟本身没有经费，所有经费都是由各资助成员提供，而且经费是直接提供给特定研究成员的。由于设置了明确的经费资助门槛，所以各参与方在计划中的地位没有非常悬殊的差距。

再次，在国家（地区）联合制国际大科学计划中，成员将根据其国家或地区的生产总值按照一定比例，以交会费的形式捐赠经费。这些捐赠的经费构成了支持计划总体协调组织活动的大部分经费。尽管这些捐赠经费也会资助一些计划项目的开展，但计划主体的项目经费还是由各国自行承担。

最后，项目竞标制国际大科学计划具有固定的经费资助者，这不同于上述两种模式中经费由参与者自筹的运作模式，如人类细胞图谱计划发起和运行初期都是由陈·扎克伯格基金会资助。而在项目运行期间，该计划也在不断地通过一些举措吸引更多的资助者，包括设立资助者论坛，为各国的资助者搭建合作平台等；同时，也通过区分不同的项目类型（如参与项目、网络项目及旗舰项目）鼓励项目申请者自筹经费。通过这些举措，该计划成功吸引了多国政府机构和基金会加入到资助者的行列。

四、生命科学领域国际大科学计划实施阶段的管理体系和管理准则

（一）管理体系

尽管国际大科学计划采用的组织模式不尽相同，但其管理体系基本类似。整体的管理框架基本都是由执行/指导委员会、科学指导委员会及工作组三部分组成，分别负责国际大科学计划相关的行政事务、科学事务和具体工作推进。国际大科学计划能否有效推进取决于这三者之间能否实现有效的协作（图 2-3）。

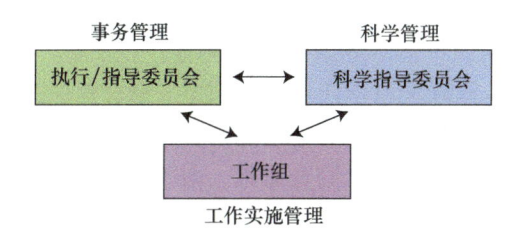

图 2-3 国际大科学计划的管理体系

执行/指导委员会是计划实施的最高领导机构，负责计划整体的管理，包括制订和执行工作计划、对计划工作进行审查、协调成员工作等计划实施过程中的所有事务。在任务分配制的国际大科学计划中，该委员会的成员一般由发起方和主要参与方的代表组成，领导权一般掌握在发起方手中。例如，在人类基因组计划中，发起方美国占有绝对的领导权。联盟成员制的计划则与之不同，由于其招募成员的方式更加开放，所以成员数量也相对较多，能否进入执行委员会，则取决于为计划提供经费或资源的数量。例如，国际癌症基因组联盟规定，总投资金额少于1000万美元的资助成员不能加入其执行委员会，而提供样本等资源的成员可以根据这些资源的价值，抵消部分经费投入的额度；国际动物健康研究联盟也明确提出，在5年内至少资助1000万美元可以向执行委员会提名一名代表，提供经费金额较少的资助方，可以组成资助者小组，小组满足经费要求后也可以提名一名代表。项目竞标制的国际大科学计划由于在一定程度上具有统一的经费来源，所以领导权来自于计划发起方，也是经费的主要资助方，而这类计划中的指导委员会成员多是由来自不同国家的参与计划发起或实施的科学家，更多是负责计划实施过程中的指导工作。国家（地区）联合制国际大科学计划的发起方一般是国际组织，所以计划整体的管理也是由这些组织共同实施，并不存在主导权的问题。

科学指导委员会主要负责国际大科学计划中科学方面的事务，通过定期或不定期召开研讨会等方式，对计划的科学问题进行频繁的沟通和探讨，以解决计划中的科学问题、评估项目进度、建立标准等。该委员会的成员主要是各参与方的首席科学家或领域资深科学家。

工作组是就计划的特定工作而设置的，可根据计划实施需要成立或解散。其职责是为计划的实施提供相关方向的专业知识和建议，其成员一般来自计划的各个成员机构。例如，国际小鼠表型分析联盟建立了沟通工作组、表型分析指导组、小鼠繁育指导组、交通运输管理局和小鼠品系交易工作组、国际微注射跟踪系统指导组、数据分析咨询委员会、统计技术组织等工作组；人类细胞图谱计划中设置了分析工作组、元数据工作组、共同协调框架工作组、标准与技术工作组和伦理工作组。这些工作组涵盖了相应计划中所有需要进行协调的工作内容。因此，工作组的建立是确保计划目标和任务能够有效落实的保障。

（二）管理准则

管理准则是维护计划各参与方之间良好合作关系，确保国际大科学计划有序推进直至顺利完成的重要保障。目前，随着国际大科学计划越来越多地开展，这些准则已经在一定程度上形成了一个相对完善的系统，主要包括伦理、数据发布和知识产权3个方面，各个国际大科学计划在组织中基本遵循类似的原则。

首先，在伦理方面，国际大科学计划都会制定一套详尽的伦理指南，规范计划实施各个环节中涉及的核心伦理问题，相关伦理指南大体上分为两个部分，即人体细胞和组织样本获取相关伦理规范，以及知情同意原则。由于计划涉及不同国家的参与，因此所有伦理指南和规范原则的制定都会在坚持国际通用原则的基础上，充分考虑和尊重各参与方所在国的差异化伦理要求，也会要求参与方在严格遵守计划整体伦理准则的同时，还要遵守本国的规范准则。例如，在人体细胞和组织样本获取方面，人类胚胎干细胞的获取和使用，各国的法律和伦理要求具有鲜明的差异，因此在计划实施之前，要事先获得相关国家或区域伦理委员会的批准。在知情同意方面，计划在已制定的通用模板的基础上，会针对不同国家或区域的道德和文化特征，进行个性化的修改，并与地方的相关团体共同开展知情同意获取的工作，以保证实施的有效性。

其次，在数据发布方面，国际大科学计划的一个重要共性特点就是最大程度保障及时向整个科学界和公众免费公开数据。1996年的《百慕大原则》、2003年的《劳德代尔堡协定》和2009年的《多伦多声明原则》都是各计划组织设计中可借鉴的数据共享通用准则。由于部分数据可能存在泄露个人信息的风险，所以在一些计划中，会采取双层管理机制，即部分不涉及个人信息的数据完全向公众开放，而一些可能与特定个体相关的数据，会采取"受控访问"措施，由负责数据发布的专门工作组对数据使用申请进行审核和授权。

最后，在成果发表和知识产权方面，国际大科学计划都会在尊重数据生产者贡献与加速科学发展之间，以及知识产权与数据广泛可用之间寻求平衡。一方面，为了充分保障数据和数据生产者对其产生数据相关分析结果的优先发表权，国际大科学计划设置数据发布之后的9个月为发表保护期，这期间数据或资源的使用者仅享有使用权，可以不受限地进行分析和使用，但不允许就任何相关分析结果进行发表。同时，计划各参与方之间也不享有使用其他成员数据的特权。另一方面，为了信息和发明的广泛可用性，国际大科学计划也会采取相应措施，如不允许就缺乏具体用途的数据本身申请专利，鼓励参与方最大限度地使用专利的非专属授权，鼓励数据使用者在专利中不限制他人对相关数据的访问等。

第二节 我国牵头酝酿和开展的生命科学领域的国际大科学计划案例

一、人类肝脏蛋白质组计划

人类肝脏蛋白质组计划是第一个面向人类组织器官的蛋白质组计划，在酝酿和启动阶段，中国科学家提出和完善了该计划的总体战略目标和科学内涵，即"两谱、两图、三库"，并在实施过程中逐渐被国际蛋白质组学研究领域接受和公认，进一步成为整个人类蛋白质组计划的主体研究框架。中国也由此逐渐成为人类蛋白质组计划的中流砥柱和国际蛋白质组学界的重要领导力量。

（一）计划的发起

蛋白质是生命活动的功能执行体，基于蛋白质组具有高复杂性、高维度等特点，需要多国家、多学科、多中心协作。因此，2001年，来自多个国家的22位科学家发起成立人类蛋白质组组织（Human Proteome Organization，HUPO），并讨论启动人类蛋白质组计划（Human Proteome Project，HPP）。该计划试图通过研究全部基因所表达的所有蛋白质在不同时间与空间的表达谱和功能谱，全景式地解释生命活动的本质。

我国蛋白质组研究起步较早，具备一定的研究基础。国家自然科学基金委员会于1998年设立了重大项目——"蛋白质组以及蛋白质结构动态变化与其生物功能的研究"。此举推动了我国蛋白质组研究队伍的不断壮大，成功构建了高通量研究技术平台，并在国际上较早地提出了功能蛋白质组学的研究战略。2002年3月，人类蛋白质组组织主席、美国密歇根大学癌症研究中心主任Samir Hanash教授到中国访问，其间他对我国蛋白质组研究已具备的软硬件条件给予高度评价（甄蓓和曹巍，2004）。

肝脏是人体第一大器官，在人类生命活动中占有重要地位。因此，控制肝病的发生发展和提高肝病患者的生活质量对全球尤其是我国来说迫在眉睫，而蛋白质组学的兴起，将为我们全面认识肝脏及其疾病提供新的历史性机遇。在此背景下，开展人类肝脏蛋白质组计划（Human Liver Proteome Project，HLPP）的想法于2002年4月在HUPO研讨会上由贺福初院士首次提出，旨在召集学术界、产业界和政府各方开展国际合作，进行肝脏蛋白质综合研究。2002年10月，来自13个国家的100多位科学家参与了在北京召开的首届HUPO肝脏蛋白质组研讨会，就HLPP的科学目标和未来方向达成了广泛共识。2002年11月，在首届HUPO大会上，贺福初院士提议按照人体的器官/组织进行国际分工，提出建立蛋白质组"两谱、两图、三库"的战略目标，即构建肝脏蛋白质组表达谱、修饰谱、网络图、定位图、样本库、数据库和抗体库，得到国际同行认同。大会期间，与会人员就HLPP召开了一次特别小组会议，提名中国的贺福初、加拿大的John Bergeron和法国的Christian Bréchot为HLPP的联合主席，计划成立HLPP规划委员会，并于2003年5月确定了委员会的17名成员。2003年1～3月，三位联合主席分别为HLPP实施提出了管理建议、科学战略、行动计划、采样建议。2003年11月，在蒙特利尔召开的第二届HUPO大会上，国际学术界对中国政府及科学家们在蛋白质组研究及"人类肝脏蛋白质组计划"的组织管理和科学研究上的作为与成绩给予高度赞扬，并确定中国为"人类肝脏蛋白质组计划"的唯一牵头国，贺福初院士为唯一主席（He，2005）。

（二）计划的组织实施

HLPP旨在开展人类第一个组织、器官、细胞的蛋白质组计划，为人类所有组织、器官、细胞的蛋白质组计划提供模式与示范；实现肝脏转录组、肝脏蛋白质组、血浆蛋白质组的对接与整合；确认或发现80%以上的人类蛋白质，在蛋白质水平上全面注解与验证人类基因组计划所预测的编码基因；借助肝脏蛋白质组与转录组数据，揭示人类转录、翻译水平的整体、群集调控规律；系统建立肝脏"生理组""病理组"；探索并建立一系列新的预防、诊断和治疗方法（贺福初，2004）。

HLPP的实施分为两个阶段，2003～2005年为启动阶段，2006～2010年为全面实施阶段，要完成表达谱、修饰谱、定位图、连锁图、样本库、抗体库和数据库的构建工作。经过多轮研讨，HLPP被分为8个子项目，每个子项目由专业科学家领导的小组委员会负责监督执行。实施过程中，中国承担其中30%的工作，美、英、法等17个国家顶尖科学家团队也参与其中（表2-7）。

表 2-7　HLPP 8 个子项目及负责人

子项目	负责人及国家
样本收集和建库	法国 Christian Bréchot
蛋白质组表达谱	中国 Fuchu He
蛋白质互作谱和 ORFeome 库	中国 Pengyuan Yang
蛋白质组定位图	俄罗斯 Alexander Archakov
蛋白质翻译后修饰谱	韩国 Young-Ki Paik
抗体库	中国 Qihong Sun
生物信息学	英国 Rolf Apweiler
肝脏疾病蛋白质组分析	美国 Laura Beretta

2010 年，国际人类肝脏蛋白质组计划"两谱、两图、三库"的科学目标初步实现。科学家们历时 5 年多的艰辛探索，完成了人类肝脏蛋白质组表达谱和修饰谱，绘制了蛋白质相互作用连锁图和定位图，建立了符合国际标准的肝脏标本库，发展规模化抗体制备技术并建立肝脏蛋白质抗体库，另外还建立了完整的肝脏蛋白质组数据库。之后，关于肝脏蛋白质组的研究仍在持续推进，2010～2015 年，肝脏蛋白质组解析的分辨率加深、覆盖率扩大，研究人员可以鉴定更多以前"抓不到"的蛋白质。2015 年以后，随着蛋白质组鉴定技术的通量化和微量化，研究人员有能力开展大规模、微量临床样本的蛋白质组鉴定，这一进步极大地促进了蛋白质组学与精准医疗的深度融合。

（三）计划的衍生

在完成计划"两谱、两图、三库"的科学目标后，我国科学家进一步聚焦对肝癌等疾病的蛋白质组分子分型研究，并致力于个性化临床诊疗及干预方案的制定，首创了"蛋白质组学驱动的精准医学"（Proteomics-Driven Precision Medicine，PDPM）新理念。该理念以蛋白质组学为纲，面向临床需求，同时联合基础生物医学研究。相关研究不仅需要国际多中心、多学科的协作，还具有突出的战略意义、广泛的合作基础、强大的引领效应和巨大的应用前景，对科技、经济乃至社会的推动作用难以估量。2021 年，贺福初院士在 HUPO 大会上提出"人类蛋白质组计划 2.0——蛋白质组学驱动的精准医学计划"（HPP 2.0-PDPM）的倡议，旨在通过与全球范围内经验丰富、成绩突出的优势团队合作，更好地整合蛋白质组学研究领域的各种先进技术和数据资源，形成国际公认的标准化操作规范，共同推进相关研究的深入发展。

HPP 2.0-PDPM 将充分发挥前期研究策略、技术能力、设施平台、项目实施、数据管理、团队建设等优势，主要在两个方面展开工作。一方面，在发展超微量、单细胞及高时空分辨等的创新性蛋白质组学技术基础上，探索器官的细胞构成原理及其细胞蛋白质组构成规律，致力构建细胞分辨率下的第二代人类蛋白质组图谱（第一代为器官分辨率）。另一方面，面向临床需求，搭建微量和超微量样品全链条蛋白质组样品制备、质谱检测、生物信息分析技术体系。通过对肿瘤等重大疾病的多维蛋白质组学研究，发现并验证一批具有原始知识产权的生物标志物和药物靶标，创建蛋白质组学驱动的第二代精准医学新模式（第一代为基因组学驱动）。

二、人类表型组国际大科学计划

人类表型组是基因组之后生命科学研究的又一战略制高点和原始创新源。人类表型组研究将为生命与健康科学持续提供创新动力，发挥"点石成金"的关键作用。尽管"人类表型组计划"的概念最初由美国科学家提出，但我国科学家在全球范围内率先提出了以"测一切之可测"为指导理念的大科学计划实施构想与战略布局。我们不仅实质性地推动了相关基础与技术研究的全面开展，还引领了人类表型组国际大科学计划稳步迈进，激发了各国竞相加强对人类表型组领域的重视和投入。

人类表型组计划旨在通过对大规模人群队列开展跨尺度、全周期的人体系统精密测量，探寻基因-环境-表型之间、宏观与微观表型之间的关联和机制，绘制"人类表型组参比图谱"，为未来生命科学探索提供一张全新的"导航图"。人类表型组计划已确定科学目标与主要技术路线，将按照"构建人类表型组标准规范与研究技术体系—建设人类表型组测量与研究平台—构建人类表型组大数据管理与分析系统—促进各国人类表型组伦理工作进程"的路线稳步推进。按照规划，该计划将在上海率先开展示范性先导研究，对 1000 个健康个体开展跨尺度全景精密表型测量，确保每个人测量 2 万个以上表型。随后，研究将逐步在亚洲、欧洲、美洲、非洲和大洋洲选取代表性人群进行测量，目标是实现各大洲测量 1 万人样本、每人测 10 万个表型，最终绘制完成全球人类表型组的参比图谱。

（一）计划的酝酿

1. 形成中国合力

2014 年起，复旦大学就开始筹备发起"人类表型组"国际大科学计划。2015 年 5 月，金力院士倡议发起并组织召开了以"国际人类表型组研究"为主题的香山科学会议第 525 次学术讨论会。欧美表型组研究核心专家出席会议，与会专家认识到全面开展表型组研究有极其重要的科学意义和非常深远的战略意义，效益不可估量（杨炳忻，2015），并一致表示支持中国主导推动国际人类表型组计划。

2016 年，国务院正式批准《上海系统推进全面创新改革试验 加快建设具有全球影响力的科技创新中心方案》，其中，"国际人类表型组"被列入需要布局的重大科学基础工程。同年，复旦大学承接了国家科技基础性工作专项——"中国各民族体质人类学表型特征调查"项目，该项目采集了 55 个民族共 4 万余人的形态观察、人体功能、生化、生理等 10 余类近千个表型数据。在此基础上，复旦大学还构建了专用数据库和数字化样本库，提供数据全流程规范化管理。2016 年 5 月，复旦大学在上海组织召开了首届国际人类表型组研讨会。会上，金力院士提出了人类表型组研究计划的核心任务和发展路线图，并发表了启动"国际人类表型组研究计划"的倡议书，此举无疑奠定了我国在国际人类表型组研究中的领导地位。

2017 年 11 月，上海市首批市级科技重大专项立项支持"国际人类表型组计划"（一期）。该项目由复旦大学牵头，联合中国科学院上海生命科学研究院、上海交通大学及上海市计量测试技术研究院等共同开展，总经费 5.6 亿元人民币。这一举措为人类表型组国际大科学计划的加速启动与推进注入了关键动力。

2019 年 9 月，经上海市批准，由复旦大学联合中国科学院等单位发起的独立法人新型研发机构——上海国际人类表型组研究院正式成立，金力院士任首任院长。该研究院定位为：人类表型组计划的战略智库，表型组标准化工作的创新中心，面向全球科学家的数据共享与信息管理平台，推动国际、国内合作的服务协调机构，生命科学与生物医药领域的高水平研发机构和高质量产业化机构。作为大科学计划的组织枢纽，自 2019 年底起，上海国际人类表型组研究院正式承担了国际人类表型组研究协作组和中国人类表型组研究协作组的秘书处职能，确保人类表型组计划组织推进的两大协同机制与核心网络稳定运营。

与此同时，由复旦大学金力院士、中国医学科学院王辰院士和中国科学院大学徐涛院士担任共同组长的中国人类表型组研究协作组于 2018 年正式成立。协作组整合了国内高校及科研院所、医疗机构和产业界等在人类表型组学领域的优势。截至 2022 年底，协作组现有 91 名协作委员，其中 33 位院士；协作单位/机构 69 家，其中 38 家高校科研院所，27 家三甲医院，4 家国内知名企业。

在国内各协作单位的共同努力下，尤其是协作组各位委员的大力支持下，协作组有效整合了我国人类表型组研究力量，大力推进表型组领域原始创新和协同攻关，努力实现中国团队在人类表型组研究领域的重大突破，已经形成了引领人类表型组全球协作的中国合力，共同推动人类表型组国际大科学计划的实施。

2. 构建国际网络

2018 年，在上海召开的第二届国际人类表型组研讨会上，"国际人类表型组研究协作组"正式宣告成立，这标志着人类表型组计划的国内外协同创新网络基本框架形成，全球科学界先行启动人类表型组国际大科学计划的实质性科研合作与先导研究。

由复旦大学金力、美国普罗维登斯健康与服务中心 Leroy E. Hood 以及澳大利亚莫道克大学 Jeremy Kirk Nicholson 担任国际人类表型组研究协作组理事会的主席，协作组现有来自美国、英国、德国、哈萨克斯坦、加纳等 20 个国家的 24 位顶尖科学家（其中 14 位院士）为理事会成员。

协作组旨在着力构建国际协同创新网，凝聚全球人类表型组研究力量，全面推进人类表型组国际大科学计划。协作组的使命涵盖三大方面：一是利用国际和多学科力量，从基因-环境-表型到人类健康层面，积极探寻微观与宏观表型之间的关联及机制；二是通过使用物理、化学和生物指标，从分子、细胞到生命体各层面，发现人类特征和疾病的起源及多样性；三是应用新发现的知识和技术，来创造人类健康的新范式。协作组下设"标准与技术规范""知识产权、数据共享与数据安全""伦理与法律社会问题"3 个专业委员会，秘书处设在上海国际人类表型组研究院。

此外，人类表型组国际大科学计划高度重视在"一带一路"区域的推进与协同。2020 年，复旦大学获批建设中国科协"一带一路"国际科技组织合作平台——"一带一路"人类表型组联合研究中心。该中心由复旦大学牵头发起，得到来自新加坡、菲律宾、马来西亚、蒙古国、俄罗斯等 9 个国家的 11 家高校和科研机构的积极响应与参与。同年 12 月 13 日，联合研究中心在上海正式揭牌。目前，联合中心已在马来西亚思特雅大学设立并揭牌分中心。作为人类表型组计划聚焦"一带一路"地区优先布局落地的重要倡议之一，"一带一路"人类表型组联合研究中心将努力成为"一带一路"区域生命科学前沿国际协同与交流的重要枢纽，引领构建"一带一路"区域科技创新联合体，为打造健康"一带一路"，守护各国人民生命健康做出应有贡献。

（二）计划的进展

2018 年以来，在国家和上海市的支持下，以复旦大学领衔的数十个顶尖科学家团队以发起"大科学计划"、推动"创新策源"和"范式变革"为使命，围绕"表型测量的标准化"、"表型特征的个体与群体分布"以及"绘制人类表型组关联导航图谱"三大目标，采用"分布式协同、工程化推进"新模式实质性推动人类表型组国际大科学计划稳步向前推进。

1. 我国已在人类表型组领域具备引领优势

得益于国家支持和率先布局，中国科学界已在人类表型组计划相关先导研究中取得突破性进展并达成三个"全球第一"。

➢ 建成全球首个跨尺度多维度人类表型精密测量平台，并建立全套标准操作流程体系；

➢ 完成全球首个每人测量 2.4 万个表型的健康人群表型精密测量千人核心队列；

➢ 绘制全球首版人类表型组导航图，发现 150 余万个表型间强关联，其中 69% 为科学界首次发现且绝大多数为跨尺度关联。

具体来说，中国在人类表型组计划中的引领地位体现在五大关键"优势"：一是理论体系构建，不仅推动了表型组学范式在生命科学前沿探索中的加速传播与应用，还绘制出全球首张人类表型组导航图；二是核心技术领先，自主研发了国际领先的人类表型精密测量技术体系与数据分析算法工具；三是国际标准创制，大力推动人类表型组相关标准体系布局，成功发布 ISO/TS 22690 国际标准；四是领军人才汇聚，吸引了全球顶级专家团队参与大科学计划，同时引育并举构建了高水平人才梯队；五是数据平台建设，建成了国际领先的人类表型组数据多维集成的测量采集平台与全过程自动化的大数据处理云平台。

Leroy E. Hood 评价指出，中国在表型组学基础研究领域已处于国际领先地位。这基本奠定了我国在牵头组织人类表型组国际大科学计划上的国际引领优势。

2. 探索生命科学领域国际大科学计划的新型组织模式

在筹备发起与引领推进人类表型组国际大科学计划的过程中，以复旦大学、上海国际人类表型组研究院为代表的中国科学界积极探索以新型组织模式引领大科学计划稳步推进。

（1）组建了一家新型研发机构

上海国际人类表型组研究院作为牵头实施大科学计划的组织枢纽，高质量发挥其协同研发、数据共享、标准化创新、成果转化、战略智库等功能作用。

（2）构建起 2 张协同创新网

一是由来自 20 个国家的 24 位顶尖科学家（其中 14 位院士）组成的国际人类表型组研究协作组；二是由来自国内 69 家机构的 91 位委员（其中 33 位院士）组成的中国人类表型组研究协作组。

（3）贯彻 3 个"带动"的国际合作推进策略

以科学界合作带动国家间合作，以双边协同带动多边协同，以"一带一路"国家积极参与带动发达国家加大投入。

（4）打造四大科技公共产品

打造《表型组学》（Phenomics）国际学术期刊、人类表型组系列国际和国内高端学术大会、国际人类表型组标准化创新中心和生命健康科技智库。

3. 稳步推动国际科学界就人类表型组计划达成关键共识

在引领推进和牵头组织人类表型组国际大科学计划的过程中，中国科学界稳中求进，依托国际人类表型组研究协作组，努力推动全球科学界就人类表型组国际大科学计划的关键科学与治理问题逐一达成共识，其努力与成就获得全球生命科学界的高度认可（表 2-8）。

表 2-8　国际人类表型组计划大事记

时间	大事记
2015 年 5 月	"国际人类表型组研究"香山科学会议召开，提议发起国际人类表型组计划
2016 年 4 月	国务院印发《上海系统推进全面创新改革试验 加快建设具有全球影响力的科技创新中心方案》，将"国际人类表型组"作为重大任务，列入需要布局的重大科学基础工程
2016 年 5 月	复旦大学在上海组织召开了"首届国际人类表型组大会"，金力院士在大会主旨报告中首次系统提出了人类表型组计划的核心任务与路线图
2018 年 3 月	上海市首批市级科技重大专项"国际人类表型组计划"（一期）正式启动
2018 年 10 月	国际人类表型组研究协作组在"第二届国际人类表型组研讨会"举办期间正式成立；人类表型组国际大科学计划正式由科学界先行启动
2019 年 9 月	经上海市批准，新型社会组织和研发机构——上海国际人类表型组研究院成立
2020 年 10 月	"第三届国际人类表型组研讨会"及国际人类表型组研究协作组理事会第二次会议召开，确定了人类表型组计划的三大优先推进方向
2021 年 11 月	国际人类表型组研究协作组理事会第三次会议召开，发布了全球首张人类表型组参比导航图，《人类表型组计划科研数据跨境共享与开放原则》达成共识
2022 年 12 月	国际人类表型组研究协作组理事会第四次会议召开，理事会审议《人类表型组测量指南》《共建全球人类表型组数据协同研究平台（PhenoBank）倡议》并就两项文件达成共识

2018 年，人类表型组计划协作组一经成立，就提请各国科学家充分讨论并经协作组理事会审议，确定了该计划的主要目标、阶段任务、技术路线和组织架构。科学家们一致认为，人类表型组计划旨在通过建立关于人类表型组研究的标准化表型测量、数据处理和共享统一章程，共同研究开发用于人类表型组研究的新技术、新模型，发现和解析基因-表型-环境与表型之间的跨尺度、多组学关联，并应用新发现的知识和技术来创造人类健康的新范式。

2020 年，新冠肺炎疫情流行使人类健康问题在全球范围内获得前所未有的重视。在

2020 年 11 月召开的国际人类表型组研究协作组理事会上，各国科学家一致认同，应把聚焦新冠肺炎疫情开展表型组学研究作为人类表型组计划启动后实质推进的首要优先方向之一。经过中外科学家充分讨论，国际人类表型组研究协作组确定将"新冠和其他重大疾病的表型组学研究"、"表型组研究技术体系与科研基础设施构建"以及"表型组学研究中的标准操作程序"作为人类表型组国际大科学计划的三大优先研究方向。

随着人类表型组研究的高速发展，全球共同参与表型组研究的团队产生了大量相关数据，针对这些数据，如何对全球分布的数据进行交流共享和对比研究，亟须建立统一的共识与规范。科研数据跨境合规流动与共享是人类表型组计划持续开展全球协同的关键性基础工作。2021 年 11 月 19 日，由上海国际人类表型组研究院、德国莱布尼茨研究所牵头研究和编制的《人类表型组计划科研数据跨境共享与开放原则》，在国际人类表型组研究协作组理事会第三次会议上，经各国科学家的充分探讨与协商，最终审议通过。这标志着人类表型组计划的国际协同创新水平与质量迎来重大跃升。在兼顾安全和开放两大精神的指引下，相关原则共有 6 条。一是采纳 FAIR 原则，即寻获性（findability）、可及性（accessibility）、互用性（interoperability）和复用性（reusability）。这是目前全球主要科学数据共享机构普遍采纳的数据共享原则标准。二是安全合规。数据安全与合法合规是人类表型组数据共享和开放的前提。人类表型组科研数据的采集、传输、保存、使用、分享、公开、销毁等数据全生命周期中，各阶段的处理工作均需遵循所在国家/地区的法律法规，即应根据数据生产者、处理者和使用者所在国家/地区的要求，满足相应的法律和道德伦理要求，保障当事方合法权益，确保人类表型组科研数据的安全共享、合法共享、规范共享。对于有关分歧，各方应以平衡、友好且科学的态度，协商探讨务实的解决方案。三是数据标准化。数据的标准化是国际人类表型组计划进行数据共享和联合科学研究的基础。会议明确，国际人类表型组研究协作组将致力于研究和建立国际人类表型组科研数据标准化体系，鼓励成员推动覆盖采集、分析、治理、使用、共享全周期的数据标准化工作，共同制定相关国际标准，以促进国际人类表型组计划更高质量的数据分享与开放。四是分类分级。为了便于数据的分享和公开，应该将科学数据进行分类、分级管理。不同类型、级别的数据适用不同的分享与开放原则。分类、分级可以先由各国科研团队根据科研工作的实际情况进行。未来协作组将致力于通过成员间协商、协调，构建国际人类表型组数据分级、分类标准体系。五是多模式分场景共享。除了传统的数据复制共享模式外，协作组还鼓励各国科研机构开展算法共享、隐私计算、联邦学习等多种创新数据共享模式，以丰富数据共享手段，提高数据利用效率。六是探索最佳实践。协作组鼓励各国科研团队通过科研实践参与到相关国家/地区的法律与规则制定和实施过程中，探索在不同国家/地区法律法规框架下，国际科研合作与数据跨境共享的最佳路径。

2022 年 12 月 13 日，在国际人类表型组研究协作组理事会第四次会议上，包括 Leroy E. Hood 院士、金力院士等多位知名学者均提及：表型组数据是协同推进人类表型组国际大科学计划的核心关键。这表明，经过 4 年多的探索与实践，全球科学界已经对如何推动人类表型组国际大科学计划达成高度共识。当前，开始构想建设集中式的人类表型组关键数据设施，可谓恰逢其时，水到渠成。在该次国际人类表型组研究协作组理事会上，经过各国科学家的充分探讨与协商，进一步就《人类表型组测量指南》《共建全球人类表型组数据协同研究平台（PhenoBank）倡议》达成共识。

《人类表型组测量指南》是为了适应人类表型组研究日趋增长的测量需求，达成人类表型组相关标准操作程序开发的框架指南。该指南为编制相关人类表型组标准操作程序提供指导，保证不同机构间有基本一致的测量与科研操作流程，进而保障来自不同国家、机构、实验室平台的研究数据具有可比性，而这也是进一步开展国际大科学计划的基础。

《共建全球人类表型组数据协同研究平台（PhenoBank）倡议》（简称《倡议》）提出了共同建设全球性的人类表型组数据协同研究平台及处理系统的宏大构想。《倡议》提出建设一个全球多中心的人类表型组数据汇集、管理、分发、协同研究平台——PhenoBank，该平台为全球参与表型组研究的科学家提供服务，并为最终实现绘制全球性的人类表型组"导航图"目标提供平台与技术基础。

三、全脑介观神经联接图谱国际大科学计划

全脑介观神经联接图谱国际大科学计划由中国科学院脑科学与智能技术卓越创新中心蒲慕明院士和海南大学骆清铭院士共同发起，旨在使用最接近人类的非人灵长类等动物模型，在单细胞分辨率上绘制具有神经元类型特异性的全脑联接图谱。该计划面向世界科学前沿，为解析高级认知功能的神经环路原理提供必要的支撑；面向人民生命健康，为重大脑疾病的诊断和治疗提供精确的神经环路靶点；面向经济主战场，为类脑计算和脑机智能技术提供创新架构和模拟的基础。

（一）计划的酝酿

国际大科学计划发起方一般情况下是一个在该领域科技实力领先的国家。在脑科学研究领域，虽然我国研究体量不大，但大脑神经联接图谱绘制技术已是国际领先，并建立可规模化作业的工程平台。中国科学院已研制出拥有自主知识产权的高通量电镜三维影像系统，并基于该平台开展了大脑体积约 0.125 mm³ 的幼龄斑马鱼全脑神经联接图谱的绘制。骆清铭团队于 2010 年在 Science 期刊上首次发表题为 "Micro-Optical Sectioning Tomography（MOST）to Obtain a High-Resolution Atlas of the Mouse Brain"（《利用显微光学切片断层成像技术获得小鼠大脑的高分辨率图谱》）的成果，在世界上率先实现哺乳动物单神经元分辨的全脑三维成像（Li et al.，2010）。随后，在 MOST 基础上，为满足不同类型的神经科学研究需要，团队进一步研发了具有不同成像特点与系统性能的系列成像技术，如荧光显微光学切片断层成像技术（fMOST）、双色荧光显微光学切片断层成像技术（dfMOST）、高清晰荧光显微光学切片断层成像技术（HD-fMOST）等不同类型成像技术，并利用相关技术构建了小鼠全脑及细胞结构、血管网络和神经元形态的三维重建图谱。在动物模型构建方面，2018 年 1 月诞生的体细胞克隆猴，标志着中国率先开启了批量化、标准化创建以猕猴作为实验动物模型（疾病模型猴和脑科学研究工具猴）的新时代。

2018 年 5 月 2 日，在北京召开的香山科学会议第 S40 次学术讨论会上，与会科学家们提出启动全脑介观神经联接图谱国际合作计划，期望 2020 年完成 10 万级神经元的

斑马鱼大脑介观图谱，2025 年完成小鼠全脑介观图谱，2030 年完成猕猴全脑介观图谱。图谱将确定神经元空间位置、"输入"和"输出"以及与大脑功能（如行为、情感等）的因果关系等。与会专家期待，在该国际合作计划中，我国科学家能掌握关键技术，并在国际执行委员会中占有一定人数和地位，加上足够的资金和设备投入，真正实现主导角色。科学家们下一步将陆续成立介观脑图谱研究中心、组建国内团队与创新技术平台、组建国际大计划执行委员会、组建国际团队和国际联盟等。2020 年 9 月 27 日，全脑介观神经联接图谱国际大科学计划启动前期工作座谈会在上海召开，会议不仅明确了该计划的推进路径，还正式宣布中国工作组的成立，并就该计划的具体实施思路和举措进行研讨。未来，该计划将结合科技创新 2030—"脑科学与类脑研究"重大项目的任务布局，依托上海市脑科学与类脑研究中心和松江 G60 脑智科创基地，采取联合攻关、逐步推进的方式实施，积极吸引国际团队开展合作。

（二）计划的进展

中国科学院脑科学与智能技术卓越创新中心等机构已在介观图谱领域率先重构了小鼠前额叶皮层 6357 个单神经元全脑投射图谱，建立了国际上最大的小鼠全脑介观神经联接图谱数据库，相关成果于 2022 年 3 月 31 日以封面文章的形式发表在 *Nature Neuroscience* 期刊上（Gao et al.，2022）。小鼠前额叶皮层神经联接图谱的完成，只是全脑介观神经联接图谱国际大科学计划的第一步。未来，该计划将解析小鼠、斑马鱼、猕猴 3 种模式动物的全脑介观神经联接图谱。其中，小鼠的研究又分为 3 个阶段目标：首先是前额叶，其次是海马体，最后是下丘脑，最终形成完整的小鼠全脑介观神经联接图谱。

四、全球微生物菌种保藏目录国际大科学计划

生物资源不仅是人类社会经济发展和技术进步的重要物质基础，其有效挖掘利用更是世界各国科技竞争的重要体现。国家微生物科学数据中心以世界微生物数据中心为平台，坚持开展"以我为主"的国际合作，倡导全球微生物菌种保藏目录（Global Catalogue of Microorganisms，GCM）重大微生物数据资源国际合作计划。在此基础上，该中心又发起全球微生物模式菌株基因组和微生物组测序合作计划（GCM 2.0），旨在对全球主要微生物资源保藏中心的目录进行标准化整理，并计划在 5 年内完成超过 10,000 种的细菌、真菌、古菌模式菌株基因组测序。

（一）计划的发起

世界微生物数据中心（World Data Centre for Microorganisms，WDCM）由世界菌种保藏联盟于 20 世纪 60 年代建立，是全球微生物领域最重要的实物资源数据平台。2010 年，WDCM 落户中国科学院微生物研究所，这是我国生命科学领域的第一个世界数据中心。国家微生物科学数据中心以 WDCM 为平台开展"以我为主"的国际合作，通过倡导全球微生物菌种保藏目录（GCM）重大微生物数据资源国际合作计划，推动全球微生物资源信息化建设迈向新高度。GCM 计划旨在为分散于全球各个保藏中心和科学家

手中宝贵的微生物资源提供一个全球统一的数据库，并以统一数据门户的形式，向全球科技界和产业界提供微生物菌种资源的信息服务。以 GCM 国际合作计划为基础，WDCM 发起了全球微生物模式菌株基因组和微生物组测序合作计划（GCM 2.0），旨在建立覆盖超过 20 个国家的 30 个主要保藏中心的微生物资源基因组测序和功能挖掘合作网络。该计划预计完成超过 10,000 种的微生物模式菌株基因组测序，不仅要在微生物资源共享和挖掘方面构建一套国际标准体系，还要建立全球权威的微生物组学参考数据库和数据分析平台，并在微生物参与地球活动及演化机制、微生物的系统发育等方向实现重大基础前沿科学问题的突破，同时，在生物固碳、食品发酵过程改造等方向实现产业技术突破和应用示范。

1. 为中国牵头的国际合作计划提供数据平台支撑，促进全球微生物领域开放科学

微生物资源是生态系统的基本组成部分，是人类生产、生活资料的基本来源和人类赖以生存的重要物质基础，是生物技术和产业发展的重要基石。微生物资源目录是科学家和产业用户从各国微生物资源保藏机构获取微生物资源的唯一有效途径。长期以来，我国在生命科学领域缺乏具有国际影响力的权威数据平台，导致大量数据资源向欧美国家建立的数据中心汇交，如国际核酸序列数据库 GenBank 中，30%的数据源自我国，这一比例凸显了我国数据控制权严重丢失。

作为中国牵头的国际大科学计划，GCM 计划将建立覆盖全球主要合作伙伴，尤其是发展中国家的科技资源共享网。该计划聚集全球微生物领域优势科技资源和顶尖科学人才，合力解决领域基础和前沿的重大科学问题，促进微生物分类领域全球开放科学的发展，也为全球一站式微生物鉴定和认知平台的建立提供重要的数据支撑。

2. 打造 ISO 级别数据标准，提升全球微生物高质量基础设施建设，实现全球互联互通

数据标准是全球数据共享的基础，对提升数据质量至关重要，更是建立国际一流数据库的前提。为了打造高质量国际性数据平台，中国科学院微生物研究所国家微生物科学数据中心与国家科技基础条件平台中心等单位联合美国、日本、俄罗斯、韩国等 9 个国家，共同制定了国际微生物领域的第一个 ISO 级别的数据标准——ISO 21710: 2020 Biotechnology – Specification on Data Management and Publication in Microbial Resource Centers（《微生物资源中心数据管理和数据发布规范》），同时，还催生了全球模式微生物基因组数据库、全球微生物组数据库等具有国际影响力的数据库，为微生物领域研究提供了关键性基础设施，解决了长期以来由于各国微生物资源中心数据管理的不同形式带来的共享阻碍。

3. 发起全球微生物模式菌株基因组和微生物组测序合作计划（GCM 2.0）

模式菌株是在给微生物定名、分类记载和发表时，以纯菌状态所保存的菌种，是微生物分类学的标准参考物。目前，已测序的微生物基因组虽然已超过 8000 条，但物种覆盖度不均匀，未覆盖大量模式菌株，同时数据质量参差不齐，难以作为参考标准。这就造成在对微生物数据进行系统分类、基因组注释等分析时,还存在大量的空白,限制了分类工作的深入。

2017 年 10 月,由中国科学院微生物研究所牵头,联合全球 12 个国家的微生物资源保藏中心,共同启动了全球微生物模式菌株基因组和微生物组测序合作计划,即 GCM 2.0。该计划包括模式微生物基因组测序以及测序数据信息化分析、共享与应用,对已有的 GCM 菌种数据信息是一个有力的补充。基于前期 GCM 计划与全球各个微生物资源保藏中心的良好合作,GCM 2.0 才能顺利获取相关资源。这也是我国得以引领 GCM 2.0 的重要条件。目前,已经有来自美国典型菌种保藏中心(American Type Culture Collection,ATCC)、日本微生物菌种保藏中心(Japan Collection of Microorganisms,JCM)、日本国立技术与评估研究所生物资源中心(NITE Biological Resources Center,NBRC)、韩国典型菌种保藏中心(Korean Collection for Type Cultures,KCTC)等超过 20 个国家/地区的 30 个微生物资源保藏中心加入。这些保藏中心所保藏的菌种资源已经覆盖了 90% 以上的已知模式菌株,其中 ATCC、JCM 是国际较大且具有影响力的模式菌株保藏中心,能够保证资源的可获取性。

该计划预计在 5 年内完成超过 10,000 种的细菌、真菌、古生菌模式菌株基因组测序,覆盖目前已知的全部细菌、古菌模式菌株以及重要的真菌模式菌株;还将建立一个全球微生物模式菌株基因组和微生物组测序合作网络,该网络将覆盖超过 20 个国家的 30 个主要保藏中心;从全球微生物资源保藏中心选择目前尚未进行测序的模式微生物菌株(包括细菌、古菌和可培养真菌),力求完成超过 90% 的微生物模式菌株的基因组测序。

(二)计划的实施进展

通过全球微生物菌种保藏目录国际大科学计划的全球推广,目前已有超过 52 万株微生物实物资源的信息汇集到该计划,其中 92% 的数据来自于国外。这在国际微生物数据领域产生良好的"全球虹吸效应",使大量的全球微生物资源数据系统性地向我国的数据平台汇聚,对全球微生物模式菌株资源进行了有效整合。此举有效促进了全球微生物资源的共享利用,进一步拓展和深化网络空间国际交流与合作,共筑全球微生物领域网络空间命运共同体,促进全球开放科学、经济发展与产业进步。

全球微生物模式菌株基因组和微生物组测序合作计划(GCM 2.0)覆盖目前已知的全部细菌、古生菌模式菌株以及常用于功能或系统发育研究的真菌模式菌株,并建立了一个全球合作网络,已完成来自比利时、中国、日本、韩国、荷兰、葡萄牙、俄罗斯、瑞典、泰国、美国和英国的大约 4500 种模式菌株测序工作。在此基础上,GCM 2.0 将继续广泛呼吁并促进全球合作。

以全球微生物菌种保藏目录国际大科学计划为基础的全球微生物资源数据共享平台作为重要的开放数据技术设施入选 2021 年世界互联网大会"携手构建网络空间命运共同体精品案例"。这是中国倡导并引领构建的全球微生物领域网络空间命运共同体的重要组成部分,旨在促进全球开放科学、经济发展与产业进步,也是中国建立的国际权威数据平台典范。

第三章 生命科学领域国际大科学计划案例研究

第一节 任务分配制国际大科学计划

一、人类基因组计划

（一）概述

20世纪80年代，技术的进步和对疾病机制解析的迫切需求共同驱动人类基因组序列测定设想的提出。与此同时，通过对该设想的意义、前景、实施可行性以及潜在挑战等进行综合分析，科学家们意识到测定人类基因组序列这项工作难度极高，单凭任何一个实验室难以独立完成，其应被提升为国家级乃至国际性项目。

在此背景下，1986年，人类基因组计划首先由美国能源部（Department of Energy，DOE）以部门项目的形式启动。同时，美国国立卫生研究院（National Institutes of Health，NIH）也对人类基因组研究开展了小规模的尝试。随着研究的推进，美国政府愈发认识到开展人类全基因组测序的重要意义。经过对其科学价值、社会价值和技术可行性等方面的充分论证，美国国会于1990年正式批准启动人类基因组计划（Human Genome Project，HGP）。该计划由DOE和NIH共同承担，至此HGP被提升为国家项目。随后，该计划也引起了全世界科学家的兴趣，英国、法国、日本、德国和中国等多个国家也陆续加入该计划。最终，HGP演变为由美国主导的一个国际大科学计划。

为了更好地推进HGP的实施，计划设置了清晰而明确的总体目标，即在15年内绘制人类基因组图谱，并确定其所有32亿个碱基对序列，同时绘制多种模式生物的基因组图谱，并开发DNA分析技术。在实施过程中，HGP还设置了具体的分阶段目标，出台了五年计划，并依据技术发展和私人公司的介入等因素，对第二、第三个五年计划进行了灵活调整。

在组织管理方面，HGP的主要管理机构是DOE和NIH，分别采用层级制和中心集中制的管理模式，以推进HGP的实施。此外，通过授权特定行政部门进行协调管理、制定合作条款、成立DOE-NIH联合顾问委员会等方式协调两个机构的工作。随着其他国家的加入，HGP在国际层面成立了由多国测序中心组成的国际人类基因组测序联盟，该联盟由DOE和NIH领导。同时，HGP还定期召开人类基因组测序国际战略会议，来协调HGP的实施。1996年，在首届人类基因组测序国际战略会议上，国际人类基因组测序联盟的成员商讨确定了HGP的任务分工。

HGP作为生命科学领域国际大科学计划的探路者，在启动之初就认识到在开展基因组研究的过程中，伦理、法律和社会问题的重要性，因此在计划中设立了相关研究项目。

此外，为了最大化实现数据的共享，HGP 还提出了《百慕大原则》，改变和引领了生命科学研究中的数据共享规范。

HGP 的实施也带来了巨大的经济和科学收益，在实现 141∶1 高经济投资回报率的同时，也成为科学认知的基石，对生物学、医学、社会学以及技术发展产生了深远的影响，引领生命科学研究走向大数据时代。

（二）HGP 的酝酿和发起

20 世纪 80 年代起，DNA 测序技术的进步和电子计算机的应用显著加快了 DNA 测序过程，实现了测序的自动化和规模化，与此同时，许多遗传病的发现也引发了全面了解人体基因序列的迫切需求，促使测定人类基因组序列的设想日益受到关注。1984 年 12 月，DOE 和国际环境诱变剂和致癌剂防护委员会（International Commission for Protection Against Environmental Mutagens and Carcinogens，ICPEMC）共同发起"阿尔塔峰会"（The Alta Summit），峰会讨论了测定人类基因组序列的意义和前景，指出这项工作将在有效识别人类基因突变中发挥关键作用。1985 年 5 月，美国加利福尼亚大学圣克鲁兹分校校长 Sinsheimer 组织举办了"圣克鲁兹研讨会"，会上提出了开展人类基因组测序的设想。1986 年 3 月，DOE 健康与环境研究办公室（Office of Health and Environmental Research，OHER）在新墨西哥州圣达菲举办了"基因组测序研讨会"，旨在评估开展人类基因组计划的可行性。同年，美国科学家 Dulbecco 在 *Science* 期刊上发表一篇题为《癌症研究的转折点：测定人类基因组序列》的文章，提出测定人类基因组序列的必要性和艰巨性，并指出这样的工作是任何一个实验室都难以独立承担的，应该成为国家级的项目，甚至是国际性的项目。

基于上述一系列会议讨论，最终，人类基因组计划率先由美国 DOE 以部门项目的形式启动。同时，NIH 也进行了人类基因组研究的小规模初探。1986 年 9 月，DOE 拨款 530 万美元，专门用于资助 Charles DeLisi 开展人类基因组研究。之后，NIH 获得美国国会 1988 财年专项拨款，也启动了人类基因组研究。1988 年 2 月 29 日至 3 月 1 日，美国 NIH 主任 James Wyngaarden 在弗吉尼亚州雷斯顿，召集了一众科学家、行政管理人员和科技政策专家，为人类基因组研究制定方案。

随着研究的推进，美国政府愈发认识到人类基因组计划的潜在价值，该计划被国会提上议事日程，上升为国家计划。在决策过程中，美国政府委托国家研究理事会（National Research Council）和技术评估办公室（Office of Technology Assessment）开展了评估，对人类基因组计划的科学价值、社会价值和技术可行性等进行了论证。同时，为协调不同机构间人类基因组相关科研活动的开展，1988 年 10 月，NIH 与 DOE 签署了一份合作谅解备忘录。最终，美国国会于 1990 年正式批准启动了人类基因组计划，该计划由 DOE 和 NIH 共同实施。

与此同时，人类基因组计划的重大科学和社会价值也吸引全球多个国家的关注和支持，随着英国、法国、日本、德国和中国等多个国家加入，人类基因组计划最终演变为由美国主导的一个国际大科学计划。

（三）HGP 的组织实施

1. HGP 的目标设定

HGP 设置了清晰而明确的总体目标，即绘制人类基因组图谱，确定人类所有 32 亿个碱基对的序列，同时绘制多种模式生物的基因组图谱，并开发 DNA 分析技术。在实施过程中，HGP 还设置了具体的分阶段目标，并根据计划实施情况对研究目标进行了动态调整。

1990 年 4 月，NIH 和 DOE 发布了 HGP 首个五年计划（1991～1995 年），并针对计划的不同部分制定了具体的阶段性目标，包括人类基因组图谱绘制（遗传图谱、物理图谱、DNA 测序技术优化），模式生物基因组图谱绘制，数据收集和分析，伦理、法律和社会问题研究，研究培训，技术开发以及技术转化等。

由于研究进展迅速，NIH 和 DOE 提前了两年完成了第一阶段的目标。1993 年，两部门又规划了 HGP 第二阶段的目标（1993～1998 年），旨在构建详细的人类基因组遗传图谱和物理图谱，并开发高效的测序技术。1994 年 9 月和 1995 年 12 月，HGP 相继绘制完成了详细的人类基因组遗传图谱和物理图谱，标志着第二阶段的目标达成，比预设时间提早了 3 年。

1998 年，私人公司赛莱拉基因公司（Celera Genomics）成立，宣布其将在 3 年内，完成全部的人类基因组测序工作，并计划将部分成果申请专利。面对私人公司的挑战，NIH 和 DOE 对 HGP 进行了战略调整，加快了测序工作的进程。1998 年 10 月 23 日，NIH 与 DOE 在 *Nature* 期刊上联合发文，制订了 HGP 第三个五年计划（1998～2003 年），提出在 2003 年完成人类基因组测序工作，比初始预期提前两年，并承诺在 2001 年生成人类基因组草图。2000 年，美国总统克林顿和英国首相布莱尔对此发表了联合声明，呼吁将人类基因组研究成果公开，以便世界各国的科学家都能自由地使用这些成果。由于政府的出面，公共部门与私人公司达成共同发布人类基因组图谱的共识。2001 年 2 月，国际人类基因组测序联盟和赛莱拉基因公司分别在 *Nature*（Lander et al., 2001）和 *Science*（Venter et al., 2001）期刊发布了人类基因组草图和初步分析结果。2003 年，人类基因组测序全部完成。

2. HGP 的成员结构

HGP 的基因组测序工作主要是由美国、英国、法国、德国、日本和中国的众多大学和研究中心共同完成，他们构建了国际人类基因组测序联盟（表 3-1）。其中，美国华盛顿大学医学院基因组测序中心（圣路易斯）、美国贝勒医学院人类基因组测序中心、美国怀特黑德研究所/麻省理工学院基因组研究中心、美国能源部联合基因组研究所以及英国维康信托桑格研究所（Welcome Sanger Institute）组成的 G-5 机构承担了 HGP 85% 的工作，其余工作则由其他研究中心完成。

3. HGP 的经费管理

人类基因组计划的经费主要来自美国的 NIH、DOE 和英国维康信托基金会（表 3-2），

表 3-1 国际人类基因组测序联盟成员

国家	承担测序份额	参与机构
美国	54%	美国怀特黑德研究所/麻省理工学院基因组研究中心
		美国 Genome Therapeutics 公司测序中心
		美国华盛顿大学医学院基因组测序中心（圣路易斯）
		美国能源部联合基因组研究所
		美国贝勒医学院人类基因组测序中心
		美国西雅图系统生物学研究所多兆碱基测序中心
		美国斯坦福基因组技术中心
		美国斯坦福人类基因组中心和斯坦福大学医学院遗传学系
		美国华盛顿大学基因组中心（西雅图）
		美国得克萨斯大学西南医学中心
		美国俄克拉荷马大学基因组技术高级研究中心
		美国冷泉港实验室 Lita Annenberg Hazen 基因组中心
英国	33%	英国维康信托桑格研究所
日本	7%	日本庆应义塾大学医学院分子生物学系
		日本理化学研究所基因组科学中心
法国	2.8%	法国 Genoscope 国家基因测序中心和法国国家科学研究中心
德国	2.2%	德国马克斯·普朗克分子细胞生物学与遗传学研究所
		德国分子生物技术研究所基因组分析系
		德国生物技术研究中心
中国	1%	中国科学院遗传研究所人类基因组研究中心（现中国科学院北京基因组研究所）

表 3-2 人类基因组计划的经费投入 （百万美元）

年份	英国维康信托基金会	DOE	NIH
1988		10.7	17.2
1989		18.5	28.2
1990		27.2	59.5
1991		47.4	87.4
1992		59.4	104.8
1993		63	106.1
1994		63.3	127
1995	306（1992～2000 年合计）	68.7	153.8
1996		73.9	169.3
1997		77.9	188.9
1998		85.5	218.3
1999		89.9	225.7
2000		88.9	271.7
2001		86.4	308.4
2002		90.1	346.7
2003		64.2	372.8

此外还包括其他几个参与国家在完成各自任务时投入的经费。这些经费用于支持基因组相关的大规模科学活动，涉及基因组图谱绘制、人类疾病和模式生物（如细菌、酵母菌、蠕虫、果蝇和小鼠）的研究、生物学及医学研究新技术的开发、基因组分析的计算方法开发，以及与遗传学有关的伦理、法律和社会问题研究。

4. HGP 的组织管理架构

（1）HGP 在美国内部的组织管理体系

美国开展 HGP 的主要管理机构是 DOE 和 NIH，在推进 HGP 实施过程中，双方既保留了各自独特的组织管理方式，也采取了一系列协同的管理举措。例如，DOE 和 NIH 各自设立了咨询和协调委员会，为 HGP 的实施制订计划并给予相关建议。这些委员会还下设了一系列工作组，针对 HGP 中的特定问题开展详细研究。同时，NIH 和 DOE 还通过发布新闻资讯和搭建网络论坛，快速传播 HGP 相关信息，并构建管理数据库以获取各国基因组测序的数据。

1）NIH 组织管理方式

NIH 采取中心协调战略，设立了专门的机构对大型研究中心的测序工作实行集中化管理。在 HGP 实施过程中，这一管理机构的名称和属性发生了多次变更。1988 年 10 月，美国卫生与公众服务部在 NIH 成立了人类基因组研究办公室，旨在制订 NIH 基因组研究计划，并协调 NIH 与其他机构、产业界、学术界团体的合作研究。1989 年 10 月 1 日，该办公室更名为国家人类基因组研究中心（National Center for Human Genome Research，NCHGR），成为 NIH 下属的一个独立单元，由国会直接给此中心拨款。1997 年 1 月，美国卫生与公众服务部部长签署文件，赋予 NCHGR 新名称和新地位，正式改立为国家人类基因组研究所（National Human Genome Research Institute，NHGRI），使得 NHGRI 具有与其他 NIH 下属研究所相同的地位。同时，为了更好地向参加测序工作的科学家和行业代表提供建议，NIH 还组建了人类基因组计划咨询委员会（Program Advisory Committee on the Human Genome，PACHG）。此外，由于几乎所有 NIH 的下属研究所都参与了与人类基因组计划相关的研究，NIH 内部进一步设立了 NIH 人类基因组协调委员会，以协调各研究所的工作。

2）DOE 组织管理方式

DOE 开展人类基因组测序计划始于 1987 财年，由其下属 3 个国家实验室——劳伦斯伯克利国家实验室、洛斯阿拉莫斯国家实验室和劳伦斯利弗莫尔国家实验室承担主要的研究工作。另外，DOE 其他国家实验室、大学和私人部门也会以项目的形式承担小部分相关工作。

DOE 采取层级制管理方式，指令自上而下进行传达，并由健康与环境研究咨询委员会（Health and Environmental Research Advisory Committee，HERAC）负责监督 HGP 的实施。在此过程中，健康与环境研究办公室（Office of Health and Environmental Research，OHER），在由 3 个国家实验室和其他受助项目承担机构代表组成的指导委员会的协助下，负责项目拨款和合同签订。

3）NIH 与 DOE 的协调机制

由于 DOE 和 NIH 两个机构有着不同的组织管理方式，为从政府层面实现两个机构的协调合作，美国国会采取了两种方式。一是通过国家行政部门加强对机构的管理，美国国会授权白宫科技政策办公室对计划进行监管，由白宫科技政策办公室下属生命科学委员会负责 HGP 的具体协调和管理工作。二是美国国会紧急修改了生物技术竞争相关法案，在法案里特别增加了人类基因组计划合作条款，以加强两个机构间的合作（申丹娜和申丹虹，2011）。

而在两个机构自身的协调方面，主要通过"DOE-NIH 联合顾问委员会"来实现。该委员会汇聚了 DOE 和 NIH 的双方代表，这样的组成方式不仅确保了两机构间在目标上保持一致，同时也平衡了两机构的任务分配，避免了资源的重复建设。历次的重大决策和 3 个五年计划都通过该委员会出台。此外，该委员会定期组织召开的工作例会和电话会议，已成为各机构沟通的主要途径。

（2）HGP 在国际层面的组织管理体系

HGP 的重大科学和社会价值也吸引了全球多个国家的关注和支持。为此，英国、法国、日本、德国、中国等多个国家的研究机构，都纷纷加入由美国 NIH 和 DOE 主导的国际人类基因组测序联盟。

人类基因组测序国际战略会议是 HGP 在国际层面的最高协调会议，与会人员为 HGP 的主要领导层人员，包括 HGP 的总协调人、NIH 和 DOE 代表、国际人类基因组测序联盟各测序中心的负责人等。1996 年，首届人类基因组测序国际战略会议上，来自多个国家的 50 位科学家比较和评估了人类基因组图谱和测序策略，探讨了新技术在人类基因组序列测定和数据分析中的潜在作用，并讨论了数据发布方案。会议决定由日本和德国共同承担人类 8 号和 21 号染色体的测序工作。1999 年，第 5 次人类基因组测序国际战略会议上，中国科学院遗传研究所人类基因组研究中心的代表汇报了实验室的情况，包括面积、设计、人员数量、计算设备的单次处理数据量、准确率等，并展示了已完成的测序成果及详细的资金预算和落实情况。最终，国际人类基因组测序联盟认定中国科学院遗传研究所人类基因组研究中心能够得到中国政府有力的财政支持，且关键设备运行情况与国际同行同步，中心人员已掌握开展相关工作的全部关键技术，进而批准其加入该联盟，承担 1% 的人类基因组测序工作。

（四）HGP 的管理政策

HGP 启动伊始就设立了伦理、法律和社会影响（Ethical, Legal and Social Implication, ELSI）研究项目，并提出了《百慕大原则》，为基因组信息获取和使用相关的一系列伦理和社会问题提供了解决方案，并实现了数据共享体系的优化。

1. 伦理、法律和社会影响研究项目

ELSI 研究项目的设立，旨在从法学、社会学、哲学、医学、流行病学、卫生政策研究、人类学、伦理学等各学科视角，分析人类基因组研究和应用中的伦理、法律和社会问题，并提出政策建议，从而避免人类基因组计划开展过程中相关问题对计划实施带来阻碍。其关注的主要问题包括：基因研究与人类尊严的关系、基因信息的隐私权和获知权、基因信息对个人的影响、基因信息利用的公平性问题、资源的可专利性和资源争夺、基因决定论和基因非决定论等。该项目的实施不仅使得研究人员和机构审查委员会能够更好地执行基因组学研究中的知情同意过程，还为基因组数据共享政策的制定提供了指导，尤其是促进了开放科学与个人隐私权和自主权之间的平衡。

2. 《百慕大原则》

《百慕大原则》（Bermuda Principle）的提出改变了生物医学研究中的数据共享规范。1996年2月，在百慕大群岛召开了人类基因组测序国际战略会议，会议通过了数据快速发布的实施原则，即从数据分析完成至数据发布到公用数据库时间间隔不能超过24小时，这一原则即被称为《百慕大原则》（林侠，2002）。针对赛莱拉基因公司1998年提出的将在3年内完成全部人类基因组测序，并计划将部分成果申请专利的想法，1999年5月，国际人类基因组测序联盟重申其致力于提供免费、即时和不受限制的人类基因组序列数据访问的承诺，并对赛莱拉基因公司将人类基因组序列视为商品的行为进行了谴责。随后，在HGP的实施过程中，《百慕大原则》得到了有力的执行，为实现数据共享奠定了坚实的基础。

（五）HGP的影响力

1. HGP的产出数据

人类基因组计划产出的序列覆盖了人类基因组中约99%的基因编码区域，且测序准确率高达99.99%。同时，该计划还完成了模式动物基因组图谱绘制、全基因组研究新技术开发等多个目标（表3-3）。在此过程中，研究人员取得一系列突破性进展，包括2002年11月绘制了大鼠基因组序列的初级草图，同年12月成功绘制了小鼠基因组序列高级草图，鉴定了超过300万个单核苷酸多态性，以及为超过70%的已知人类和小鼠基因生成了全长互补DNA等。

表3-3 人类基因组计划的科研成就

领域	成果	完成时间
遗传图谱	分辨率1 cM图谱（3,000标志物）	1994年9月
物理图谱	52,000 STSs	1998年10月
人类DNA序列	序列覆盖了人类基因组中约99%的基因编码区域，且测序准确率达99.99%	2003年4月
测序能力和成本	测序能力>1,400 Mb/年，测序成本<0.09美元/碱基	2002年11月
人类序列变异	鉴定370万个单核苷酸多态性	2003年2月
基因识别	15,000个人类全长cDNA	2003年3月
模式生物	大肠杆菌、酿酒酵母、秀丽隐杆线虫、黑腹果蝇完成基因组序列，外加双桅隐杆线虫、拟暗果蝇、小鼠和大鼠的全基因组草图	2003年4月
功能分析	高通量寡核苷酸合成技术、真核生物全基因组敲除（酵母）、用于蛋白质互作研究的规模化双杂交技术平台	1994年、1996年、1999年、2002年

2. HGP 的综合影响力

HGP 的实施也带来了巨大的经济和科学收益。据美国研究公司 Battelle Technology Partnership Practice 发布的一份报告估算，在 1988 年至 2010 年间，美国政府对基因组研究的投资带来了 7960 亿美元的经济效益，这一数字与 HGP 的经费支出相比实现了相当于 141∶1 的投资回报率（ROI）（即美国政府每投资 1 美元，产生了 141 美元的回报）。同时，报告还指出耗资 110 亿美元的超导超级对撞机预计使用寿命为 30 年，投资 15 亿美元的哈勃太空望远镜预期服役 15~20 年。而人类基因组序列更像是化学元素周期表，永不损耗，永不过时，可始终作为推进科学认知的基石（杨焕明，2017）。

此外，HGP 还对生物学、医学、社会学以及技术发展产生了深远的影响（Hood and Rowen，2013）。首先，人类基因组序列测定开启了全面探索人类基因清单，并对其进行编目的进程，进一步引起了科学家对蛋白质、非编码 RNA 等人体内其他重要元素探索的兴趣，由此催生了系统生物学研究的热潮。值人类基因组首张草图发表 20 周年之际，*Nature* 期刊上发表的一篇评论文章 "A Wealth of Discovery Built on the Human Genome Project: By the Numbers"（《基于人类基因组计划的大量发现：从数量角度分析》），指出 HGP 实施的 13 年中，被"注释"的基因数量迅速增加，并逐步趋于稳定，随后科学家对单个基因的研究兴趣急剧上升，自 2001 年开始，每年关于蛋白质编码基因的学术论文数量保持在 10,000~20,000 篇，主要集中在 *TP53*、*TNF* 和 *EGFR* 等"明星"基因上。同时，HGP 的实施还进一步证实了基因组中非编码序列的重要性。这些序列的改变不会影响蛋白质序列，但会干扰蛋白质表达的网络，进而影响生物学功能。进入 21 世纪后，非蛋白质编码元件的发现呈爆炸式增长，到 2020 年，其数量已是蛋白质编码基因的 5 倍多，且这种增长趋势未显示出放缓的迹象。其次，HGP 的完成带动了后续其他生命体基因组序列草图的绘制工作，加深了人们对进化的理解，更好地回答生命起源、生命谱系中各类生命体间关系等关键问题。再次，HGP 推动了复杂数据处理方法的革新，将计算机学家、数学家、工程师、物理学家与生物学家聚集在一起，形成了跨学科研究队伍，引领生命科学走向大数据时代。随后，HGP 及后续大型基因组研究项目为更好地解释人类遗传变异及其与人类健康的关系奠定了基础，并进一步推动医学领域 P4 医学模式，即预测性（predictive）、预防性（preventive）、个性化（personalized）以及参与性（participatory），为疾病的预防、早诊、早治和创新疗法的开发铺平道路。特别是在药物发现领域，20 世纪 80 年代之前，药物发现带有偶然性，其分子和蛋白质靶标通常是未知的。直到 2001 年，能够明确每种药物全部蛋白质靶点的概率还不到 50%。随着 HGP 的完成，美国每年批准通过的药物几乎都有明确的作用靶点说明。最后，HGP 中 ELSI 项目的实施和取得的成果也为解决生物学研究中的伦理、法律和社会问题提供了范式。

3. 中国贡献

1999 年 9 月，国际人类基因组测序联盟接受了中国科学院遗传研究所人类基因组研究中心的注册申请，中国成为该计划的第 6 个参与国，也是唯一一个发展中国家，负责承担人类基因组 1% 的测序任务。人类基因组包含近 2 万个编码蛋白质的基因，由约 32 亿个碱基对组成，分布在细胞核的 23 对染色体之中。中国在 HGP 中负责测定和分析 3 号染色体短臂上从端粒到标记 D3S3610 间大约 30 cM（相当于 3000 万个核苷酸）的区域，因此被称为 "1% 项目"。

中国 "1% 项目" 工作得到了科技部、国家自然科学基金委员会和中国科学院的资助支持，由来自国家人类基因组北方研究中心（北京）、国家人类基因组南方研究中心（上海）、中国科学院遗传研究所人类基因组研究中心、深圳华大基因研究院（2017 年更名为深圳华大生命科学研究院）、西安交通大学、东南大学等机构的 15 个研究团队组成的中国人类基因组联盟（Chinese Human Genome Consortium，CHGC）共同完成（Wang et al., 2018）。经过不懈努力，项目于 2001 年 8 月获得最终测序结果。

中国承担的这 1% 的工作看似不多，但意义深远。首先，加入 HGP 可使中国平等分享该计划所积累的所有技术、资源和数据。其次，在该计划的推动下，中国建立了接近世界先进水平的基因组研究中心，使我国成为世界上少数几个能独立完成大型基因组分析的国家，带动我国基因组学研究从追赶到并跑，成功跻身世界前列。最后，"1% 项目" 也对社会公众进行了一次声势浩大的基因与基因组普及教育，为中国生命科学研究和生物产业发展开拓了广阔的空间。

二、人类蛋白质组计划

（一）概述

随着生命科学研究的推进，科学家们意识到仅绘制出基因组序列不足以全面揭示各种生命现象的本质，还需对其编码的产物——蛋白质进行系统深入的研究。因此，蛋白质组学成为继基因组学之后，生命科学领域内又一重要的前沿科学。和人类基因组测序一样，人类蛋白质组的全面解析难以依靠某个实验室或某个国家/地区独立完成，必须联合各国的力量。为此，2001 年，来自多个国家的 22 位科学家共同发起成立了非营利性国际科学组织——人类蛋白质组组织（Human Proteome Organization，HUPO）。该组织每月定期发布通讯稿，重点介绍 HUPO 的培训活动、研讨会信息，以及蛋白质组学研究的最新技术和标准，同时，每年举办的 HUPO 大会更是为全球蛋白质组研究的科学家提供交流平台，有效促进了蛋白质组学研究的全球合作和知识共享，成为全球蛋白质组学研究和商业化活动的联络枢纽。在 HUPO 的协调下，美国、中国、德国等多个国家科学家相继牵头启动了人类血浆蛋白质组、肝脏蛋白质组、脑蛋白质组等一系列蛋白质组相关的国际合作计划，对蛋白质组研究的国际合作进行了初步探索。2010 年，在第九届 HUPO 大会上，HUPO 正式启动了人类蛋白质组计划（Human Proteome Project，HPP），该计划旨在协调全球的实验室，系统地描绘人类的全部蛋白质组，提高在细胞水平对人类生物学的理解，并为疾病的预防、诊断、治疗和预后奠定基础。

为实现上述愿景，HPP 设置了以染色体为核心的 HPP（chromosome-centric HPP，C-HPP）和以生物学/疾病为核心的 HPP（biology/disease-centric HPP，B/D-HPP）两个战略计划，并设有质谱、抗体、知识库、病理学 4 个资源项目，为计划的实施提供支撑。两个战略计划采用不同的组织模式。C-HPP 按照染色体和线粒体进行明确的任务分工，分别由来自 20 个国家/地区的科学家领导的 25 个研究团队承担。B/D-HPP 由 19 个针对不同组织器官、不同疾病类型、不同生理过程的蛋白质组研究计划组成，每个计划都是国际合作计划，且其中大部分是由之前独立的 HUPO 计划（如人类肝脏蛋白质组计划）发展而来。在资金筹措方面，HPP 并没有得到多政府联合提供的大规模、长期的战略资助，主要依赖于各实验室自己的项目经费。

HPP 高度重视产出数据的质量，为此，其制定了一系列数据发布指南，以规范相关研究成果的发布。在全球科学家的共同努力下，截至 2022 年 3 月，在基于人类基因组编码预测人体内共有 19,750 种蛋白质的前提下（PE1、PE2、PE3、PE4），已检测到 18,407 种蛋白质（PE1），这标志着人类蛋白质清单完成率已达 93.2%。

（二）HPP 的酝酿和发起

2001 年，随着人类基因组序列草图的公布，科学家们分别在 *Nature* 和 *Science* 期刊发表了题为 "And Now for the Proteome"（《是时候研究蛋白质组》）和 "Proteomics in Genomeland"（《从基因组到蛋白质组研究》）的述评与展望，提出蛋白质组学是生命科学领域继基因组学之后的又一重要前沿科学。由于蛋白质的多样性和动态性，依靠单一实验室或单一国家/地区的能力难以全面解析人类蛋白质组，必须联合各国的力量。在此背景下，来自多个国家的 22 位科学家于 2001 年共同发起成立了非营利性国际科学组织——人类蛋白质组组织（HUPO）（姜颖等，2020），旨在联合全球各国家/地区的蛋白质组研究机构，协同开展针对人类及其他模式生物的蛋白质组学研究，并推动相关教育活动，促进蛋白质组相关知识的传播，协调全球的蛋白质组研究。

自 2002 年起，在 HUPO 的协调下，多国科学家牵头启动了一系列蛋白质组相关的国际合作计划。在法国召开的首届 HUPO 大会上，两项重大国际合作——"人类血浆蛋白质组计划"（Human Plasma Proteome Project，HPPP）和"人类肝脏蛋白质组计划"（Human Liver Proteome Project，HLPP）研究正式启动。HPPP 由美国牵头发起，汇集了来自 10 多个国家/地区的 57 个实验室的力量，该计划使用由英国、美国和中国按照统一标准提供的参考样品，旨在全面认识人类正常血浆/血清中的全部表达蛋白，及其在不同生理条件下的变化。另外，HLPP 由中国牵头，吸引了来自 16 个国家/地区的 80 余个实验室参与。该计划围绕人类肝脏蛋白质组的表达谱、修饰谱及其相互作用的连锁图谱等开展研究。随后两年，HUPO 相继启动了人类脑蛋白质组计划（德国牵头）、大规模抗体计划（瑞士牵头）、蛋白质组标准计划（英国牵头）和模式动物蛋白质组计划（加拿大牵头）等。

2010 年，在第九届 HUPO 大会上，HUPO 正式启动了 HPP，该计划旨在联合全球的实验室，系统地描绘人类的完整蛋白质组，提高在细胞水平对人类生物学的理解，并为疾病的预防、诊断、治疗和预后奠定基础。

（三）HPP 的组织实施

1. HPP 的目标设定

为实现 HPP 的愿景，HPP 设定了 2 个战略目标。目标之一是通过制定严格统一的标准，识别每个蛋白质编码基因的至少 1 种蛋白产物，检测未知蛋白质（missing protein）的表达，以编目人类蛋白质清单，并进一步开展翻译后修饰、剪接变体、蛋白互作和功能研究。另一个目标是推动蛋白质组学成为多组学研究的一个重要组成部分，以促进生命科学、生物医学和精准医学的发展。

基于上述目标，HPP 启动了 2 个战略计划。其中，一个是以染色体为核心的 HPP（C-HPP），目标是注释所有基因组编码的蛋白质；另一个是以生物学/疾病为核心的 HPP（B/D-HPP），目标是在一系列生理和病理条件下测定人类蛋白质组数据，解答与疾病相关的生物学问题，同时促进蛋白质组学分析新工具的开发，如基于抗体的蛋白质组学分析技术，以及基于质谱的 SRM/MRM/PRM 分析方法等。

随着研究的推进，2020 年，在 HPP 成立 10 周年之际，研究人员在 *Nature Communications* 上发文，揭示了人类蛋白质组清单的完成率已超过了 90%，并提出了 HPP 下一阶段的目标（Adhikari et al.，2020）。这些目标包括发起系统描绘人类所有蛋白质变体的研究项目；为人类蛋白质组（包括低丰度和由于时空因素限制较难检测到的蛋白质）检测、定量和功能表征建立优化的工作方案；提供技术标准、质量指标和指南，以提高蛋白质鉴定和定量的可靠性；创建一个全面、准确、可公开访问的人类蛋白质组参考知识库，使其能在 FAIR（可查找、可访问、可互操作和可重复利用）原则下供研究人员使用；坚持推进教育和培训计划，包括为职业早期的研究人员和临床科学家提供蛋白质组学数据分析的培训；汇集生命科学研究人员、病理学家、临床医生和产业界专家，利用蛋白质组学和蛋白质基因组学数据更好地解释各类疾病的分子机制，识别病理生理变化，以获得疾病诊断生物标志物，并开发安全有效的个性化新疗法，最终改善人类健康。

在 HPP 取得重要进展的同时，HUPO 进一步发起了 HPP 大计划（HPP Grand Project），提出了破译每种蛋白质功能的目标，计划通过分析蛋白质互作网络中的蛋白质，探索人类蛋白质组，并进一步阐明不同蛋白质的生物学意义和功能。目前，该计划尚未启动，仍处于策划阶段。

2. HPP 的成员结构

HPP 主要包括 C-HPP 和 B/D-HPP 两个战略计划，并设有质谱、抗体、知识库、病理学 4 个资源项目，为计划实施提供支撑。

其中，C-HPP 按照染色体和线粒体进行任务分工，已有来自美洲、欧洲、大洋洲、亚洲的 25 个国家/地区的科学家加入，开展 1~22 号染色体、X 和 Y 染色体以及线粒体编码的蛋白质研究（表 3-4）。

表 3-4 C-HPP 的 25 个研究团队

研究内容	首席研究员（PI）	PI 国家	参与国家
1 号染色体	徐平	中国	中国
2 号染色体	Lydie Lane	瑞士	瑞士
3 号染色体	Takeshi Kawamura	日本	日本、瑞典、新加坡
4 号染色体	Yu Ju Chen	中国	中国
5 号染色体	Peter Horvatovich	荷兰	荷兰、比利时
6 号染色体	Rob Moritz、Christopher Overall	美国、加拿大	美国、加拿大、卡塔尔
7 号染色体	Edouard Nice	澳大利亚	澳大利亚、新西兰
8 号染色体	Gong Zhang	中国	中国
9 号染色体	Je-Yoel Cho	韩国	韩国
10 号染色体	Josh Labaer	美国	美国
11 号染色体	Jong Shin Yoo	韩国	韩国
12 号染色体	Ravi Siredeshmukh	印度	印度、新加坡、中国、泰国
13 号染色体	Young-Ki Paik	韩国	韩国
14 号染色体	Charles Pineau	法国	法国
15 号染色体	Gilberto Domont	巴西	巴西
16 号染色体	Fernando Corrales	西班牙	西班牙
17 号染色体	Gilbert S. Omenn	美国	美国
18 号染色体	Alexander Archakov	俄罗斯	俄罗斯
19 号染色体	Sergio Encarnacion	墨西哥	墨西哥
20 号染色体	Siqi Liu	中国	中国
21 号染色体	Ulrich auf dem Keller	丹麦	丹麦
22 号染色体	Oded Kleifeld	以色列	以色列
X 染色体	Yasushi Ishihama	日本	日本
Y 染色体	Ghasem Hoeissini Salekedeh	伊朗	伊朗
线粒体	Andrea Urbani	意大利	意大利

B/D-HPP 由 19 个蛋白质组相关的国际合作研究计划组成，其中大部分是由之前独立的 HUPO 计划（如人类肝脏蛋白质组计划）发展而来，旨在分别测定不同疾病状态（癌症、糖尿病、传染病、蛋白质聚集疾病、风湿性疾病），不同组织器官（脑、眼、肝脏、肌肉和骨骼、血浆等），不同人群（处于极端条件的人群、儿童）的人类蛋白质组以及模式生物蛋白质组数据，并关注营养、蛋白质翻译后聚糖修饰、人类白细胞抗原呈递抗原肽等重要过程中蛋白质变化，进而解答相关生物学问题（图 3-1）。

B/D-HPP 的主题由专注于特定生物学过程或疾病研究的科学家自发组织的研究团体提出。HUPO 大会将进一步就相关主题进行讨论，并确定是否将其纳入 B/D-HPP 中（Aebersold et al.，2014）。每个 B/D-HPP 都由一位主席和多位联合主席主持，他们负责规划每个计划的目标，并参与每年 HUPO 大会的研讨（表 3-5）。B/D-HPP 旨在联合参与该计划的研究人员，形成研究网络，就研究构想和数据开展交流共享，推进标准技术的使用，解决特定疾病或分子机制研究的挑战（Van Eyk et al.，2016）。

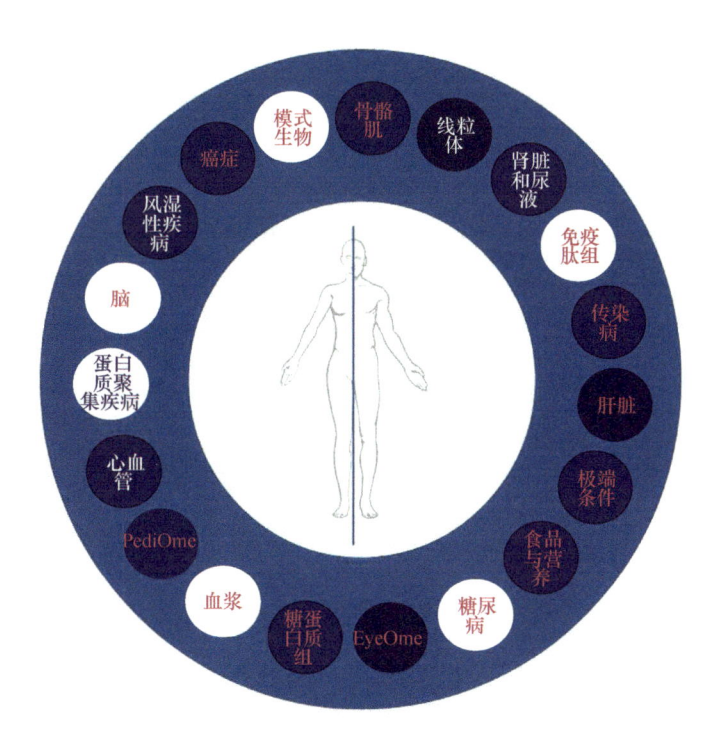

图 3-1　B/D-HPP 的 19 个研究计划

表 3-5　B/D-HPP 的 19 个研究计划

计划名称	目标	主席/联合主席
人类脑蛋白质组计划（Human Brain Proteome Project，HBPP）	促进对人脑及相关体液（如脑脊液）、临床前模型的蛋白质组研究，进一步破译蛋白质在大脑发育、健康和疾病中的作用	荷兰阿姆斯特丹自由大学医学中心 Charlotte Teunissen/澳大利亚阿德莱德大学 Oliver Schubert
人类癌症蛋白质组计划（Human Cancer Proteome Project，Cancer-HPP）	绘制完整的人类癌症蛋白质组图谱，揭示肿瘤生物学机制，从而改善癌症的诊断和治疗	美国约翰·霍普金斯大学 Hui Zhang/澳大利亚蒙纳士大学 Edouard Nice，荷兰阿姆斯特丹自由大学医学中心 Connie Jimenez
心血管计划（Cardiovascular Initiative）	开发和应用前沿蛋白质组学和其他组学技术，绘制心脏和血管蛋白质组动态图谱，阐明心血管疾病机制，确定候选治疗靶点，并助力临床疾病诊断和风险预测	美国科罗拉多大学安舒茨医学分校 Maggie Lam/美国内布拉斯加大学医学中心 Rebekah Gundry
人类糖尿病蛋白质组计划（Human Diabetes Proteome Project，HDPP）	构建糖尿病相关的细胞/体液/组织的扩展蛋白质组数据库，发现糖尿病的潜在生物标志物，提供疾病发生/发展的早期证据	科威特 Dasman 糖尿病研究所 Ali Tiss/瑞士日内瓦大学 Domitille Schvartz，瑞士雀巢研究中心 Loïc Dayon
人眼蛋白质组计划（Human Eye Proteome Project，EyeOme）	开发用于鉴定和定量人眼蛋白质的工具，表征正常人全生命周期中眼蛋白质组的组成，进一步识别眼病相关蛋白质特征，发现新的治疗干预措施和生物标志物	美国约翰斯·霍普金斯大学医学院 Richard D. Semba/德国杜宾根大学 Marius Ueffing，韩国建国大学医学院 Hyewon Chung
食品和营养计划（Food and Nutrition Initiative）	从蛋白质组学角度系统分析食物、微生物组和营养过程，探索人类/动物疾病和发育过程中的营养因素，如肥胖、代谢系统疾病、心血管疾病、癌症、过敏等发病过程以及胎儿发育、衰老等生长发育过程	意大利卡坦扎罗大学 Paola Roncada/加拿大渥太华大学 Daniel Figeys，印度国家植物基因组研究所 Subhra Chackraborty
人类糖蛋白质组学计划（Human Glycoproteomics Initiative，HGI）	加深关于蛋白质翻译后聚糖修饰功能意义的理解	澳大利亚麦考瑞大学 Morten Thaysen-Andersen/澳大利亚格里菲斯大学 Daniel Kolarich，澳大利亚麦考瑞大学 Nicolle H. Packer

续表

计划名称	目标	主席/联合主席
人类免疫肽组计划（Human Immuno-Peptidome Project）	利用质谱技术系统描绘人类白细胞抗原呈递的抗原肽库	瑞士洛桑大学 Michal Bassani-Sternberg/英国牛津大学 Nicola Ternette
极端条件下的人类蛋白质组学（Human Proteomics at Extreme Conditions）	通过执行实际太空飞行任务和开展地面模型实验，积累关于太空飞行因素对人体影响的蛋白质组学数据	俄罗斯斯科尔科沃科学技术研究所 Eugene Nikolaev/俄罗斯科学院 Irina Larina
模式生物蛋白质组计划（Initiative on Model Organism Proteomes，iMOP）	开展模式生物蛋白质组综合研究，为更好地理解系统发育发生规律，解析人类疾病机制提供支撑	—
人类传染病HPP计划（Human Infectious Diseases HPP Initiative，HID-HPP）	开展由病毒、细菌、真菌和寄生虫引起的传染病相关的蛋白质组学研究	美国普林斯顿大学 Ileana Cristea/西班牙马德里康普顿斯大学 Concha Gil
人类肾脏和尿液蛋白质组计划（Human Kidney and Urine Proteome Project）	通过共享信息和数据来促进人类肾脏和尿液蛋白质组学研究的国际合作，进一步解释肾脏疾病的病理生理学机制，发现肾脏疾病的尿液生物标志物	美国阿肯色大学医学院 John Arthur/日本冲绳科学技术大学院大学 Tadashi Yamamoto
人类肝脏蛋白质组计划（Human Liver Proteome Project，HLPP）	绘制健康和疾病状态下，人类肝脏蛋白质组的全面动态图谱，识别肝脏疾病分子发病机制和重要生物标志物	西班牙国家生物技术中心 Fernando J. Corrales/中国浙江大学 Pumin Zhang
意大利人线粒体蛋白质组计划（Mitochondrial Italian Human Proteome Project Initiative，mt-HPP）	开发标准化的线粒体制备方法，表征健康和疾病状态下，人体内所有线粒体蛋白或线粒体相关蛋白及其相互作用	意大利英苏布里亚大学 Mauro Fasano
人类骨骼肌蛋白质组计划（Human Skeletal Muscle Proteome Project）	表征骨骼肌蛋白质组成，进一步解析随着衰老和疾病的发生发展，蛋白质组成发生的变化	—
人类儿童蛋白质组计划（Human Pediatric Proteome Project，PediOme）	开展儿童血浆蛋白质组研究，解决儿科医学重要问题	澳大利亚墨尔本大学 Vera Ignjatovic
人类血浆蛋白质组计划（Human Plasma Proteome Project，HPPP）	利用质谱和亲和分子法，全面认识健康和疾病状态下人类血浆蛋白质组特征	瑞典皇家理工学院 Jochen Schwenk/澳大利亚默多克儿童研究所 Vera Ignjatovic，美国系统生物学研究所 Eric Deutsch
蛋白质聚集疾病（Protein Aggregation Diseases）	筛选鉴定与蛋白质聚集疾病相关的蛋白质	瑞士苏黎世联邦理工学院 Paola Picotti/澳大利亚昆士兰大学 Michelle Hill
风湿性疾病（Rheumatism Disorders）	开展风湿性疾病和自身免疫性疾病蛋白质组特征分析，揭示生理病理作用机制，发现用于患者分层的生物标志物	西班牙科鲁尼亚大学生物医学研究所 Francisco J. Blanco/美国斯坦福大学 Paul J. Utz

另外，HPP还设有质谱、抗体、知识库、病理学4个资源项目，为B/D-HPP和C-HPP提供支持，确保这两个计划数据的有效生成、集成和应用。质谱资源项目提供最新的质谱技术进展和标准信息，并与质谱仪研发行业保持密切联系，促进不同类型质谱技术和质谱分析模式的应用，提高蛋白质组识别、定量和修饰分析的深度和准确度。抗体资源项目使用基于抗体的策略来分析蛋白质组的时空特征，将蛋白质组识别与组织、细胞和亚细胞水平的实时定位联系起来，为生物学的全面发展提供支撑，并助力更深入地了解健康和疾病。知识库资源项目承担人类蛋白质组数据的捕获、收集、整理和分析任务，并进一步将数据提供给科学界使用。病理学资源项目负责识别并协调解决未满足的临床需求，进而制定适用的临床检测指南和标准，协调优质临床样本和元数据的获取，并与病理学组织、诊断公司和监管机构建立联系，以促进蛋白质组

学在病理学研究中的应用。

3. HPP 的经费管理

HPP 启动时未获得长期的资金支持，在计划实施的 10 多年中，主要依靠各实验室自己的项目经费以及基金机构提供的资金支持，并没有得到多政府联合、大规模、长期的战略资助。

以人类肝脏蛋白质组计划中国部分为例，为推动这项造福全人类的科研计划尽快付诸实施，早在 1998 年，我国就将蛋白质组学技术体系的建立列为国家自然科学基金重大项目，在经费上予以重点支持。2001~2003 年，蛋白质组学研究又先后列入 863 计划和 973 计划，获得国家重大科技攻关专项资金扶持。与此同时，北京市、上海市政府也将此项研究分别纳入本市重大科研项目给予必要的资金援助。这才使"人类肝脏蛋白质组计划"于 2004 年在北京得以顺利启动。

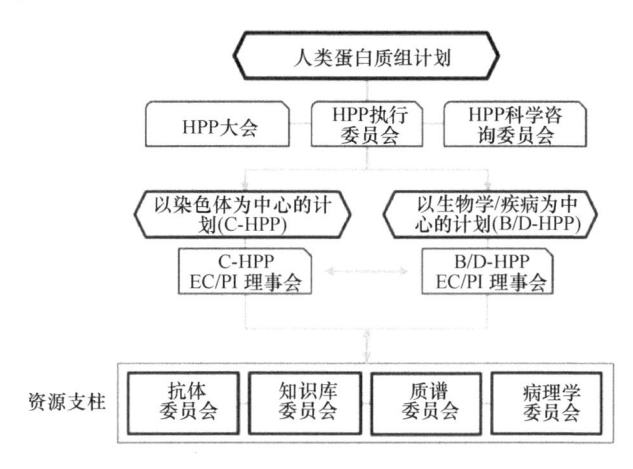

4. HPP 的组织管理架构

HPP 的组织管理架构如图 3-2 所示，HPP 执行委员会（Executive Committee，EC）作为最高决策机构，将在听取 HPP 大会（General Assembly）和 HPP 科学咨询委员会（Scientific Advisory Board，SAB）建议的基础上，领导 HPP 的实施。

图 3-2 HPP 的组织管理架构

（1）HPP 大会

HPP 大会由 C-HPP 和 B/D-HPP 研究团队的 PI、资源项目主席以及 HPP 执行委员会和科学咨询委员会的成员组成。

（2）HPP 执行委员会

EC 是 HPP 的最高决策机构，旨在促进 HPP 各个计划和资源项目之间，以及 HPP 与更广泛的基因组学和生命科学之间的联系，其主要职能包括保障资源项目和 C-HPP、B/D-HPP 两个计划指导方针的执行，审查批准由 C-HPP 和 B/D-HPP 分设的 EC/PI 理事会提议的新研究团队的加入，监督和激励成果的出版（表 3-6）。

表 3-6　C-HPP 和 B/D-HPP 执行委员会成员

C-HPP 执行委员会成员	B/D-HPP 执行委员会成员
加拿大英属哥伦比亚大学 Christopher M. Overall	瑞士洛桑大学 Michal Bassani-Sternberg
瑞士日内瓦大学 Lydie Lane	瑞士苏黎世大学医院 Ferdinando Cerciello
荷兰格罗宁根大学 Peter Horvatovich	西班牙国家生物技术中心 Fernando Corrales
暨南大学 Gong Zhang	美国普林斯顿大学 Ileana Cristea
西班牙国家生物技术中心 Fernando Corrales	美国系统生物学研究所 Eric Deutsch
巴西里约热内卢联邦大学 Gilberto Domont	美国科罗拉多大学安舒茨医学分校 Maggie Lam
	美国国立卫生研究院 Aleksandra Nita-Lazar
	美国密歇根大学 Gil Omenn
	澳大利亚麦考瑞大学 Nicki Packer
	威尔康奈尔医学院卡塔尔分校 Frank Schmidt

（3）HPP 科学咨询委员会

SAB 最多由 12 名成员组成，其成员均为在国际上具有一定影响力的科学家，直接或间接参与蛋白质组学研究，或在蛋白质组学相关的其他领域拥有专长。SAB 成员由 HPP 大会成员提名，并由 HPP EC 批准，任期三年，可续聘。SAB 主要是通过电话会议或借助其他重大蛋白质组学会议进行工作交流，同时，每年还会在 HUPO 大会上召开 SAB 会议。

（四）HPP 的管理政策

为更好地开展蛋白质组研究，HPP 制定了一系列数据发布指南，以规范相关研究成果的发布。

1. 数据解释指南

HPP 鼓励所有成员遵循严格的成果出版和传播标准，要求研究人员将所有数据提交给 ProteomeXchange 公共数据库，其中相关数据必须经过高标准的统计分析，且对于声称检测到"未知蛋白质"或新型编码元件的数据，研究人员需要提供详细的证据说明。

为此，HPP 制定了数据解释指南（Data Interpretation Guidelines），并进行了多次更新。目前，最新的第 3 版数据解释指南于 2019 年 10 月发布，其中明确指出了成果发表前研究人员需要确认的条款：是否已将蛋白质组质谱数据提交给 ProteomeXchange 公共数据库；如果声称检测到新 PE1 蛋白，是否配有高准确度、高信噪比和清晰注释的光谱数据等。

2. HUPO 最低限度信息发布指南

一般情况下，所有提交给蛋白质组学专业期刊的原始稿件，如果其中含有大量基于质谱法产生的蛋白质/肽信息，必须遵守相关期刊设置的数据规范指南，配以相关解释信息，包括详细实验参数、蛋白质/肽鉴定和定量相关数据。然而，生命科学领域的大多数非蛋白质组学专业期刊不要求作者提供额外的信息来解释相关数据，或仅要求提供部分信息。为此，HUPO 发布了最低限度信息发表指南（HUPO Minimum Information Publication Guidelines），为非蛋白质组学领域的期刊提供支持，帮助其评估文章中结果的可靠性，同时也使作者能够按统一规范发布高质量成果。

（五）HPP 的影响力

1. HPP 的产出数据

neXtProt 和 UniProtKB 数据库将蛋白质存在证据（protein existence，PE）分为 5 个水平。PE1 表明蛋白质的存在至少得到一项明确的实验证据（包括质谱鉴定、Edman 测序、X 射线、纯化的天然蛋白质的核磁共振结构，可靠的蛋白质-蛋白质相互作用或抗体数据等）；PE2 蛋白序列只存在相应的转录物（如 cDNA、反转录 PCR、Northern 印迹法）；PE3 蛋白序列在亲缘物种中存在同源物；PE4 蛋白仅基于基因序列，在蛋白质、转录物或同源水平上没有证据；PE5 蛋白对应基因编码存疑或者是由非编码元件翻译而来。

2020 年，在 HPP 启动 10 周年之际，HPP 在 *Nature Communications* 上发表了阶段性成果论文，其中指出，截至 2020 年 1 月 17 日，HPP 已检测到 19,773 种人类基因组编码蛋白质（PE1、PE2、PE3、PE4）中的 17,874 种（PE1），相较 2011 年 13,588 种共增加了 4000 多种蛋白质，标志着人类蛋白质清单的完成率超过了 90%。其中，16,924 种已通过质谱鉴定，另外 950 种也已通过抗体检测等非质谱标准方法进行了验证。同时，通过对近 10 年间蛋白质分级变化情况分析，发现升级到 PE1 的缺失蛋白大多属于锌指蛋白、跨膜蛋白、碳水化合物代谢蛋白等家族，而嗅觉受体、味觉受体等蛋白质分析的进展缓慢。截至 2022 年 3 月，HPP 网站公布的最新数据显示，标志着人类蛋白质清单完成率已近 93.2%，具体数据如表 3-7 所示。

表 3-7 人类蛋白质数量（按染色体/存在级别统计）

染色体	PE1	PE2	PE3	PE4	PE5	总计
1 号染色体	1864	120	33	2	47	2066
2 号染色体	1231	43	3	0	18	1295
3 号染色体	1011	44	5	0	19	1079
4 号染色体	706	29	12	0	21	768
5 号染色体	834	27	2	0	12	875
6 号染色体	940	53	4	1	31	1029
7 号染色体	867	100	5	3	51	1026
8 号染色体	626	32	5	0	38	701
9 号染色体	705	50	8	2	42	807
10 号染色体	686	40	0	1	18	745
11 号染色体	1074	149	68	0	40	1331
12 号染色体	962	42	7	0	23	1034
13 号染色体	311	9	2	0	11	333
14 号染色体	642	60	17	2	14	735
15 号染色体	537	37	0	0	32	606
16 号染色体	773	41	1	1	26	842
17 号染色体	1085	57	3	0	23	1168
18 号染色体	257	7	0	0	11	275
19 号染色体	1327	67	10	1	30	1435

续表

染色体	PE1	PE2	PE3	PE4	PE5	总计
20号染色体	512	21	1	0	15	549
21号染色体	199	21	4	0	24	248
22号染色体	452	25	4	0	23	504
线粒体	15	0	0	0	0	15
X染色体	762	51	1	0	33	847
Y染色体	32	8	0	0	7	47
未知	3	2	0	0	0	5

2. HPP的其他进展

HPP实施10多年来，已在整体框架设计、数据库构建、指南制定、研究方法开发、人才支持等多个方面取得了重要进展，具体包括以下内容。

➢ 为全球合作绘制人类蛋白质组图谱提供了研究框架、研究规划模式和管理架构。

➢ 指定neXtProt为HPP参考知识库，构建ProteomeXchange公共数据库，供研究人员登记提交蛋白质组学原始质谱数据和元数据，并在FAIR原则下使用相关数据。

➢ 与neXtProt、PeptideAtlas、PRIDE和MassIVE合作，生成高严格性HPP知识库。

➢ 支持高严格性蛋白质推断和蛋白质组学数据分析。

➢ 制定质谱数据解释指南，促进质谱和蛋白质组学数据的标准化分析技术的应用，推动逐步完成人类蛋白质组清单。

➢ 综合人类蛋白质图谱中，涉及健康和疾病人群细胞和组织时空图谱的信息，加深对抗体特异性和研究中质量保证问题的认识。

➢ 与SRMAtlas合作开发定量靶向蛋白质组学分析方法，用于分析关键蛋白质和标志性路径/网络。

➢ 通过全球合作在蛋白质组学水平开展人类健康和疾病生物学研究。

➢ 开发了蛋白质变体分析仪器和方法，强调蛋白质组学在生命科学和生物医学研究中的重要性，发现了基因组学分析无法探测到的生物活性/功能。

➢ 为确定未表征的PE1蛋白的生物学功能，启动了neXt-CP50试点项目。

➢ 建立了HUPO早期职业研究员网络，以吸引、指导年轻科学家和临床医生参与研究，同时积极推动性别和区域平衡。

三、国际人类基因组单体型图计划

（一）概述

在人类基因组计划实施多年后，科学家们又将目光转到了导致个体间疾病风险差异的因素上。已有研究证实，尽管任何两人间基因相似度高达99.9%，但剩余约0.1%的核酸位点差异，即平均1000个碱基中存在1个变异位点，仍会导致两个人具有不同的疾病发生风险，以及对药物、病原体、毒素和环境因素的应答差异。发现这些能够影响疾病发生风险和药物应答差异的遗传变异，对于了解遗传因素和环境因素如何相互作用从而影响健康非常重要，并将为疾病预防、诊断和治疗新方法的探索提供重要依据。这些存在于 DNA 序列单碱基位点上的微小差异被称为单核苷酸多态性（single nucleotide polymorphism，SNP）。一条染色体中邻近的且相互关联的 SNP 通常作为一个整体（block）参与遗传，这个 SNP 的组合即单体型。一个单体型中虽然包含大量的 SNP，但通常其中少数几个 SNP（即标签 SNP）已经能够反映该区域内大多数的遗传多态信息（The International HapMap Consortium，2003）。

基于这一认识，2001 年，来自多国的科学家展开讨论，并达成共识，决定实施国际人类基因组单体型图计划（International HapMap Project）（以下简称 HapMap 计划），共同绘制人类基因组单体型图，探索基因中这 0.1% 的差异。2002 年 10 月，在美国华盛顿召开的会议上，加拿大、中国、日本、尼日利亚、英国和美国等国家的与会者正式启动了 HapMap 计划，并制定了发展战略，计划加速发现与哮喘、癌症、糖尿病和心脏病等常见病相关的基因。

HapMap 计划的参与成员基本固定，主要是 6 个发起国的科研机构，每个成员分别承担不同的研究任务（如基因检测和样本采集），从而通过分工协作完成计划目标。因此，在该计划的经费资助和组织管理方面，也由 6 个国家协调完成。在经费方面，除尼日利亚外，其他 5 国共同为计划提供了 1.2 亿美元的经费。计划的管理则由 6 个国家的代表组成的指导委员会总体负责，指导若干个专门的工作小组分别开展具体工作。此外，该计划也制定了一系列详尽的管理政策，包括知情同意、隐私保护原则及数据使用和知识产权保护规范等（The International HapMap Consortium，2004）。

（二）HapMap 计划的酝酿和发起

1. HapMap 计划发起的科学基础

在 HapMap 计划发起前，对单体型已经形成了较深刻认识，相关测定技术也达到较高水平，使人类基因组单体型图的绘制成为可能，具体表现如下。

（1）基因组测序

整合了基因和注释信息的人类基因组完整序列，为人类基因组单体型图的绘制提供了参考框架，在此基础上能够对等位基因变异的信息进行分层分析。

（2）基因变异

在计划启动前，国际上已经完成了一份包含 140 万个人类 SNP 的密集图谱，这些已有的基因变异资源，足以对绝大多数人类单体型进行标记。

（3）基因分型技术

高通量基因分型技术的开发，使得计划能够获得快速、有效和具有成本效益的实验方法。

（4）长距离连锁不平衡（LD）

研究显示，人类 SNP 在 100 kb 的范围内存在 LD，尤其是在几十个 kb（典型基因的大小）的区域表现出非常强烈的 LD 现象。在这些区域，种群中的绝大多数染色体都携带少数高度保守的单体型，因此，这些区域的遗传多样性可以用少数几个标签 SNP 来表示，而无须测定所有的 SNP。

2. HapMap 计划的发起过程

对于 HapMap 计划的公开讨论始于 2001 年在华盛顿召开的一次会议，参会人员共 165 位，包括遗传学、基因组学、人类学专家，以及伦理、法律和社会影响（ELSI）专家，制药与生物技术行业的科学家，不同社区代表、不同疾病患者群体代表，以及美国国立卫生研究院（National Institutes of Health，NIH）各研究所及资助机构代表等，会议就建立人类基因组单体型图有关的科学、伦理学及管理问题展开了全面的讨论，其主要议题包括：如何利用人类基因组单体型图来寻找致病基因，使用哪些方法来构建图谱，建立群体单体型结构需要哪些数据，绘制图谱需要选取哪些群体和样本类型，研究特定人群的遗传变异存在哪些伦理问题，以及如何组织项目等。最终，与会专家达成共识，建议开展 HapMap 计划。为了推进计划的实施，会议组建了两个初步规划小组：研究计划所需技术的方法小组和研究伦理与采样问题的群体/ELSI 小组，其中群体/ELSI 小组包括基因组学和群体基因学方面的研究人员和 ELSI 专家。因此，该计划从启动之初，便秉承了科学与伦理并重的发展理念。

历时一年的磋商，2002 年 10 月 27～29 日，加拿大、中国、日本、尼日利亚、英国和美国的代表在美国华盛顿召开会议，宣布正式启动 HapMap 计划，这 6 个国家也成为计划的最终参与国。

（三）HapMap 计划的组织实施

1. HapMap 计划的目标设定

HapMap 计划的最终目标是通过识别不同人群 DNA 样本中的变异序列，分析其变异频率，并分析二者之间的关系，从而确定人类基因组中 DNA 序列变异的基本模式，加速发现哮喘、癌症、糖尿病和心脏病等常见病相关的基因。为了实现这一最终目标，HapMap 计划在启动初期规划了两步走的发展战略。第一个阶段的目标是选取来自非洲、亚洲和欧洲部分地区血统人群的 270 个 DNA 样品，在全基因组范围以平均每 5000 个核苷酸（5 kb）一个 SNP 的密度进行大规模 SNP 分型鉴定，构建 5 kb 单体型图。第二阶段的目标是在第一阶段的基础上，将 SNP 分型的分型密度增至每 2 kb 一个 SNP。在样品选择方面，HapMap 计划选取了不同地域的几个群体作为分析对象，以保证能够涵盖大部分常见变异，同时也能够获取不同群体中存在的不常见变异。

为使 HapMap 计划更具参考性，在前两个阶段目标完成的基础上，HapMap 计划第三阶段启动。与前两个阶段不同的是，该阶段的计划旨在利用更大规模的人群样本，发现低频率 SNP，使 HapMap 计划具有更广泛的代表性。

2. HapMap 计划的成员结构

HapMap 计划的成员相对固定，均为来自 HapMap 计划 6 个发起国家的科研机构和测序公司，后续没有其他国家或机构加入。其中，日本、英国、加拿大、中国和美国共同完成基因分型工作，分别承担总任务量的 25.1%、24%、10%、10%和 30.9%。同时，英国牛津大学和美国约翰霍普金斯大学承担了数据分析工作，尼日利亚的冷泉港实验室承担数据协调中心（Date Coordination Center，DCC）的职能。此外，为了充分收集不同区域人群的样本，同时确保与社区中样本提供者的顺利沟通，在日本、英国、中国、美国和尼日利亚 5 个样本主要来源国均设置了专门的机构负责本国/区域的样本采集工作（表 3-8）。

表 3-8 HapMap 计划的各国分工

国家	研究团队所在机构	职责	负责基因组百分比	染色体号
日本	日本理化学研究所（RIKEN）	基因分型：Third Wave 技术	25.1%	5, 11, 14, 15, 16, 17, 19
	日本北海道医疗大学（Health Sciences University of Hokkaido），日本信州大学 Eubios 伦理研究所（Eubios Ethics Institute, Shinshu University）	公共咨询，样本	—	—
英国	英国维康信托桑格研究所	基因分型：Illumina 技术	24.0%	1, 6, 10, 13, 20
	英国牛津大学	分析		
加拿大	加拿大麦吉尔大学（McGill University），加拿大魁北克基因组创新中心（Génome Québec Innovation Centre）	基因分型：Illumina 技术	10.0%	2, 4p
中国	中国科学院北京基因组研究所，国家人类基因组北方研究中心	基因分型：PerkinElmer 和 Sequenom 技术	4.8%	3, 8p, 21
	国家人类基因组南方研究中心，"中研院"生物医学科学研究所	基因分型：Illumina 技术	3.2%	10%
	香港大学，香港科技大学，香港中文大学	基因分型：Sequenom 技术	2.0%	
	北京师范大学	社区参与	—	—
	中国科学院北京基因组研究所	样本	—	—
美国	Illumina 公司	基因分型：Illumina 技术	15.5%	8q, 9, 18q, 22, X
	美国怀特黑德研究所（Whitehead Institute）	基因分型：Sequenom 技术和 Illumina 技术、分析	9.1%	4q, 7q, 18p, Y
	美国拜尔医学研究院	基因分型：ParAllele 技术	4.4%	30.9%	12
	美国加利福尼亚大学旧金山分校，华盛顿大学	基因分型：PerkinElmer 技术	1.9%	7p
	美国约翰霍普金斯大学	分析	—	—
	美国犹他大学（The University of Utah）	社区参与，样本	—	—
尼日利亚	尼日利亚霍华德大学（Howard University），尼日利亚伊巴丹大学（University of Ibadan）	社区参与，样本	—	—
	冷泉港实验室	数据协调中心		

3. HapMap 计划的经费来源

HapMap 计划由除尼日利亚外的其他 5 国的国家资助机构和一些民间基金共同提供经费支持，其中公共基金由日本文部科学省（Ministry of Education, Culture, Sports, Science and Technology，MEXT）、加拿大基因组（Genome Canada）组织、加拿大魁北克基因组组织、中国科技部、中国国家自然科学基金委员会、中国科学院、美国国立卫生研究院、SNP 联盟提供。英国维康信托基金会也为英国在计划中承担的任务提供了慈善基金。HapMap 计划在实施过程中，除尼日利亚外，每个国家样本采集的经费主要由本国的资助机构提供，启动初期这些国家提供的经费合计达到 1.2 亿美元。尼日利亚的样本采集工作主要由美国国家人类基因组研究所资助（表 3-9）。

表 3-9　各国开展 HapMap 计划研究工作的资助机构

参与研究国家	资助机构
日本	日本 MEXT
英国	英国维康信托基金会，SNP 联盟，美国 NIH
加拿大	加拿大基因组组织，加拿大魁北克基因组组织
中国	科技部，国家自然科学基金委员会，中国科学院，中国香港创新科技署，大学教育资助委员会（中国香港）
美国	美国 NIH，美国 W. M. Keck 基金会，美国 Delores Dore Eccles 基金
尼日利亚	美国 NIH，SNP 联盟

4. HapMap 计划的组织管理架构

HapMap 计划的管理由 6 个国家协同完成。HapMap 计划组建了由来自加拿大、中国、日本、尼日利亚、英国和美国的科学家与资助机构组成的 HapMap 国际联盟，HapMap 计划的运作由各国代表组成的指导委员会及其下属的若干个工作小组负责。这些工作小组包括伦理、法律和社会影响小组（ELSI 小组），社区参与/公众咨询与采样小组，群体与伦理、法律和社会影响初步规划小组（群体/ELSI 小组），基因分型中心，分析小组，SNP 发现小组，科学管理小组及方法初步规划小组。

（1）基因分型中心

基因分型中心设置在日本、英国、加拿大、中国和美国 5 个国家，负责所有样本的基因分型工作。这些中心共使用了 5 种高通量基因分型技术，从而可以全面评估这些技术在准确性、成功率、通量和成本等方面的表现。多种技术平台的使用，还可以通过采用其他技术方法弥补单个技术的失败，确保研究的持续推进。

（2）群体/ELSI 小组

群体/ELSI 小组主要负责两个相互关联的科学和伦理问题：其一，如何获取样本以识别常见的单体型类型；其二，如何对样本捐赠者来源的群体进行命名。该小组的初始成员来源于最早为 HapMap 计划提供资金支持的英国、加拿大和美国，此后，又有日本和中国的成员加入。群体/ELSI 小组负责为 HapMap 计划的指导委员会提供建议。该小组的部分成员还服务于宣传小组，关注 HapMap 计划信息和成果发布中的伦理问题。

（四）HapMap 计划的管理政策

1. 知情同意与隐私保护

（1）知情同意

ELSI 专家和遗传学家共同拟定了 HapMap 计划一系列通用的"告知确认"文件模板，旨在获取新样本捐赠者的知情同意，同时重新获取人类多态性研究中心（Centre d'Etude du Polymorphisme Humain，CEPH）样本在世捐赠者的知情同意。此外，针对不同地域的捐赠者，科研人员会对上述通用的文件模板进行个性化的修改，使其适应不同地域的文化特征。

（2）隐私保护

在 HapMap 计划中新收集的样本只会标注群体和性别标签，不会标注捐赠者个人信息。而从 CEPH 获取的样本尽管关联了个体信息，但这些关联信息都是绝对保密的，不会与 HapMap 计划的研究人员、数据用户及样本库共享。此外，在 HapMap 计划的实施过程中，从每个群体中收集的样本数量会超过研究所需使用的数量，加之样本的随机使用，进一步减少了个人隐私泄露的风险（Rotimi et al.，2007）。

2. 社区参与和公众咨询

尽管 HapMap 计划尽量避免了个人隐私泄露问题，但在计划的实施过程中，由于需要比较不同群体之间的基因变异频率，所以仍然需要对样本进行群体标识，如果在一个群体中发现与某种疾病相关的变异频率高于其他群体，且这一变异在该群体中广泛存在，那么便可能会引发对该群体整体的歧视风险。HapMap 计划为了缓解捐赠意向人群对这些风险的过度担忧，并激励更多人参与到计划的实施中，在样本捐赠过程中和样本捐赠后，均建立了一套社区参与和公众咨询体系，使这些人群能够深度了解计划的意义，并参与到计划的实施过程中。

（1）样本捐赠过程中的沟通

针对上述问题，HapMap 计划采取了社区参与或公众咨询的流程来向样本捐赠意向人群传达参与计划的意义。这样做的目的是让捐赠者有机会参与知情同意条款制定、样本采集，以及给样本来源人群命名等过程。社区参与并非尽善尽美，但它却反映了 HapMap 计划的组织者在努力让潜在捐赠者参与计划之前，更多地了解该计划。社区参与过程和获取知情同意一样，都是在考虑了样本捐赠者所在地的道德标准和国际伦理指南的前提下，在当地政府和伦理委员会的支持下开展的。

（2）样本捐赠后的沟通

HapMap 计划还针对每个社区成立了一个"社区顾问团队"（Community Advisory Group），以确保在样本采集后继续进行社区参与和公众咨询过程，同时也作为样本库（Coriell 医学研究所）与样本捐赠群体之间的持续联络媒介，以确保样本未来的用途与知情同意文件中描述的用途一致。如果研究者提出的研究不符合知情同意的条款，Coriell 医学研究所将不会把样本分配给研究人员，并会向社区顾问团队咨询样本的特定使用是否会带来问题。所有社区顾问团队会定期举行会议。Coriell 医学研究所每年为每个社区顾问团队提供最多 1000 美元的经费，并发布季报和年报说明样本是如何使用的。此外，根据 Coriell 医学研究所的明文规定，如果顾问团队希望撤回社区的样本，并且撤回请求反映了社区大部分人的意见，经过认真考虑，Coriell 医学研究所就要同意这种请求。但是，已经进入 HapMap 计划数据库的基因型数据由于已经广泛发布，是无法撤回的，即使数据已经从该计划的网站或 dbSNP 数据库中删除。

3. 数据发布

HapMap 计划承诺进行快速和完整的数据发布，确保计划数据的公开性，供用户免费使用。所有关于新的 SNP、分析条件、等位基因和基因型频率的数据都会通过 HapMap 计划数据协调中心的网站迅速发布给公众，并存放在 dbSNP 数据库中。数据用户通过签署一份短期的"点击许可"（click-wrap）协议，即可在数据协调中心网站中获取个体基因型和单体型数据。采取这一策略是为了确保该计划获得的所有数据都不会被纳入任何限制性专利中，从而可供长期自由使用。用户获取数据必须满足的唯一条件是，用户必须同意不会限制他人使用数据，且需保证只能与同意这一条件的其他人员共享数据。HapMap 计划参与方已经同意他们各自的实验室将通过数据协调中心访问数据，并依据"点击许可"协议，确保所有科学家都能平等地获取数据以用于研究。

4. 知识产权

HapMap 计划规定，在缺乏具体用途的情况下，SNP、基因型和单体型数据本身均不可申请专利。具体用途指的是：发现某个 SNP 或者单体型与某个具备医学意义（一种疾病风险或者药物反应）的基因型之间的关联。数据发布政策并不妨碍用户针对这些关联申请适当的知识产权，只要该知识产权所产生的专利不会限制他人获取 HapMap 计划数据即可。

（五）HapMap 计划的影响力

1. HapMap 计划的产出数据

HapMap 计划在启动初期，将计划的实施分成了两个阶段。2005 年，HapMap 计划完成了第一阶段的基因组单体型图绘制工作，HapMap 国际联盟对来自 4 个不同地理区域的 269 个 DNA 样本进行了分析，获得了 130 万的 SNP 数据（The International HapMap Consortium，2005）。2007 年，HapMap 国际联盟在 *Nature* 期刊上发表了 HapMap 计划第二阶段的成果，在第一阶段的基础上进一步确定了超过 210 万个 SNP 基因型，涵盖常见 SNP 变异的 25%~35%（The International HapMap Consortium，2007），并使第二阶段 HapMap 计划的分辨率达到平均 1 kb 一个 SNP，超过预定目标的一倍，准确度达到 99.8%（曾长青，2010）。

在第二阶段计划结束后，第三阶段的 HapMap 计划启动。2010 年，HapMap 国际联盟在 *Nature* 期刊上发表了其获得的新的海量数据，第三阶段对来自全球 11 个人群的 1184 个个体共 160 万个常见 SNP 进行了基因分型，并对其中 692 个个体的 10 个 10 万碱基区域进行了测序（The International HapMap 3 Consortium，2010）。

2. HapMap 计划的产出文章

利用 Web of Science 共检索到 13 篇以计划名称作为团体作者的文章，除了计划启动初期对计划整体的规划、伦理、政策进行介绍的文章外，均为计划实施各阶段发布的人类基因组单体型图绘制成果。

四、DNA 元件百科全书计划

（一）概述

人类基因组计划绘制了人类和主要模式生物的基因组序列草图，但该计划仅解析了人类基因组中的编码区，这些区域仅占人类全部基因组的不到 2%，远不足以解释复杂的生命调控现象。非编码区在调控基因表达、产生不同细胞类型中也起到重要作用。因此，精确阐明人类基因组中所有蛋白质编码区、非编码区基因，以及其他重要功能元件（如直接调控基因表达、DNA 复制和染色体变异）的位置、结构和功能，并描绘其随细胞类型及时间变化的动态情况，可促进生物学机制探索和疾病机理研究，从而助力疾病风险预测、预防和治疗方法的开发。

为破解基因组非编码区的结构和功能，破译人类基因组功能调控机制，美国国立卫生研究院（NIH）下属的国家人类基因组研究所（National Human Genome Research Institute，NHGRI）于 2003 年主导启动了 DNA 元件百科全书（Encyclopedia of DNA Elements，ENCODE）计划。该计划旨在全面而详细地注释基因组中功能调控元件的结构、功能和调节机制，进而编写 DNA 元件百科全书。截至目前，ENCODE 计划已完成 3 个阶段的研究，研究范围从解析 1%的人类基因组基因序列扩展到对人类及小鼠全基因组的分析，并延伸至模式动物线虫和果蝇基因组的破译工作。ENCODE 计划第四阶段进一步拓宽了分析的细胞和组织类型，扩展了人类和小鼠基因组候选调控元件的目录，并将疾病等样本纳入研究范畴。

ENCODE 计划的成员主要由负责计划具体实施的科研团队组成，这些科研团队均由 NHGRI 通过项目招标的形式直接进行资助。此外，ENCODE 计划也以开放的联盟形式广泛吸纳其他相关领域的科研团体作为"附属成员"加入。根据任务部署，ENCODE 计划由 NHGRI 的基因组分析项目主任主导，计算基因组学和数据科学项目主任、功能基因组学项目主任进行具体的项目管理和监督，并下设一系列职能部门负责具体实施相关研究工作。此外，ENCODE 计划还设有由其他机构专家组成的外部顾问小组，顾问小组负责监督其活动，并就 ENCODE 计划各成员的研究目标设定、实施进展和科学方向提供建议和反馈。同时，ENCODE 计划还制定了一系列管理政策与指导原则，以平衡各利益相关方的利益，保障各参与成员工作的协同推进，包括知情同意原则、数据质量和标准管理方案、数据发布原则、成果发表原则，以及知识产权保护规则。ENCODE 计划为生命科学研究提供了极具价值、可免费获取的宝贵数据资源。目前该"百科全书"已更新至第 5 版，其原始数据及综合分析的数据资源均可通过 ENCODE 计划数据门户网站和数据库进行访问，进而使 ENCODE 计划的数据资源得到广泛使用。多国科研人员也基于此开展了大量生物学机制探索与疾病机理研究。此外，ENCODE 计划与多个大科学计划建立了合作关系，共享数据质量控制、数据提交和数据统一处理的标准，为未来推动数据共享与整合奠定基础。

（二）ENCODE 计划的酝酿和发起

1. ENCODE 计划的科学基础

人类基因组计划的完成标志着人类已初步掌握了自身遗传密码，为全基因组序列的精确解读提供了框架。该计划所产生研究数据的免费公开也推动了破译生命密码的工作进入有"导航"的快车道。

同时，人类基因组计划的实施，带动了基因组学、生物信息学技术的发展，这为全面开展 DNA 元件的功能注释奠定了技术基础。尤其是 ENCODE 计划第二阶段开展时，恰逢高通量测序技术的迅猛发展，因此，该阶段引入了基于高通量测序技术的染色质免疫沉淀测序技术（ChIP-seq）、RNA 测序技术（RNA-seq）等，并结合生物信息分析，获得了全面的人类转录组全景图等突破性成果。

2. ENCODE 计划的成立过程

为识别和表征基因组功能性 DNA 元件，研究人员开发了许多计算和实验方法，但尚未有一个策略能够识别人类基因组中的所有编码序列。为推动现有计算和实验方法的测试和比较，并鼓励新技术、新策略开发，美国 NHGRI 提议建立一个高度互动的公共研究联盟，以全面推动人类基因组功能性 DNA 元件研究。为此，2002 年 7 月，NHGRI 在美国组织召开了关于如何全面提取基因组序列生物信息的研讨会（Workshop on the Comprehensive Extraction of Biological Information from Genomic Sequence），并在会上提议发起一个试点项目，即先行确定人类基因组中 1%目标区域中的所有功能性 DNA 元件，并就项目的目标、组织和实施提出建议。NHGRI 希望通过 ENCODE 计划，开展高度合作，让不同背景和专业的研究人员携手，在识别人类基因组序列中所有功能性 DNA 元件过程中，评估不同技术和策略的优缺点，以明确在注释基因组序列方面的现有能力及不足。基于以上评估，NHGRI 会考虑下一阶段将相应方法用于放大研究分析整个人类基因组是否可行。

2003 年 3 月，NHGRI 正式成立 ENCODE 计划试点项目研究联盟，并为即将发布的首批项目资金申请指南提供建议。2003 年 9 月，NHGRI 资助启动了 ENCODE 计划试点项目，正式开启全面研究人类基因组功能性 DNA 元件的大型项目。

（三）ENCODE 计划的组织实施

1. ENCODE 计划的目标设定

ENCODE 计划的最终目标是全面绘制人类基因组功能性 DNA 元件的综合图谱，包括基因、与基因调控相关的生化区域（如转录因子结合位点、开放染色质和组蛋白标记）和转录亚型，其整体思路分为以下三步。首先，基于现有技术进行小规模实验（试点研究阶段），研究的重点主要是关注转录调节单元、转录调节序列、酶切位置、染色体修饰、复制起始原点的确定等方面。其次，在试点研究阶段同步设置了技术发展计划，主要针对尚未充分研究的功能基因，开发新技术和新工具，以支撑实际生产阶段中工作的实施。最后，在实际生产阶段（第二、第三阶段等），主要将前面各阶段的研究成果应用到针对整个基因组的研究中。

ENCODE 计划分阶段推进，研究对象也从全面注释人类基因组中的功能元件，逐渐扩展到针对模式生物果蝇、线虫、小鼠的基因组注释（图 3-3）。第一阶段为试点阶段，关注 1%人类基因组；第二和第三阶段旨在分析人类和小鼠全基因组，以及模式生物果蝇、线虫的基因组；第四阶段于 2017 年启动，旨在进一步加深对人类和小鼠基因组的分析。

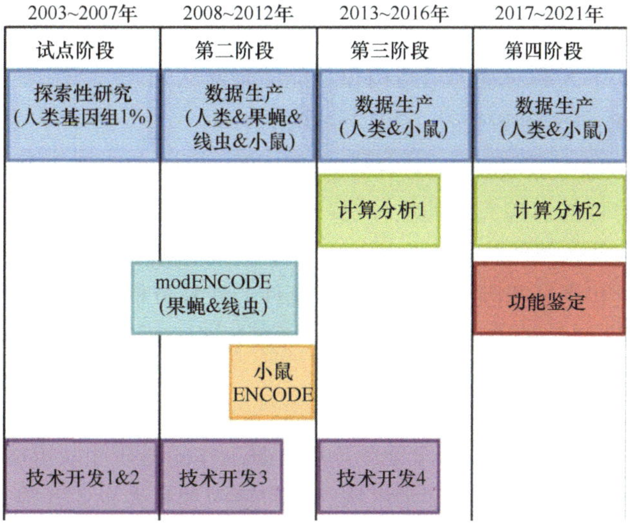

图 3-3 ENCODE 计划实施时间线（The ENCODE Project Consortium et al., 2020）

（1）ENCODE 计划试点阶段（2003~2007 年）

在试点阶段，ENCODE 计划仅对人类基因组 1%的区域进行了探索性研究，测试对比了现有的基因组测序相关技术方法，确定了全面鉴定人类基因组中功能性 DNA 元件的最优方案，并开发了高效查找功能性 DNA 元件的应用软件。2007 年 6 月，ENCODE 计划的科研团队相继在 *Nature* 和 *Genome Research* 上发表了 29 篇相关论文，详尽地描述 1%人类基因组的全部功能性 DNA 元件。

（2）ENCODE 计划第二阶段（2008~2012 年）

随着 ENCODE 计划试点阶段的成功，NHGRI 在 2007 年 9 月投入新一轮资金，推动 ENCODE 计划进入针对整个基因组和转录物组的规模化研究阶段。在第二阶段，ENCODE 计划引入高通量测序技术（如染色质免疫沉淀测序和 RNA 测序等），并结合生物信息学分析，获得了人类转录组全景图，且在基因组甲基化、组蛋白修饰、染色质结构及转录因子调控等方面取得了丰硕成果。同时，这一阶段还实施了模式生物 ENCODE 计划（modENCODE 计划）和小鼠 ENCODE 计划（Mouse ENCODE 计划），将研究对象扩展到黑腹果蝇、秀丽隐杆线虫和小鼠。该阶段产出了超过 1000 倍人类基因组信息量的生物信息学数据，相关研究成果于 2012 年 9 月以 30 篇学术论文的形式分别发表于 *Nature*（6 篇）、*Genome Research*（18 篇）和 *Genome Biology*（6 篇）等 SCI 期刊。

（3）ENCODE 计划第三阶段（2013～2016 年）

ENCODE 计划在第二阶段初步获得大量研究数据的基础上，进一步扩大分析范围并增加新型检测技术，如成对末端标记序列技术（ChIA-PET）及高通量染色体构象捕获技术（Hi-C）等，以绘制染色质的三维结构全景图。2020 年 7 月，ENCODE 计划发布第三阶段研究成果（The ENCODE Project Consortium et al., 2020），分别在 *Nature*、*Nature Methods* 和 *Nature Communications* 等期刊上联合发表 14 篇论文描述这一阶段的研究成果，尤其是发布了人类与小鼠基因组中超过 120 万个候选顺式调控元件（cCRE）的注释信息，推动了人类对基因组结构和功能的全新认知。

（4）ENCODE 计划第四阶段（2017～2021 年）

ENCODE 计划前三阶段已发现多种调控元件，但研究人员认为针对特定细胞类型或状态具高度特异性的调控元件的注释仍严重不足，对转录因子与染色质区域结合的相关分析也不足。因此，第四阶段不仅增加了分析的细胞和组织类型，还引入新型检测分析技术，扩大人类和小鼠基因组中候选调控元件的注释分析，并开展对更多转录因子和 RNA-蛋白质结合区域的描述和注释。

2. ENCODE 计划的成员结构

ENCODE 计划成员主要由具体负责计划科研工作的科研团队组成。同时，ENCODE 计划也以联盟形式，向其他相关学术机构、政府部门和私人企业开放，在获得资格审核通过后，这些机构或组织将作为附属成员加入 ENCODE 计划并参与相关科研活动。ENCODE 计划通过以上方式，联合不同研究实体，共同完成基因组功能元件注释的宏伟目标。

（1）ENCODE 计划的成员

作为 NHGRI 资助的一个大型项目，ENCODE 计划的主要成员均为在 NHGRI 的资助下开展计划项目工作的科研团队（表 3-10）。ENCODE 计划发起的 10 余年间，已吸引了美国、欧洲、英国、德国及新加坡等国家/地区的几十个实验室参与。现阶段的 ENCODE 计划（ENCODE 4）主要由 NHGRI 2011 年资助的科研团队组成。

表 3-10 ENCODE 计划资助的研究团队

国家/地区	机构
美国	美国国家人类基因组研究所、NIH 内部测序中心、美国麻省理工学院-哈佛大学 Broad 研究所、美国国家生物技术信息中心、美国杜克大学、美国弗吉尼亚大学、美国 HudsonAlpha 生物技术研究所、美国斯坦福大学、美国华盛顿大学、美国波士顿大学、美国芝加哥大学、美国昂飞公司、美国路德维希癌症研究所、美国耶鲁大学等
欧洲	欧洲分子生物学实验室
英国	英国维康信托桑格研究所、英国哥伦比亚癌症机构基因组科学中心
德国	德国 NimbleGen Systems 公司
新加坡	新加坡基因组研究所、新加坡南洋理工大学

（2）ENCODE 计划附属成员

为推动计划稳步实施，ENCODE 计划也以开放的联盟形式广泛吸纳不同知识背景的人员参与，面向其他相关学术机构、政府部门和私营部门的科研人员开放，以通过不同研究实体的联合，共同完成基因组功能元件注释的宏伟目标。相关参与者资格申请由 NHGRI 的工作人员和 ENCODE 计划外部顾问小组审核，通过后作为附属成员加入 ENCODE 计划。一经加入，NHGRI 行政人员和外部顾问小组将每年对其参与活动的情况进行审查，以确保其参与计划的积极性。附属成员可以要求退出 ENCODE 计划，但必须按规定履行相关保密义务。

ENCODE 计划制定了附属成员的审核标准，要求附属成员汇报其团队的实验和分析计划，并指出拟议项目的研究重点，描述该项目与 ENCODE 计划研究范围或主题的匹配度，且已具备相关资金。附属成员还需向其他成员完全公开其公共资助算法、软件源代码和实验方法，以进行科学评估。同时，附属成员必须遵守 ENCODE 计划制定的所有政策，包括成果发表、数据共享和分析方法/软件共享的管理政策，且不得泄露从其他成员处获得的机密信息。此外，附属成员全程参与联盟活动，包括参与相关的电话会议和定期研讨会，以讨论项目的计划和进展，并协调研究成果的发表。

3. ENCODE 计划的经费管理

ENCODE 计划的经费由 NHGRI 提供，通过发布项目申请指南进行定向资助，其经费的管理也按照 NHGRI 的相关规定开展。此外，附属成员所开展的相关研究计划，需自行筹备相关经费，由研究成员机构按照其规定自行支配与管理。

4. ENCODE 计划的组织管理架构

根据任务部署，NHGRI 的基因组分析项目主任 Elise Feingold 博士负责 ENCODE 计划的整体管理与协调，并由计算基因组学和数据科学项目主任、功能基因组学项目主任等负责具体的项目管理和监督。此外，ENCODE 计划还设有由其他机构专家组成的外部顾问小组，顾问小组负责监督其活动，并就 ENCODE 计划各成员的研究目标设定、实施进展和科学方向提供建议和反馈，同时，还负责向 NHGRI 提供附属成员的资格审查建议。

ENCODE 计划的具体实施由下设的一系列职能部门开展，当前阶段（ENCODE 4）的主要职能部门包括功能元件图谱绘制中心、功能元件鉴定中心、计算分析团队、数据协调中心和数据分析中心（表 3-11）。

表 3-11 ENCODE 第四阶段的主要职能部门

职能部门	职能
功能元件图谱绘制中心（Functional Element Mapping Center）	开展高通量实验，绘制功能元件的生化特征图谱，以识别人类和小鼠基因组中的候选功能元件
功能元件鉴定中心（Functional Element Characterization Center）	开发和应用可推广的方法来鉴定候选功能元件在特定生物学环境中的作用
计算分析团队（Computational Analysis Group）	试点 ENCODE 计划数据的新应用
数据协调中心（Data Coordination Center，DCC）	处理和共享 ENCODE 计划数据，并提供数据可视化和下载的门户
数据分析中心（Data Analysis Center，DAC）	制定主要数据类型的处理管线和质量指标，设计并开展 ENCODE 计划数据的综合分析，以更新和完善百科全书

（四）ENCODE 计划的管理政策

ENCODE 计划制定了一系列管理政策与指导原则，以平衡各相关方的利益，保障各参与成员的协同推进。一方面，ENCODE 计划为各成员提供了取得样本捐赠者知情同意的参考模板；另一方面，其针对不同来源的实验数据，制定了保障数据质量和标准的管理方案，以及相应的数据发布原则。同时，ENCODE 计划还对基于其数据资源的相关成果发表与知识产权的保护做出规定，以在保障数据生产者利益的同时，实现数据资源价值的最大化。

1. 知情同意原则

ENCODE 计划的研究对象涉及人类生物样本的原代细胞和组织，因此，对其基因组数据进行无限制共享则需取得相关样本捐赠者的知情同意。ENCODE 计划制定了使用生物样本的知情同意参考模板，供各研究项目根据自身特点量身制定知情同意程序和文件。

2. 数据质量和标准管理方案

ENCODE 计划成员采用了不同的实验方案进行 DNA 元件功能解析，因而生成的原始数据类型与标准也不尽相同。为有效保证数据资源的质量和通用性，ENCODE 计划制定了标准化的实验指南和方案，并针对不同数据类型，建立了相应的数据质量评定指标和标准。此外，ENCODE 计划构建了统一的数据处理管线，对原始数据集进行处理。同时，ENCODE 计划还建议成员采用通用的参考实验试剂，以最大限度地提高同类型数据、跨数据类型间的可比性。

（1）统一的实验指南

ENCODE 计划针对常用的检测方法与技术，包括 RNA-seq 分析、DNase-seq 检测、eCLIP 技术、ChIP-seq 技术、ChIA-PET 技术、WGBS 技术、Hi-C 技术，建立了统一的实验指南，并开发了一套抗体表征标准（antibody characterization standard），以提高基于抗体的检测分析工作的特异性和可重复性。同时，随技术发展及项目实施进展情况反馈，ENCODE 计划会及时对指南进行更新。

（2）数据质量评定指标

ENCODE 计划针对不同类型的数据集建立了相应的质量评定指标和标准，包括测序深度、作图特征、复制一致性、文库复杂性和信噪比等，用于监测不同数据集的质量，并开发了计算"质量阈值"的"软件工具"。ENCODE 计划还通过"术语和定义"对各指标进行了详细说明，且明确了优秀、可通过和不合格的数据标准。ENCODE 计划还采用多重评估（包括手动检查）的方式对原始数据进行多角度分析，或通过实验数据内部比较（如比较同实验室内数据的重复性、不同细胞类型分析中同种抗体的值，或对不同实验室间的同种抗体和细胞类型进行比较分析）识别随机误差。根据以上评定指标与标准，ENCODE 计划对于少数不满足其质量阈值的数据（如测序深度低、复制一致性差或相关性低等）仍进行发布，但会对其问题进行标记。

（3）数据统一处理管线

为创建高质量、精度一致且可重复的数据，以最大程度提高同类型数据、跨数据类型间的可比性，ENCODE 计划数据协调中心针对生成的主要数据类型开发了数据处理管线，以对原始数据进行统一处理。目前，开发的数据处理管线主要针对 RNA-seq、RAMPAGE1、ChIP-seq、DNase-seq、ATAC-seq2 和 WGBS 等检测获得的数据类型，所有数据处理管线代码均可从 ENCODE 计划数据协调中心的 GitHub 网站或 DNAnexus 云供应商中获得。

（4）通用生物参考品使用原则

为便于对 ENCODE 计划不同研究小组之间的数据进行对比，各成员的所有研究成果都应尽可能使用 ENCODE 计划已商定的通用生物参考品（如通用细胞系或抗体）。ENCODE 计划网站上也提供了相关通用参考试剂的信息，并鼓励全球科研人员均基于此生成试验数据，以便数据资源的比较分析。

3. 数据发布原则

NHGRI 将 ENCODE 计划定义为"公共资源项目"，因此，其数据发布遵循可快速发布、供研究者无偿访问和使用的原则。ENCODE 计划成员均要遵循这一原则，并且按照制定的数据管理规则操作。

根据 ENCODE 计划数据发布政策，所有研究数据一经验证后（即使尚未得到确认），必须及时存入公共数据库（ENCODE 计划数据库等）中，供所有研究者免费使用。此外，ENCODE 计划数据发布政策还明确了数据验证（data verification）和数据确认（data validation）的定义。其中，"数据验证"是指评估实验的再现性，其实际意义是证明数据集质量是否合格，是否值得进行后续实验。"数据确认"（或"生化确认"）指通过其他独立方法对已验证数据集的准确性进行度量，一些试验组还将对假定的功能性元件进行进一步的生物学特性鉴定。对于不同数据类型，ENCODE 计划确定了公开发布所需满足的最低验证标准和数据确认标准，经过验证/确认的数据将被存入公共数据库，供科研人员无偿使用。

4. 成果发表原则

ENCODE 计划内各个研究小组的研究成果可以单独发表，并鼓励（但不要求）研究内容相似的研究小组建立合作或协调机制，共同发表其成果。同时，为保障数据生产者的权益，ENCODE 计划还为成员设立了 9 个月的数据使用优先权保护期，同时还规定了数据使用者的致谢原则。

（1）ENCODE 成员数据使用优先权

为平衡所有利益相关者的权益，ENCODE 计划规定，其成员在将数据（包括原始数据、注释数据、确认数据和生物特性数据等所有数据类型）发布到公共数据库之后的 9 个月内，具有优先发表对其产出数据进一步分析结果的权利。此外，ENCODE 计划要求成员及时发表其分析结果，以保证数据的有效利用。在这 9 个月保护期内，其他数据使用者可自由分析或在其研究中使用相关数据，但不得以任何形式公开发表或正式公开其分析内容或结论。这种数据使用者的成果发表延缓规定将在 9 个月保护期满或数据分析结果发表时结束（以时间较短的为准）。同时，在保护期内，鼓励数据使用者和数据生产者就其研究活动进行交流，以便建立合作或组织同步发表成果。此外，ENCODE 计划成员不享有优先访问其他成员数据的特权，其使用的所有数据均从公共数据库中获得。

（2）数据公开使用原则

科研人员可免费使用 ENCODE 计划的数据，但数据使用者必须了解其所使用数据的公开状态，并遵守使用规则。如果数据使用者希望在 9 个月保护期满之前，对尚未发表的数据进行分析并进行发表或公布，则应与数据生产者进行沟通，并在成果发表或正式公布前获得数据生产者的同意。同时，数据使用者应在各种形式成果中向数据生产者、支持该项研究的资助机构以及 ENCODE 数据协调中心表达感谢。而在发表保护期满后，科研人员对相关数据的使用和成果发表则不受限制。

5. 知识产权保护规则

ENCODE 计划产生的 DNA 元件功能注释数据具有实用价值，因而可申请专利保护。ENCODE 计划制定了相关规则，以保护成员的相关知识产权，同时也鼓励其最大程度共享其数据，以实现数据资源价值的最大化。

（1）数据生产者权利

为保证 ENCODE 计划产生数据资源的有效共享与广泛应用，NHGRI 鼓励 ENCODE 计划的数据生产者开放共享其产生的所有数据资源。如果数据生产者选择行使其知识产权，NHGRI 则鼓励其选择行使专利的非排他许可权，以实现数据资源价值的最大化。

（2）数据使用者责任

NHGRI 同时也要求 ENCODE 计划的数据使用者履行相关责任，保证不限制他人对数据的访问。例如，如果一个数据使用者将 ENCODE 计划数据整合入一项发明中，其申请的相关发明专利权不应该限制他人对该数据的访问。

（五）ENCODE 计划的影响力

1. ENCODE 计划的产出数据

ENCODE 计划的宗旨在于为学术界提供有价值、可免费获取的资源，其数据资源类型包括原始数据和元数据（raw data and metadata）、初级注释数据（ground-level annotation）（即对原始数据集进行初步分析的结果）、综合注释数据（integrative-level annotation）。ENCODE 计划建立了专门的 ENCODE 数据门户网站以共享其数据。该门户网站由美国斯坦福大学的 ENCODE 数据协调中心（ENCODE DCC）负责开发和维护，ENCODE 计划及相关项目的所有原始数据和注释数据，以及所采用的材料及方法均可通过该数据门户网站获取，用户无须注册即可对已发布数据进行访问和下载。ENCODE 计划第三阶段还发布了候选顺式调控元件（cCREs）相关注释信息，并构建了专业数据库,供用户对该数据资源进行灵活、自定义的搜索和可视化浏览(图3-4)。

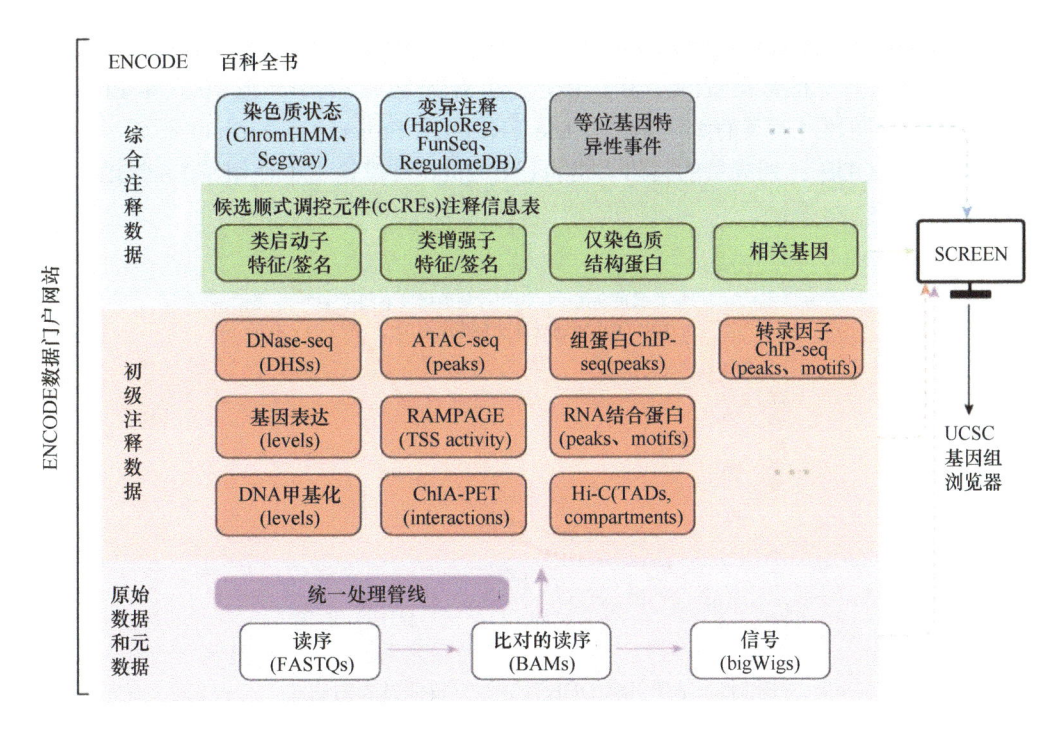

图 3-4 ENCODE 数据总览(The ENCODE Project Consortium et al., 2020)

目前,ENCODE 计划推出的"百科全书"已更新至第 5 版,产出的蛋白质编码与非编码基因数据,以及候选顺式调控元件注释信息表,为科学界更好地理解人类和小鼠基因组功能提供了极具价值的数据资源。ENCODE 计划第二阶段和第三阶段针对 500 余种细胞类型和组织开展了 9239 项实验(人体 7495 项和小鼠 1744 项),共鉴定了 20,225 个蛋白质编码基因和 37,595 个非编码基因、2,157,387 个染色质开放区、750,392 个组蛋白修饰区[对赖氨酸 4 位上组蛋白 H3 的单甲基化、双甲基化或三甲基化(H3K4me1、H3K4me2 或 H3K4me3),或对赖氨酸 27 位上组蛋白 3 的乙酰化(H3K27ac)]、1,224,154 个转录因子和染色质相关联蛋白质结合区、845,000 个被 RNA 结合蛋白质占用的 RNA 亚区以及超过 130,000 项染色质基因座间的远程互作。尤其是 ENCODE 计划第三阶段,还综合分析并揭示了 90 万个人类 cCREs(占人类全基因组的 7.9%)和 30 万个小鼠 cCREs(占小鼠全基因组的 3.4%)的注释信息。

此外,ENCODE 计划与多个大科学计划/联盟保持合作关系,共享数据质量控制、数据提交和数据统一处理的标准,并开始与部分关系密切的组织联盟共用相同的本体,为未来推动数据共享与整合奠定基础。其中,现已完成的 NIH 表观基因组学路线图计划(NIH Roadmap Epigenomics Program)的数据,已经再加工、存储于 ENCODE 计划的数据库中,成为百科全书注释数据的重要组成部分。ENCODE 计划还与国际人类表观基因组联盟(IHEC)、全球基因组学与健康联盟(GA4GH)合作,不断提高数据的互操作性,充分发挥数据资源的学术价值。

2. ENCODE 计划的产出文章

ENCODE 计划的数据资源得到广泛使用。根据 ENCODE 计划官方网站公布的信息，基于 ENCODE 计划的数据资源发表的论文已有 3729 篇[①]。其中，据 2020 年 ENCODE 计划在 Nature 期刊上发表的综述论文（The ENCODE Project Consortium et al., 2020）显示，非 ENCODE 计划成员的科研人员也已在 2000 余篇论文中使用了 ENCODE 的数据资源（图 3-5）。

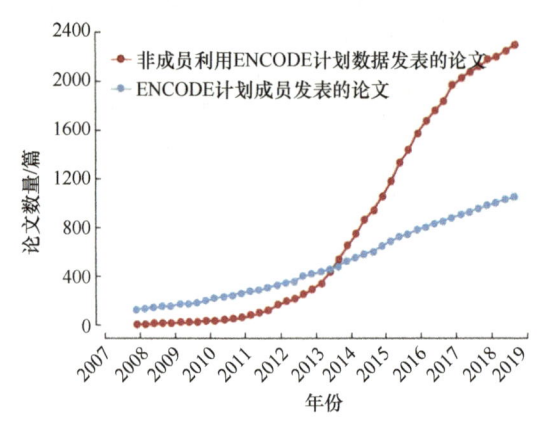

图 3-5　基于 ENCODE 计划数据资源发表的论文

同时，ENCODE 计划也会定时公开发表综合性论文，详述对 ENCODE 计划数据进行综合分析所获得的结论。发表之前，计划将采取数据冻结措施，获取截至冻结日期的所有已验证数据集的快照，以提供基于此数据集的统一研究平台。ENCODE 计划还会发表一系列配套论文合集，包括对某单一数据集或组合数据集的详细分析。理想情况下，上述综合性论文与论文合集将同期发表在相同或不同期刊上。同时，ENCODE 计划也鼓励未参与的研究人员将其研究成果纳入该论文合集中。

五、千人基因组计划

（一）概述

在千人基因组计划（1000 Genomes Project，1KGP）启动之前，人类基因组计划、人类基因组多样性计划及国际人类基因组单体型图计划等多项针对人类基因组的研究计划为 1KGP 奠定了基础。1KGP 是人类基因组计划的延续和发展，其目的是收集、整合和共享全球多个国家多个群体的人类基因组数据，旨在为研究基因型和表型之间的关系提供本底资料，以此创建人类群体的常见遗传变异目录。

2007 年 5 月，在美国冷泉港实验室召开基因组生物学会议期间，来自中国、英国和美国的相关研究人员在进行初步讨论后，成立了 1KGP 国际协作组。同年 9 月，国际协作组正式确立了计划目标，并制订了未来 2~3 年的工作计划。2008 年 1 月 22 日，中国、

[①] 数据来源：https://www.encodeproject.org/search/?type=Publication；检索日期：2022 年 4 月 7 日。

英国和美国的科学家分别在深圳、伦敦和华盛顿同时宣布1KGP正式启动。经过不懈努力，1KGP于2015年圆满完成。该计划收集了来自全球26个地区的2504个个体的基因组数据，表征了广泛的人类遗传变异及单体型定相（haplotype phasing）信息，绘制了迄今为止最详细的人类基因组单体型图谱，构建了包含海量遗传数据的资源库供科学界免费访问。

在组织管理方面，1KGP设置了5个工作组，以保障该计划的顺利运行。其中，1KGP指导委员会和分析工作组决定该计划的所有事宜。另外，1KGP设立了数据协调中心和国际基因组样本资源（International Genome Sample Resource，IGSR）数据库来管理该计划数据的传输、存储和共享。资金方面，1KGP得到中国、英国、美国、德国等多个国家的政府、科研机构及研发企业提供的资助，其中，大部分资助来源于英国维康信托桑格研究所、中国深圳华大基因研究院和美国国家人类基因组研究所，同时，测序公司也通过提供测序商品和服务给予了很大支持。此外，1KGP在知情同意、样本获取及伦理监督，以及数据质量、标准和数据管理两个方面制定了一系列监管政策和措施。这些举措旨在规范1KGP参与者及获资助者的行为，以确保该计划协调推进，数据安全合规。

（二）1KGP的酝酿和发起

1. 1KGP的科学基础

人类基因组计划、国际人类基因组单体型图计划等国际大科学计划，通过基因组测序分析，绘制了全球人群遗传多态性及其单体型差异的全基因组图谱。图谱涵盖了某些群体中等位基因变异频率（VAF）大于5%的大多数单核酸多态性变异（SNP），并且已经构建了基因结构性变异的初始目录。这些遗传数据推动了对人类基因的研究，基于这些资源进行的全基因组关联研究可以发现人类常见疾病的新遗传位点。然而，由于国际人类基因组单体型图谱计划等使用的测序技术分辨率较低，导致对基因的低频变异和结构性变异的检测存在不足，所以其为人类种内遗传多态分布规律提供的群体信息也有限。为了弥补这一不足，通过对来自多个群体的不同个体进行基因组测序，我们能够进一步覆盖并解析更多的低频率变异和结构性变异，实现对遗传变异更深入的分类和表征，以推动基因组学在疾病与健康研究、群体遗传学等领域的应用。

2. 1KGP的成立过程

2007年5月，在美国冷泉港实验室召开基因组生物学会议期间，国际基因组测序联盟召开了联盟会议。会上，英国维康信托桑格研究所的Richard Durbin提出了针对更大规模的人群开展测序的倡议，来自中国、英国和美国的相关研究人员在针对这一提议进行了初步讨论后，并决定成立1KGP国际协作组，负责对这一倡议进行规划。随后，1KGP国际协作组召开了5次电话会议，深入探讨了该计划的目标设定、实施过程中可能遇到的问题及相应的解决方案，为正式会议做了前期沟通与协商准备。2007年9月，1KGP国际协作组在英国剑桥维康基因组园区召开会议，会上确立了1KGP目标，并制订了未来2~3年的工作计划。2008年1月22日，中国、英国和美国的科学家分别在深圳、伦敦和华盛顿同时宣布1KGP正式启动。

(三) 1KGP 的组织实施

1. 1KGP 的目标

1KGP 的主要目标是开发人类遗传变异的公共资源，进而促进遗传变异与疾病的关联研究，也为其他生物医学研究奠定基础。

（1）发现变异

作为一个基因组测序计划，其所构建的遗传变异序列资源要具有完整性，需涵盖全基因组中 VAF 在 1% 以上的所有变异，以及在功能基因的外显子区域中 VAF 在 0.1%～0.5% 的变异。由于目前已经对大多数常见单核酸多态性有广泛了解，本计划的测序结果将助力于发现更多罕见变异和结构性变异。

（2）表征变异

准确估算等位基因变异的频率，确定其单体型背景，并表征其连锁不平衡（LD）模式。

（3）生物医学应用

致力于研发更好的 SNP 和探针筛选技术，用于构建基因分型平台；不断优化人类基因组参考序列；支持遗传变异与疾病的关联研究；推动在多类型人群中开展变异研究；了解基因突变和重组的基本过程。

2. 1KGP 的阶段任务

1KGP 共分 4 个阶段进行，包括 1 个试点阶段和 3 个阶段性任务。

（1）试点阶段任务

1KGP 启动后首先进行了耗时一年的试点项目，设置了三人家庭测序、人群低覆盖深度测序、外显子靶向测序 3 个先导项目，以开发和比较高通量测序平台，制定不同的全基因组测序策略（表 3-12）。

表 3-12 试点阶段的策略和成果

先导项目	目的	策略	测序覆盖深度
三人家庭测序	评估测序覆盖深度与数据质量的关系；评估测序技术平台；评估测序中心	对 2 个三人家庭（父亲、母亲和 1 位成人子女）共 6 个个体进行全基因组测序	高覆盖深度（平均 42×）
人群低覆盖深度测序	评估跨人群的测序策略；评估低覆盖深度测序的可行性	对 4 个人群中的 179 个无关个体进行全基因组测序	低覆盖深度（平均 2×～6×）
外显子靶向测序	评估基因组蛋白质编码区的详细目录；评估目标基因的捕获方法	对 7 个人群中的 697 个个体 906 个随机选择基因的外显子序列进行外显子靶向测序	高覆盖深度（平均 50×）

（2）1KGP 阶段性任务

1KGP 在试点阶段确立基因组测序策略之后，设置了 3 个阶段性任务。其中，第一和第三阶段产生数据，第二阶段则集中于技术发展，对早期阶段实施的多项技术和分析方法进行改进，从而在该计划实施过程中确保数据质量。

3.1KGP 的成员结构

1KGP 的主要发起和承担机构包括中国深圳华大基因研究院、英国维康信托桑格研究所以及美国国家人类基因组研究所等，德国、瑞士、加拿大等国家的多个机构也参与了该计划（表 3-13）。测序工作则由多家机构共同承担，其中包括中国深圳华大基因研究院、英国维康信托桑格研究所以及美国国家人类基因组研究所在内的大规模测序研究机构网络。

表 3-13 1KGP 资助机构及合作伙伴

国家/地区	机构
中国	国家发展和改革委员会
	中国科学院
	深圳市政府
	深圳华大基因研究院
英国	英国基因联盟
	英国卡迪夫大学
	英国伦敦大学学院
	英国帝国理工学院
	英国牛津大学
	英国维康人类遗传学信托中心
	英国维康信托桑格研究所
	英国维康信托基金会
	英国医学研究理事会
德国	德国联邦教育与研究部
	德国马克斯•普朗克研究所
瑞士	瑞士罗氏公司
	瑞士日内瓦大学
西班牙	西班牙巴塞罗那大学
奥地利	奥地利科学院孟德尔研究所
丹麦	丹麦哥本哈根大学
荷兰	荷兰莱顿大学
土耳其	土耳其毕肯特大学
欧洲	欧洲分子生物学实验室
	欧洲生物信息学研究所
加拿大	加拿大麦吉尔大学
	加拿大西蒙菲莎大学
中美洲	西印度群岛大学
秘鲁	秘鲁卡耶塔诺•埃雷迪亚大学
美国	美国 Life Technologies 公司
	美国阿尔伯特•爱因斯坦医学院
	美国昂飞公司

续表

国家/地区	机构
美国	美国北卡罗来纳大学教堂山分校
	美国贝勒医学院
	美国波多黎各大学
	美国波士顿学院
	美国麻省理工学院-哈佛大学博德研究所（简称博德研究所）
	美国布里格姆妇女医院
	美国得克萨斯大学
	美国得克萨斯大学 MD 安德森癌症中心
	美国杜兰大学
	美国转化基因组学研究所
	美国弗吉尼亚大学
	美国弗吉尼亚理工大学
	美国国立卫生研究院国家环境卫生科学研究所
	美国国立卫生研究院国家人类基因组研究所
	美国国立卫生研究院国家生物技术信息中心
	美国哈佛大学医学院附属麻省总医院
	美国华盛顿大学
	美国加利福尼亚大学旧金山分校
	美国加利福尼亚大学洛杉矶分校
	美国加利福尼亚大学圣地亚哥分校
	美国加利福尼亚大学圣克鲁兹分校
	美国柯瑞尔医学研究所
	美国路易斯安那州立大学
	美国马里兰大学
	美国密歇根大学
	美国庞塞医学与健康科学学院
	美国圣路易斯华盛顿大学
	美国斯坦福大学
	美国 Complete Genomics 公司（2012 年被中国深圳华大基因研究院收购）
	美国西奈山伊坎医学院
	美国新泽西医科和牙科大学
	美国罗格斯大学
	美国亚利桑那大学
	美国耶鲁大学
	美国 Illumina 公司
	美国犹他大学
	美国约翰·霍普金斯大学
	美国芝加哥大学

4. 1KGP 的经费管理

中国、英国、美国、德国等多个国家的政府、科研机构及研发企业为 1KGP 提供了资助。该计划启动之初预计耗资 3000 万至 5000 万美元，大部分资金支持来源于英国维康信托桑格研究所、中国深圳华大基因研究院和美国国家人类基因组研究所。另外，瑞士罗氏公司、美国 Life Technologies 公司、美国 Illumina 公司等测序公司提供了实物支持，助力测序数据的产出。试点阶段，这些公司就提供了价值约 70 万美元的商品和服务。

5. 1KGP 的组织管理架构

1KGP 正式启动前，1KGP 国际协作组设置了 5 个工作组以保障该计划的顺利进行，包括指导委员会，分析工作组，样本与伦理、法律和社会问题工作组，数据生产和技术交流工作组，数据协调和数据流工作组。1KGP 指导委员会和分析工作组决定该计划的所有事宜，包括工作组的设立和其成员设定。另外，1KGP 在欧洲生物信息学中心（EMBL-European Bioinformatics Institute，EMBL-EBI）设立了数据协调中心和国际基因组样本资源数据库，管理该计划数据的传输、存储和共享，而样本则通过美国科瑞尔研究所的生物样本库进行管理。

（1）指导委员会

指导委员会是 1KGP 的主要理事会，与分析工作组一起决定该计划的所有事宜。其成员包括联合主席、工作组联合主席、各个测序中心的代表、各个资助机构的代表，以及来自数据分析、人类遗传学和群体遗传学领域的专家。

（2）分析工作组

分析工作组负责处理与数据生产和质量、试点项目评估和 1KGP 整体设计相关的分析问题，同时负责整个计划的数据分析。其主要任务包括样本选择分析、基因筛选、变异检测、群体遗传学分析、基因组结构变化分析和数据质量控制等。分析工作组的成员包括所有从事数据处理及分析的联盟参与者、资助者，以及部分获资助的研究人员。所有获资助者必须遵守指导委员会和分析工作组的共同规范、程序和政策。

（3）其他工作组

在具体管理方面，样本与伦理、法律和社会问题工作组负责制定样本选择标准、选择合适的样本、评估新样本的必要性，并根据需求获取新样本，同时负责研究和处理与该计划相关的伦理、法律和社会问题；数据生产和技术交流工作组负责技术开发的信息交流、数据生产的新算法研发、进度跟踪、数据评估，与数据协调和数据流工作组共同制定数据交换标准，并与分析工作组共同负责质量控制工作；数据协调和数据流工作组则负责数据从生产中心流向数据库的传输过程，包括整体协调、质量控制、数据管理和发布等。

（4）数据协调中心

欧洲生物信息学研究所与美国国家生物技术信息中心联合在欧洲生物信息学研究所成立了数据协调中心，以管理该计划数据的传输、存储和共享。

（5）国际基因组样本资源数据库

EMBL-EBI 数据协调中心在英国维康信托基金会的资金支持下，于 2015 年 1 月成立了国际基因组样本资源数据库，旨在存储并开放共享 1KGP 产生的数据和研究成果，维护该计划数据集的可用性，并持续更新和扩增数据集。

1）确保 1KGP 数据的可获得性和可用性

国际基因组样本资源数据库维护 1KGP 数据集，确保 1KGP 数据集与当前参考数据集保持同步。2017 年，IGSR 数据库基于参考基因组数据集 GRCh38（Genome Research Consortium human build 38）对 1KGP 数据进行了重新比对和分析，并据此更新了该计划的数据集。

2）整合纳入利用 1KGP 样本产生的基因组数据

由 NHGRI 资助的纽约基因组中心承担了 1KGP 的后续工作，对 1KGP 样本进行高覆盖深度测序。2021 年，纽约基因组中心对 1KGP 中采集的 3202 个样本进行了平均覆盖深度为 30× 的基因组测序，并参照 GRCh38 比对分析其测序结果，生成了更详尽的数据集。另外，IGSR 数据库还持续整合其他利用 1KGP 样本的研究项目生成的数据，来补充完善 1KGP 数据集。

3）扩大数据收集范围，采集新样本进行基因组分析

IGSR 数据库依据 1KGP 样本收集原则，继续收集新样本进行基因组测序及分析，力求涵盖更多人群。

6. 1KGP 的样本选择与分布

具体实施过程中，1KGP 从全球多个人群中采集样本，整体采用聚类抽样的样本选择策略，最大限度地提高样本的人群代表性。该计划从来自非洲、美洲、欧洲、东亚和南亚 5 大主要地理区域的 26 个地区的人群中选取 3202 个个体进行样本采集，并对其中 2504 个个体进行基因组测序（表 3-14）。1KGP 所有样本提供者均为成年人，且都在提供样本时表明自己身体健康。为保护个人隐私，1KGP 仅保留捐献者自述的种族与性别信息，而不收集表型数据。在采集样本时，1KGP 尽可能收集血液来源的 DNA，以尽量减少体细胞和细胞系的假阳性结果。

表 3-14 1KGP 的样本选择*

主要地理群体	取样地	人群	人群缩写	第一阶段测序人数	第三阶段测序人数
非洲血统（AFR）	尼日利亚	埃桑人	ESN	—	99
	冈比亚西部地区	冈比亚人	GWD	—	113
	肯尼亚韦布耶	卢希亚人	LWK	97	99
	塞拉利昂	曼德族人	MSL	—	85
	尼日利亚伊巴丹	约鲁巴人	YRI	88	108
	巴巴多斯	非洲裔加勒比人	ACB	—	96
	美国西南部	非洲裔居民	ASW	61	61
美洲血统（AMR）	哥伦比亚麦德林	哥伦比亚人	CLM	60	94
	美国加利福尼亚州洛杉矶	墨西哥裔居民	MXL	66	64
	秘鲁利马	秘鲁人	PEL	—	85
	美属波多黎各	波多黎各人	PUR	55	104

续表

主要地理群体	取样地	人群	人群缩写	第一阶段测序人数	第三阶段测序人数
东亚血统（EAS）	中国西双版纳	傣族人	CDX	—	93
	中国北京	汉族人	CHB	97	103
	中国南部	汉族人	CHS	100	105
	日本东京	日本人	JPT	89	104
	越南胡志明市	京族人	KHV	—	99
欧洲血统（EUR）	美国犹他州	北欧和西欧裔居民	CEU	85	99
	英国英格兰和苏格兰地区	英国人	GBR	89	91
	芬兰	芬兰人	FIN	93	99
	西班牙伊比利亚	—	IBS	14	107
	意大利托斯卡纳	—	TSI	98	107
南亚血统（SAS）	孟加拉国	—	BEB	—	86
	美国得克萨斯州休斯敦	印度古吉拉特人	GIH	—	103
	英国	印度泰卢固人	ITU	—	102
	巴基斯坦拉合尔	旁遮普人	PJL	—	96
	英国	斯里兰卡泰米尔人	STU	—	102
	总计			1092	2504

*主要地理群体中的人群抽样、人群名称和缩写由 NHGRI 制定。

（四）1KGP 的管理政策

为协调该计划的推进、确保数据安全，1KGP 在知情同意、样本获取及伦理监管，以及数据质量、标准和数据管理两个方面制定了一系列监管政策和措施，以规范 1KGP 参与者及获资助者的行为。

1. 知情同意、样本获取及伦理监管

（1）伦理监管

1KGP 专门成立了样本与伦理、法律和社会问题工作组，负责研究及监管与该计划相关的伦理、法律和社会问题，并由该工作组协助指导委员会制定伦理规范与知情同意书。样本与伦理、法律和社会问题工作组监督 1KGP 所有的合作机构及合作者在该计划样本收集的全过程中遵循伦理规范。

（2）知情同意

1KGP 所有的样本提供者在参与前均签署了知情同意书，同意捐献 DNA 以供分析且同意研究数据公开。

2. 数据质量、标准和数据管理

（1）样本管理

1KGP 样本收集后存储于美国国立卫生研究院认证的官方生物样本库之一——美国科瑞尔研究所的生物样本库，全球科学界均可通过该机构获取 1KGP 样本的细胞系和

DNA 用于生物医学研究。

（2）数据管理

1KGP 于启动之前就明确提出该计划产生的数据和研究成果供全球科学界免费共享。EMBL-EBI 的 IGSR 数据库存储并开放共享 1KGP 产生的数据和研究成果，维护该计划数据集可用性，并持续更新和扩增数据集。目前，全球科学界均可通过自由访问该数据库免费获取 1KGP 的人类遗传数据。

（五）1KGP 的影响力

1KGP 于 2015 年圆满完成，收集了来自全球 26 个地区人群中 2504 个个体的基因组数据，表征了广泛的人类遗传变异及单体型定相信息，绘制了最详细的人类基因组单体型图谱，构建了包含海量遗传数据的资源库供科学界免费访问。2015 年 9 月 30 日，1KGP 国际协作组顺利完成整个计划，并通过在 *Nature* 上发表的两篇文章公布了其研究结果（Sudmant，2015；The 1000 Genomes Project Consortium，2015）。

1. 1KGP 的产出数据

（1）工具开发

1KGP 制定了标准来确定测序技术的优缺点，开发了低覆盖率测序的方法，并找到了对大人群进行高通量外显子测序的方法。

（2）基因组测序及生物标志物研究

1KGP 通过采集来自多个人群不同个体的样本，使用低覆盖深度的全基因组测序、高覆盖深度的外显子靶向测序和密集微阵列基因分型的组合测序方式对样本进行了基因组测序。继而基于测序结果，发现和表征了总共超过 8800 万个变异，包括 VAF 1%以上的基因组变异，VAF 低于 1%的罕见基因变异以及 8 类结构变化（如大片段缺失、重复、多等位基因拷贝数变异、倒置、Alu 插入、L1 插入、SVA 复合反转录转座子插入、核线粒体 DNA 变体）等。

（3）数据和样本共享

1KGP 从来自非洲、美洲、欧洲、东亚和南亚 5 大主要地理区域的 26 个地区的人群中选取了 3202 个个体进行样本采集，对其中 2504 个个体进行了基因组测序，创建了目前最大的人类基因组变异和基因型数据的公共数据库，全球科学界均可获取 1KGP 的人类遗传数据、细胞系和 DNA 用于生物医学研究。

2. 1KGP 的产出文章

截至 2022 年 4 月，1KGP 联盟（1000 Genomes Project Consortium）共发表了 28 篇检索式论文。

论文的内容涉及三类。第一类论文是对 1KGP 的概述，介绍该计划的所处阶段和研究情况。第二类论文主要发布 1KGP 的测序结果，通过对大规模基因组测序结果进行整合，1KGP 不断绘制出更详尽的人类基因组单体型图谱，表征了其基因组定位、等位基因频率和局部单体型结构等。第三类论文则展示了 1KGP 开发的新工具和新分析方法，描述了其研究基因多态性的新技术手段，验证了在大型基因研究中综合使用多种基因测序手段的可行性。

作为国际上第一个对大量人群进行基因组测序的计划，1KGP 的成功组织实施是新一代测序技术产业化应用的重大突破，同时也是基因组研究向临床医学迈进的重要转折点。该计划不仅为个体化医疗的预防、诊断和治疗提供了必要的基础数据，还为解决基因组医学研究相关的伦理、法律和社会问题带来可能。

六、地球生物基因组计划

（一）概述

随着气候变化、栖息地破坏、物种过度开采等种种事件的发生和发展，地球的生物多样性正在持续锐减，这也迫使人类反思生物多样性的衰退对复杂生态系统所产生的影响。基因资源作为生物资源中最核心的资源之一，其精准获取对人类健康、社会进步和经济发展具有重大意义。近年来，由于基因组测序和数据科学的飞速发展，我们站在了重新认识地球生物多样性以及重新认识生物多样性如何影响地球健康的新起点。这使得我们有机会对地球上所有已知的物种进行基因组测序，并有望发现科学界尚无记录的 80% 的物种（Pennisi，2017）。为了汇聚全球力量，推动生物多样性基因组学研究，共同描绘地球上现存的所有已知和未知物种的基因蓝图，美国史密森学会、英国维康信托桑格研究所、中国深圳华大基因研究院以及巴西圣保罗研究基金会等机构联合发起了"生物登月计划"——地球生物基因组计划（Earth BioGenome Project，EBP）。该计划旨在未来 10 年对地球上所有已知真核生物的基因组进行测序、编目和表征。作为目前世界上规模最大的生命科学领域国际大科技计划，EBP 将引领人类从基因信息角度，对地球上广泛存在的生物深入研究，以基因组数据和基因组学研究为基础，促进全球生物多样性的发现、保护和利用。

在组织管理方面，EBP 设置了暂行的组织和管理制度，并持续对该制度进行完善。为了实现为地球所有真核生物测序的愿景，EBP 与一系列真核生物测序项目、研究机构及生物多样性保护机构等合作，构建了 EBP 嵌套网络（EBP network-of-networks）的组织模式，这一模式有效促进了全球范围内的组织协调。EBP 嵌套网络的成员包括 43 个合作机构和 49 个附属项目，这些机构和项目的专家代表组成了 EBP 中央协调理事会。该理事会下设秘书处、执行委员会、资助者咨询委员会等部门，通过制定一系列技术标准和伦理指南，统筹计划各阶段的实施。在经费来源方面，EBP 无统一经费支配，而是由附属项目和成员机构自行筹措经费。在政策监管方面，该计划遵守《名古屋议定书》关于获取和惠益分享规范，并自主制定了一系列政策，旨在保障所有科学发现和成果能够作为永久性免费的资源。

EBP 于 2015 年 11 月在美国史密森学会的探索性会议上被首次提出，经过 3 年多的筹备后，于 2018 年 11 月正式启动。EBP 按照科、属、种的生物分类阶元规划了实施目标，实施过程分为 3 个阶段：第一阶段对真核生物各科代表性物种测序，第二阶段对真核生物各属代表性物种测序，第三阶段对 135 万个已知真核生物物种及预期发现的

10万个新物种开展测序工作。2020年底，该计划进入第一阶段并开展试点工作，并于2022年1月开始第一阶段的全面测序。截至2022年1月，针对不同物种的附属项目已经开展测序，部分项目已有数据产出。

（二）EBP的酝酿和发起

1. EBP成立的科学基础

地球正面临着来自人类活动的威胁。如果不采取行动遏制气候变化和保护全球生态系统的健康，预计到21世纪末，地球将丧失50%的生物多样性。因此，为了深入了解地球生物多样性，并负责任地管理相关生物资源，生物多样性的丧失已成为当前科学界与社会亟须面对的重大挑战之一。解决这一挑战有赖于我们对地球上生物体进化、功能及其相互作用的认识。地球上生存着1000万至1500万种真核生物以及数万亿种细菌和古菌，但实际上已经被人类认识的生物只有约230万种，其中完成基因组测序的不到1.5万种，而且其中大部分是微生物（Lewin et al.，2018）。为所有已知的真核生物创建一个DNA序列"数字图书馆"，不仅助力防止生物多样性流失、遏制病原体传播，还能促进生态系统的监测与保护、增强生态系统服务功能。EBP的提出，有助于整合世界各地的生物基因组研究，构建一个更有价值的科研体系，促进物种研究工作有序而高效地进行，帮助我们全面了解地球生命演化的奥秘，极大地推动物种保护工作的开展。

前期人类基因组计划的巨大成功，以及在鸟类（万种鸟类基因组计划）、脊椎动物（万种脊椎动物基因组计划）、海洋无脊椎动物、植物（千种植物转录组计划）和昆虫（全球蚂蚁基因组联盟计划）等方面的成功，为EBP的开展提供了宝贵经验和科学基础。同时，测序技术的提升也为EBP的顺利完成奠定了坚实的技术基础。

（1）万种鸟类基因组计划（Bird 10,000 Genomes Project，B10K）

2015年，中国深圳华大基因研究院与美国史密斯学会等机构共同开展了国际合作项目B10K，旨在5年内构建约万种现存鸟类的基因组图谱，实现对鸟类生命之树的数字化重建，并解码遗传变异和表型差异之间的联系，揭示遗传、进化和生物地理模式之间的相关性，并评估生态因子和人类干扰对鸟类生存的影响（Zhang，2015）。

（2）万种脊椎动物基因组计划（Genome 10K Project，G10K）

2009年，中国深圳华大基因研究院与美国史密斯学会等机构共同开展了国际合作项目G10K，旨在完成万种脊椎动物的基因组测序，并通过探索这些脊椎动物的遗传多态性，为生命科学发展以及全球生物保护提供强有力的帮助（Genome 10K Community of Scientists，2009）。

（3）全球蚂蚁基因组联盟（Global Ant Genomics Alliance，GAGA）计划

2017年，中国深圳华大基因研究院与美国史密斯学会等机构共同开展了国际合作项目GAGA计划，旨在从全球范围内挑选出200种具有代表性的蚂蚁进行基因组测序和分析，研究蚂蚁群体的进化趋势，并确定与蚂蚁多样性及其特殊适应性有关的遗传基础等（Boomsma et al.，2017）。

这一系列基于地理分区和生物分类的真核生物物种基因组测序项目虽然进展顺利，但这些项目之间很少协调合作，缺乏共同的策略和标准，并且测序的真核生物物种不全。而 EBP 的目的是在已有的真核生物基因组测序项目基础上，统一组织和协调相关项目和机构，对地球上所有真核生物进行系统的测序和注释。此举旨在确保正在进行的生物测序工作标准化，且测序工作覆盖生命进化树的所有分支。

2. EBP 的成立过程

随着技术发展，大规模基因组测序的条件逐渐成熟。2015 年，美国贝勒医学院人类基因组测序中心的 Stephen Richards 发文，提出对真核生物进行测序的想法，他认为当下的技术已足够支撑对大量物种进行测序，并提出采用系统发育的方法对样本进行分层测序，以加速科学发现（Richards, 2015）。

基于上述背景，2015 年 11 月 5 日，美国加利福尼亚大学戴维斯分校的 Harris Lewin、美国史密森学会的 John Kress 和美国伊利诺伊大学厄巴纳-香槟分校的 Gene Robinson 在美国史密森学会共同发起了一次探索性会议。会议讨论了对地球上所有生命进行测序的合理性、可行性和研究策略，吸引了来自美国加利福尼亚大学戴维斯分校、中国深圳华大生命科学研究院等研究型大学和资助机构的共 24 位研究人员与会（表 3-15）。会议达成了对地球上真核生物进行测序的共识，并首次提出地球生物基因组计划（EBP）。随后，EBP 工作组成立，由 Harris Lewin 担任主席，Gene Robinson 和 John Kress 担任联合主席（表 3-16）（UC DAVIS，2018a）。

表 3-15　EBP 探索性会议的组织者及参与者

分类	姓名	机构
组织者	Harris Lewin	美国加利福尼亚大学戴维斯分校
	Gene Robinson	美国伊利诺伊大学厄巴纳-香槟分校
	John Kress	美国史密森学会
参与者	Parker Antin	美国亚利桑那大学
	Volker Brendel	美国印第安纳大学
	Tom Brettin	美国阿贡国家实验室
	Parag Chitnis	美国农业部国家食品与农业研究所
	Jonathan Coddington	美国史密森学会，全球基因组生物多样性联盟
	Scott Federhen	美国国立卫生研究院国家生物技术信息中心
	Richard Gibbs	美国贝勒医学院人类基因组测序中心
	Eric Green	美国国立卫生研究院国家人类基因组研究所
	Kevin Hackett	美国农业部/农业科学研究院
	Warren Johnson	美国史密森学会
	Victor Jongeneel	美国伊利诺伊大学厄巴纳-香槟分校
	Jose Lopez	美国诺瓦东南大学
	Paula Maybe	美国国家科学基金会
	Jeffrey Nichols	美国橡树岭国家实验室

续表

分类	姓名	机构
参与者	Jack Okamuro	美国农业部
	Andrea Ottesen	美国食品药品监督管理局
	Stephen Richards	美国贝勒医学院人类基因组测序中心
	Elisabeth Stolberg	美国科技政策办公室
	Marie-Anne van Sluys	巴西圣保罗研究基金会
	Catherine Woteki	美国农业部
	Zhou Xin	中国深圳华大生命科学研究院

表 3-16　EBP 工作组成员（2018 年）

姓名	所在机构
Harris Lewin（主席）	美国加利福尼亚大学戴维斯分校
Gene Robinson（联名主席）	美国伊利诺伊大学厄巴纳-香槟分校
John Kress（联名主席）	美国史密森学会
William Baker	英国皇家植物园
Jonathan Coddington	美国史密森学会
Keith Crandall	美国乔治·华盛顿大学
Richard Durbin	英国剑桥大学，英国维康信托桑格研究所
Scott Edwards	美国哈佛大学
Félix Forest	英国皇家植物园
Thomas Gilbert	丹麦哥本哈根大学，挪威科技大学
Melissa Goldstein	美国乔治·华盛顿大学米尔肯公共卫生学院
Igor Grigoriev	美国能源部联合基因组研究所，美国加利福尼亚大学伯克利分校
Kevin Hackett	美国农业部
David Haussler	美国加利福尼亚大学圣克鲁兹分校
Erich Jarvis	美国洛克菲勒大学
Warren Johnson	美国史密森学会
Aristides Patrinos	美国 Novim 研究所
Stephen Richards	美国贝勒医学院人类基因组测序中心
Juan Carlos Castilla-Rubio	巴西 SpaceTime Ventures 公司，世界经济论坛全球未来环境及自然资源安全理事会
Marie-Anne van Sluys	巴西圣保罗研究基金会
Pamela Soltis	美国佛罗里达大学
Xun Xu	中国深圳华大生命科学研究院，国家基因库
Huanming Yang	中国深圳华大生命科学研究院
Guojie Zhang	中国深圳华大生命科学研究院，丹麦哥本哈根大学

随后，由美国史密森学会和中国深圳华大生命科学研究院组织的首届全球生物多样性基因组学会议暨 EBP 研讨会于 2017 年 2 月在美国华盛顿哥伦比亚特区召开。Harris

Lewin 代表 EBP 工作组在会议闭幕式上发出了 EBP 倡议，获得了美国、英国、挪威、巴西、中国等多个国家科学家的积极响应，同时，EBP 工作组还批准了该计划的路线图和组织结构。2018 年 4 月 23 日，*PNAS* 刊登了 EBP 工作组的主题文章"Earth BioGenome Project: Sequencing life for the future of life"（《地球生物基因组计划：为生命未来进行基因组测序》），从背景、目标、预期成果、发展路线、机遇与挑战、协调管理机制、经费支出与经济效益等几个方面全面介绍了该计划的实施细节。2018 年 10 月 31 日～11 月 1 日，EBP 工作组在英国伦敦再次召开 EBP 研讨会，会议确定了 EBP 的目标，明确了实施方向，组建了 EBP 秘书处，奠定了该计划稳步实行的基础（Callaway，2018）。

历经 3 年多的酝酿和筹备，EBP 最终于 2018 年 11 月 1 日在英国伦敦正式启动，美国史密森学会、英国维康信托桑格研究所、中国深圳华大生命科学研究院和巴西圣保罗研究基金会等 17 家机构，以及 15 个已有的真核生物基因组测序项目确定参与该计划（UC DAVIS，2018b）。EBP 启动后，参与该计划的成员机构和附属项目团队紧密围绕目标，制订了详细的附属项目规划，后续又有多个机构和项目加入 EBP。截至 2022 年 2 月，共有 45 个成员机构和 49 个附属项目参与该计划，研究在巴西、加拿大、智利、中国、丹麦、爱沙尼亚、德国、日本、挪威、沙特阿拉伯、西班牙、韩国、瑞士、英国和美国同步进行。

（三）EBP 的组织实施

1. EBP 的目标设定

EBP 预计用 10 年时间对地球上 150 万种已知真核生物的基因组测序，并进行基因功能注释，以了解地球生命的进化过程。为了实现这一愿景，EBP 共设置了 3 个主要目标。

（1）修正和重塑对生物学、生态系统及进化的认识与理解

更好地理解所有已知物种之间的进化关系；全面阐述所有物种的出现时间、起源、分布情况和密度；构建一个关于生态系统组成和功能的知识系统；持续发现新物种，使已知物种数量达到真核生物总量的 80%～90%；从基因到染色体多维度阐释基因组进化；探索生物进化的基本规律。

（2）维持、保护和重建生物多样性

确定气候变化对生物多样性的影响；阐明人类活动（包括制造污染、侵占生物栖息地等）和生物入侵对生物多样性的影响；制订基于证据的珍稀濒危物种保护计划；构建基因组资源库以恢复已受损或枯竭的生态系统。

（3）充分利用生态系统服务和生物资产，实现社会和人类福祉收益的最大化

发现更多医药新资源，以改善人类健康；加强流行病防控；探索新型遗传变异，改善农业生产（包括提高作物产量和提高作物抗逆性等）；开发新型生物材料、探索新能源来源、推进生物化工研发；提升环境质量，包括土壤、空气和水资源。

EBP 按照科、属、种的生物分类阶元，将整个计划的实施过程分为 3 个阶段（图 3-6），并设置具体的实施路线图。同时，EBP 还规划了实施计划的两种方式，一是基于生物分

类学体系，逐步推进基因组测序；二是基于地理分区建立生物观测站，监测生物多样性。

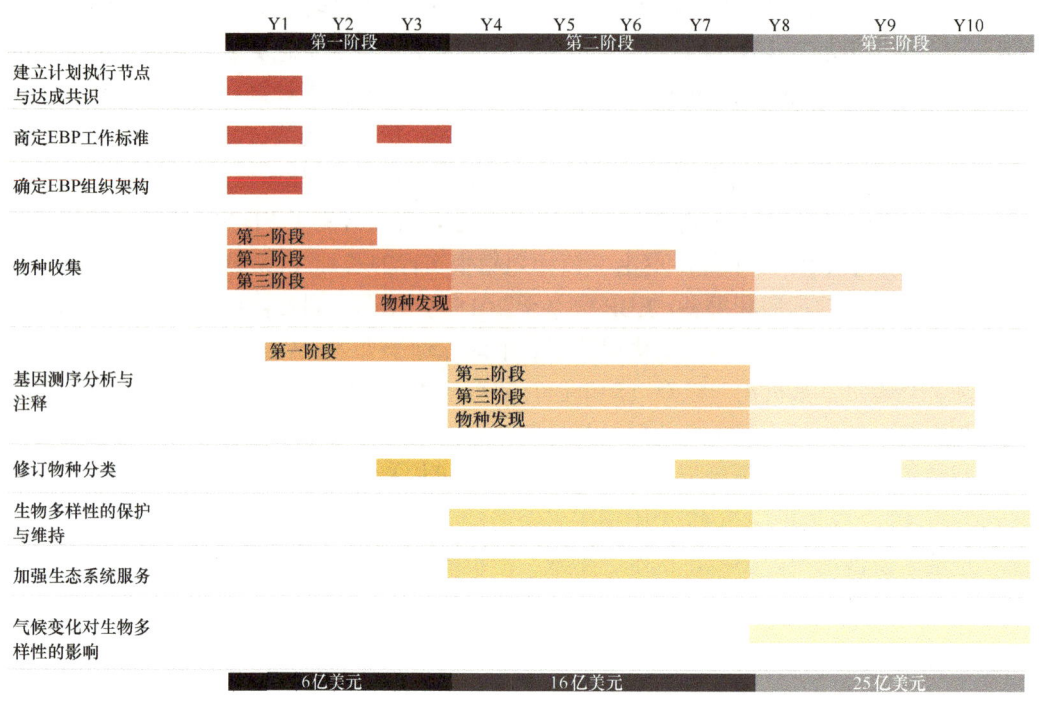

图 3-6　EBP 实施路线图

2. EBP 的阶段目标

（1）第一阶段目标

1）真核生物各科代表性物种测序

EBP 第一阶段最重要的目标之一是在 3 年内为约 9000 个真核生物科（family）中至少一个代表性物种（species）进行基因组测序，并构建带有基因注释信息的染色体级别的参考基因组图谱，从而获得与人类参考基因组相当或比人类参考基因组更好的参考基因组。

2）生物观测站真核生物调查

除了上述测序目标外，第一阶段还将在世界上至少 5 个生物多样性热点地区建立生物观测站，对其范围内的真核生物开展调查工作，包括美国加利福尼亚、巴西、马来西亚、马达加斯加和非洲之角等。

（2）第二阶段目标

1）真核生物各属代表性物种测序

第二阶段将在第一阶段的基础上，利用 4 年时间，对 15 万个真核生物属（genera）中，每属的一个代表性物种进行 DNA 测序，但测序的详细程度略低，仅绘制高质量的序列草图。

2）生物观测站真核物种测序

对全球 5 个生物多样性热点地区监测到的物种进行测序，以生成这些区域中物种和种群水平的详细基线信息。计划提出要利用 9 年时间，在每个站点收集 5000 个物种样本及其环境 DNA（eDNA）进行测序。

（3）第三阶段目标

第三阶段将对剩余的 135 万个已知真核生物物种及生物观测站预期发现的 10 万个新物种开展测序工作。

3. EBP 的成员结构

EBP 联盟由合作机构和附属项目两类成员组成，各个成员团队都遵循 EBP 的协议和标准，在生物多样性和基因组科学方面协同合作，致力于实现地球生物基因组计划的目标。EBP 前期的核心任务是推动国际合作，吸纳更多团队和合作方加入。截至 2022 年 2 月，已有 22 个国家的 45 个成员机构和 49 个附属项目参与该计划。EBP 成员机构包括全球各地区的样本发现、采集和验证和保存机构，测序、组装和注释技术中心，以及资助机构等（表 3-17）。

表 3-17　EBP 成员机构

大洲	国家/组织	机构/组织
欧洲	欧盟	欧洲分子生物学实验室
	丹麦	丹麦自然历史博物馆
	爱沙尼亚	爱沙尼亚塔尔图大学生态与地球科学研究所
	德国	德国马克斯·普朗克分子细胞生物学与遗传学研究所
		德国 LOEWE 转化生物多样性基因组学中心
	挪威	挪威奥斯陆大学
	西班牙	西班牙加泰罗尼亚研究所
		巴塞罗那庞培法布拉大学
	瑞典	瑞典国家生命科学研究实验室
	英国	英国尼尔汉姆研究中心
		英国皇家植物园邱园
		英国剑桥大学
		英国维康信托桑格研究所
美洲	巴西	巴西圣保罗研究基金会
		巴西 SpaceTime Ventures 公司
	加拿大	加拿大不列颠哥伦比亚癌症研究中心
		加拿大达尔豪斯大学
		加拿大国际生命条形码计划
	智利	智利大学
	哥伦比亚	哥伦比亚安第斯大学
	墨西哥	墨西哥国立自治大学
	美国	美国贝勒医学院
		美国杜克大学
		美国乔治·华盛顿大学
		全球病毒组计划

续表

大洲	国家/地区	机构
美洲	美国	美国 Novim 研究所
		美国 Revive & Restore 非营利性动物保护组织
		美国洛克菲勒大学
		美国圣地亚哥动物园
		美国加利福尼亚大学戴维斯分校
		美国加利福尼亚大学圣克鲁兹分校
		美国康涅狄格大学
		美国佛罗里达大学
		美国伊利诺伊大学厄巴纳-香槟分校
亚洲	中国	中国深圳华大生命科学研究院
		中国生物多样性保护与绿色发展基金会
	日本	日本 Kazusa DNA 研究所
		日本理化学研究所
	韩国	韩国极地研究所
		韩国高丽大学
	沙特阿拉伯	沙特阿拉伯阿卜杜勒阿齐兹国王大学
大洋洲	澳大利亚	澳大利亚博物馆
		澳大利亚生物平台
		澳大利亚拉筹伯大学
		澳大利亚悉尼大学

EBP 按照科、属、种的生物分类阶元规划了实施目标，并以此设立了附属项目，并将世界各地的一些大型研究工作纳入其中，共计设有 49 个附属项目（表 3-18）。这些附属项目涵盖了大多数主要的真核生物分类群，随着该计划推进可以收集数以万计的高质量样本，以供进行基因组测序、注释及表征。

表 3-18　EBP 附属项目

英文名称及缩写	中文名称
1,000 Chilean Genomes Project	千种智利基因组计划
1,000 Fungal Genomes Project，1KFG	千种真菌基因组计划
5,000 Insect Genomes Project，i5K	5,000 种昆虫基因组计划
Bird 10,000 Genomes Project，B10K	万种鸟类基因组计划
10,000 Plant Genomes Project，10KP	万种植物基因组计划
Africa BioGenome Project，AfricaBP	非洲生物基因组计划
Ag100 Pest	美国农业部百种农业害虫计划
Aquatic Symbiosis Genomics Project	水栖共生基因组计划
AusARG	AusARG 计划

续表

英文名称	中文名称
BRIDGE Colombia	英国哥伦比亚 BRIDGE 计划
Butterfly Genome Project	蝴蝶基因组计划
California Conservation Genomics Project，CCGP	加利福尼亚保护基因组计划
CanSeq150	CanSeq150 计划
Cartilaginous Fish Genome Project	软骨鱼类基因组计划
Catalan Initiative for the Earth BioGenome Project，CBP	加泰罗尼亚地球生物基因组计划
Crab Genome Project	蟹基因组计划
Darwin Tree of Life	达尔文生命之树计划
Deep-Ocean Genomes Project	深海基因组计划
Diversity Initiative for the Southern California Ocean，DISCO	南加利福尼亚海洋多样性计划
DNA Zoo	DNA 动物园项目
Dresden HQ Genomes Project	Dresden HQ 基因组计划
Endemixit - Population Genomics of Italian Endemics	意大利特有物种基因组计划
Epizoic Diatom Genomes Project	表生硅藻基因组计划
Euglena International Network，EIN	Euglena 国际网络
European Reference Genome Atlas	欧洲参考基因组图谱
Fish 10,000 Genomes Project，Fish 10K	万种鱼基因组计划
Genome 10K Project，G10K	万种脊椎动物基因组计划
Genomics for Australian Plants	澳大利亚植物基因组计划
Global Ant Genomics Alliance，GAGA	全球蚂蚁基因组联盟
Global Genome Biodiversity Network，GGBN	全球基因组生物多样性联盟
Smithsonian Global Genome Initiative，GGI	史密森全球基因组计划
Global Invertebrate Genome Alliance，GIGA	全球无脊椎动物基因组联盟
Illinois EBP Pilot	伊利诺伊州地球生物基因组计划试点
Lilioid Monocots Core Group Genome Project	百合叶植物核心组基因组计划
Open Green Genomes Initiative	开放绿色植物基因组倡议
Australian Mammals Genomics Project，OMG	澳大利亚哺乳动物基因组计划
PhyloAlps Project	PhyloAlps 计划
Plant GARDEN	植物花园（植物基因组和资源数据库）
Polar Genomes Project	极地基因组计划
Primate Genome Project	灵长类动物基因组计划
Soil Invertebrate Genome Initiative	土壤无脊椎动物基因组计划
Species360	Species360 计划
Squalomix-Genome Sequencing and Assembly of Chondrichthyans	Squalomix 软骨动物基因组测序及组装计划
Taiwan, China BioGenome Project	中国台湾生物基因组计划
Threatened Species Initiative，TSI	澳大利亚濒危物种倡议
University of California Consortium	加利福尼亚大学联盟
Ungulates Genome Project	有蹄类基因组计划
Vertebrate Genomes Project，VGP	脊椎动物基因组计划
Zoonomia Project	Zoonomia 项目

4. EBP 的经费管理

EBP 没有统一可支配的经费，其经费的组织方式是让附属项目和成员机构自行筹措经费，充分调动资源完成成果交付。

该计划启动之初，对所需经费的情况进行了估算，预计 EBP 实施总计需耗资 47 亿美元（表 3-19）。其中，按照研究的不同环节来估算，样本收集经费预计 9.42 亿美元，生物库建设及运营经费 3200 万美元，测序仪器购置及测序中心运营经费 1.2 亿美元，测序经费 18.9 亿美元，信息分析经费 8 亿美元，协调组织经费 900 万美元，其他经费约 9.48 亿美元。

表 3-19　EBP 初步预算表　　　　　　　　（百万美元）

项目	第一阶段（第 1～第 3 年）	第二阶段（第 4～第 7 年）	第三阶段（第 8～第 10 年）	总额
第一阶段样本收集（9,000 个，每个 500 美元）	4.50	—	—	4.50
第二阶段样本收集（141,000 个，每个 500 美元）[①]	50.00	25.00	—	75.00
第三阶段样本收集（135 万个，每个 500 美元）	25.00	475.00	250.00	750.00
生物观察点样本收集（每个观察点每年 5,000 个）[②]	25.00	50.00	37.50	112.50
生物样本库建设（4 个，每个 500 万美元）	20.00	—	—	20.00
生物样本库运营（4 个，每年 100 万美元）	4.00	4.00	4.00	12.00
DNA 测序仪器购置	30.00	30.00	30.00	90.00
测序中心运营	10.00	10.00	10.00	30.00
3 个阶段的样本测序[③]	270.00	112.80	1,200.00	1,582.80
生物观测点样本测序[④]	—	140.00	60.00	200.00
RNA 测序[⑤]	18.00	90.00	—	108.00
信息分析	50.00	350.00	400.00	800.00
协调组织	3.00	3.00	3.00	9.00
直接费用总计	509.50	1,289.80	1,994.50	3,793.80
间接费用（平均占直接费用总和的 25%）	127.375	322.45	498.625	948.45
总成本	636.88	1,612.25	2,493.13	4,742.25

①包括约 100,000 个新物种；每年发现 18,000 个新物种（根据 2016 年数据预估）。
②包括每年每个观察点 5000 个物种，第一阶段采集工作将于计划的第 2 年开始。
③包括 100,000 个新物种的测序以及第三阶段的多样性测序。
④每个观察点每年测序 5000 个物种或 eDNA。
⑤RNA 测序：采用 IsoSeq，测序 9000 个参考基因组（每个 2000 美元）；150,000 个生物属（每个 600 美元）。

按照计划实施的不同阶段来估算，第一阶段预计所需经费约 6.37 亿美元，包括样品采集、存储、测序、基因组学分析，以及通过符合《名古屋议定书》的云开放数据存储平台进行成果传播。第二阶段的预计费用约 16.12 亿美元，主要涉及第二阶段的样本测序及基因组学分析、第三阶段的样本收集、生物观测点样本测序的费用。第三阶段的预计费用约 24.93 亿美元，用于推进剩余 135 万个真核生物物种的样本收集、测序及信息分析。

5. EBP 的组织管理架构

为了实现为地球所有真核生物测序的愿景，EBP 制定了建立"全球联盟网络"的战略，与一系列真核生物测序项目、研究机构及生物多样性保护机构等建立合作关系，建立 EBP 嵌套网络的组织模式（图 3-7），进行全球范围内的协调，支持 EBP 任务的实施（Lewin et al.，2022）。

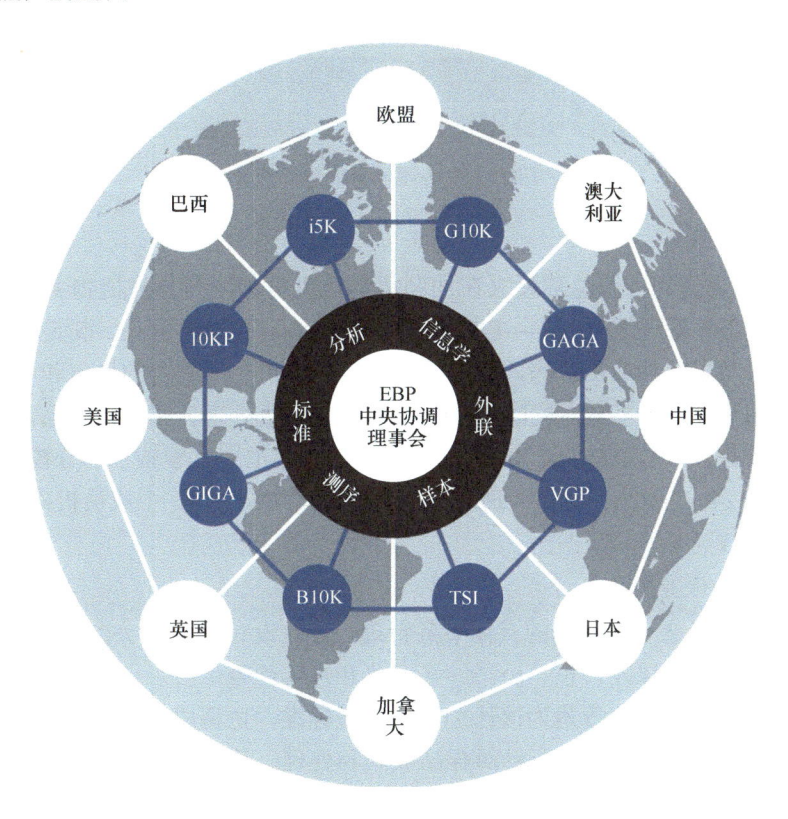

图 3-7　EBP 组织模式
以 EBP 成员机构和附属项目所在国家/地区

EBP 嵌套网络包括：各地区的样本发现、采集、验证和保存机构，测序、组装和注释技术中心，以及资助机构等组成的全球网络（图 3-7 中的外环）；特定分类群、生物群落和生态系统相关的真核生物测序项目团队组成的全球网络（图 3-7 中的次外环）；EBP 各个成员机构、附属项目的代表及其他具有广泛代表性的多元化专家组成 EBP 中央协调理事会，由该理事会对 EBP 进行综合管理，如制定测序技术标准、共享经验和技术、协调测序工作、沟通计划进度、促进数据共享（图 3-7 中的中心）。

EBP 中央协调理事会采用临时的管理架构进行运作，组织与管理制度正在逐渐完善中，后续将正式采用永久的管理架构。在现行管理体系下，EBP 中央协调理事会设有秘书处、执行委员会、资助者咨询委员会等部门，并制定了一系列技术标准和伦理指南，统筹计划各阶段的实施（图3-8）。

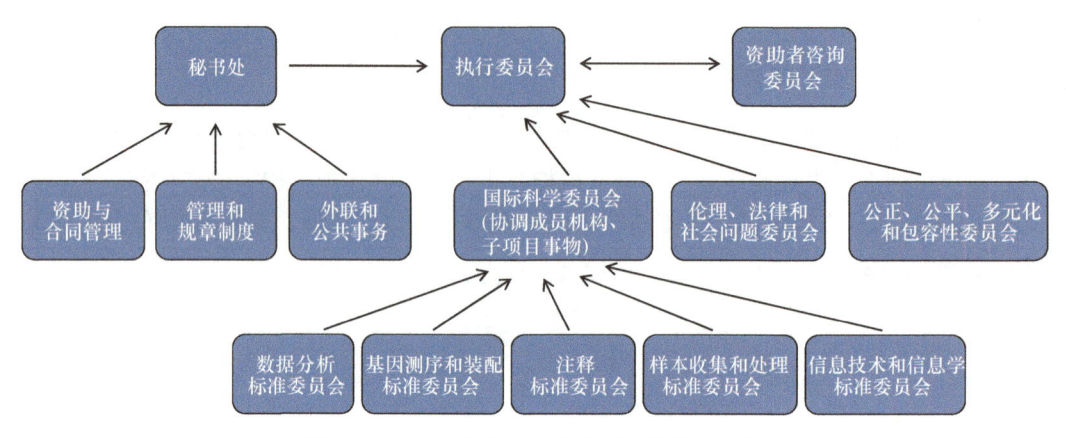

图 3-8　EBP 中央协调理事会暂行的管理架构

（1）EBP 秘书处

EBP 秘书处作为行政总部设立在加利福尼亚大学戴维斯分校植物生物学与基因组学中心，通过临时管理委员会——EBP 工作组对计划进行统筹管理，制定联盟的规章制度，协调各参与国家和成员机构，并依据国际科学委员会等制定的协议和标准，综合管理计划中各附属项目的实施。同时，EBP 工作组也负责处理公共事务及信息发布，以及资助与合同管理。EBP 工作组于 2018 年成立，由加利福尼亚大学戴维斯分校 Harris Lewin 担任主席，有 24 名成员；2022 年 EBP 工作组成员增加，由 43 个成员机构和 49 个附属项目的代表组成。

（2）EBP 执行委员会

EBP 执行委员会负责计划的具体事务管理，目前设有国际科学委员会，伦理、法律和社会问题委员会，以及公正、公平、多元化和包容性委员会。

国际科学委员会的职责是为该计划制定实施标准，协调成员机构和子项目的事务，下设 5 个技术标准委员会，负责针对样品收集和处理、基因测序和组装、注释、数据分析以及信息技术创新等过程制定相关的标准。

伦理、法律和社会问题委员会负责对生物基因组研究相关伦理、法律和社会问题开展研究，就计划执行过程应遵守的样本获取和利益分配方面的法律义务向 EBP 工作组提供建议，并制定相关规定和指南。公正、公平、多元化和包容性委员会的职责是向 EBP 执行委员会及 EBP 联盟成员提供建议，以确保 EBP 的包容开放性，提供公平、公正的参与机会促进多元化人群的参与。

（四）EBP 的管理政策

EBP 在实施过程中面临着复杂的技术和标准问题，以及伦理、法律和社会问题。为此，EBP 建立了 5 个技术标准委员会，就基因组测序、注释和分析制定了一致的质量标准（Lawniczak et al.，2022），并由伦理、法律和社会问题委员会为计划参与、数据共享、基因组测序等过程制定了伦理标准和指南（Sherkow et al.，2022），为成员机构和附属项目提供实施建议和指导。

1. 样本获取

（1）样本获取的途径

EBP 通过与世界各地的物种保护机构、样本收藏及研究机构合作的方式获取满足基因组测序要求的样本。其中，大约 50%分类学上科级别的样本可以从全球基因组生物多样性网络的现有样本中获取。全球基因组生物多样性联盟（GGBN）设置了其样本标准，以确保成员机构提供的 DNA 和组织样本具有一致的质量。GGBN 成员机构对其馆藏的样本保持合法所有权，研究人员可直接联系样本所属机构或经由 GGBN 联系样本所属机构申请获取样本。除此之外，EBP 附属项目所需的样本则通过与各地的研究机构合作，采集、鉴定新的生物样本进行测序。为确保遗传资源的合规使用，EBP 会对样本进行下游监控和追踪。

（2）样本获取的法律、公约

EBP 遵守生物材料规范获取的原则，包括《生物多样性公约》（1993 年）、《濒危野生动植物种国际贸易公约》（1975 年）、《国际植物保护公约》（1952 年）、《粮食和农业植物遗传资源国际条约》（2004 年）、《保护野生动物迁徙物种公约》（1983 年）和《国际捕鲸管制公约》（1946 年）。其中，EBP 将在最大程度上按照《生物多样性公约》补充协议——《关于获取遗传资源和公正公平分享其利用所产生惠益的名古屋议定书》的目标和原则开展活动，遵循"公正公平分享其利用所产生惠益"的原则。惠益分享可包括经济惠益和非经济惠益，经济惠益如样品获取费，非经济惠益则包括机构能力建设或促进研究与开发等。EBP 研究人员在样品采集、运输、保存和研究使用时，需要采取系统化的方法，逐个物种、逐个样本、逐个司法管辖区地确认相应法规规定，以确保遵守国际和各国法律和条约，并保留许可记录以便在样本合法性出现问题时进行佐证。

（3）样本获取的伦理规范

除了遵守国际和各国的法律和公约外，样本获取还必须合乎伦理规范。例如，样本采集时，避免与样本所在地区及当地人的权利发生冲突；跨境收集时，建议到对研究和取样限制较小或较宽松的管辖区取样；明确样本来源，对不合乎伦理和法律的方式获得的样本，应评估是否要使用该样本；避免采取过度收集的抽样策略，减少对测序物种及周边生态环境的影响；在动物采样时，尽可能采取最小化的样本，并在不造成动物永久伤害的情况下进行测序；选择测序物种时，需公平地部署资源，尤其是使濒危物种能够被及时测序，同时，公开目标物种清单，确保计划进展的透明度。

2. 数据质量、标准和数据管理

如果要比较和完全解码地球生物物种的基因组，就必须有生成、注释和分析基因组数据的标准，以实现基因组信息在未来科研中的广泛应用。为此，EBP 国际科学委员会下设了 5 个技术标准委员会，制定了一套全基因组测序的质量评估标准，指导样品收集和处理、测序和组装、注释、分析以及信息技术和信息学等过程。

EBP 对基因组测序、注释和分析提出了准确性、完整性等定量要求，并建议结合使用来自同一物种基因组与转录组数据，以提高基因组注释的质量。初步测序完成后，数据提交到国际核苷序列联合数据库（如 GenBank、ENA、DDBJ）等机构存档并进行公开发布。随后，这些数据将交由 EMBL-EBI、Ensembl、NCBI 等机构进行集中式的注释，其他 EBP 成员机构也可申请进行注释。注释必须使用标准的描述符对各要素进行注释说明，且所有注释必须免费共享，对后续使用没有任何限制。针对不同的物种和不同的研究需求，可以按需选择分析方法，如相关物种比对以进行同源分析、非编码转录物分析、生物多样性分析、环境 DNA 分析等。

3. 产出共享

（1）数据共享政策

基于 FAIR 原则（寻获性、可及性、互用性、复用性）和《名古屋议定书》中"公正公平分享其利用所产生惠益"的原则，EBP 建议联盟内的研究人员在其所在国家法律许可的前提下将其产生的参考基因组数据和相应的样本元数据提交给 INSDC 数据库并及时公开发布，最大程度上促进生物基因组信息开放可获取，确保参考基因组数据既公开可用又易于访问，为未来的科学发现提供永久的、免费的开放资源。同时，EBP 还鼓励研究人员刊发他们的研究成果，并倡导研究人员在其成果发表时遵守 EBP 提出的伦理原则。

（2）软件共享

EBP 在推动生物基因组测序的同时，也推动了一系列计算新工具和分析新方法的开发，促进了基因组序列和表型数据的可视化展示、比较和分析，进而也推动了对该计划生成的大量数据的应用。EBP 也致力于推广这些工具，以实现数据、分析工具和数据挖掘资源的公平全球共享。

（3）知识产权

EBP 致力于基因组数据和研究成果的开放共享，但也注重保护研究人员的知识产权。EBP 涉及的知识产权专利保护主要适用于与基因组信息相关产品，如药物和研究工具，但如何界定保护范围仍极具争议，ELSI 小组正努力在研究人员知识产权保护与研究成果开放共享之间寻求平衡。

4. 数字序列数据与惠益分配

EBP 明确强调其是非盈利的研究计划，不会为任何一方创造商业利益，因此，EBP 旨在确保在利益相关方之间公平公正地分配该项目产生的所有利益，包括经济利益以及衍生价值等。

样本测序衍生出来的信息为数字序列信息，因数字信息极易传播和跨境共享，致使数据开放获取影响了依赖"数据付费"的获利方式，进而影响了惠益分配，导致了遗传资源惠益分配和数据共享之间的冲突。对此，EBP 建议：一是不再局限于依赖"数据付费"获利，而是追求更多元的获利途径，如通过提供数据托管、开发分析工具或销售数据衍生产品等；二是开展测序培训，均衡提高全球不同地区的测序能力，鼓励在样本采集地进行测序,增加采集地知识积累、人才储备、设施建设、机构能力提升等除经济惠益之外的其他惠益,减少数据开放获取和利益分配的冲突。

(五)EBP 的影响力

1. EBP 的产出数据

EBP 自 2018 年启动,其前三年的主要活动包括制定标准和战略,组织区域、国家和跨国的新附属项目,以及通过定期组织召开执行委员会会议和年度会议建立附属项目的团队。

该计划的第一阶段为 2020 年底至 2023 年,目标是产生代表约 9400 个科的参考基因组。2020 年底,EBP 开始第一阶段的试点工作,依据 EBP 制定的标准开展针对不同物种基因组测序的附属项目。截至 2022 年 1 月,部分附属项目已有数据产出,EBP 从试点阶段转向全面测序阶段,这一新阶段以在 PNAS 上发表的一系列论文为标志,其中文章 "The Earth BioGenome Project 2020: Starting the Clock"(《地球生物基因组计划2020:启动倒计时》)描述了该计划的目标、已有成就和下一步计划。该文指出,项目参与单位共同贡献了 1719 个真核生物的基因组数据且已公开发表,其中,已完成了 200多个科 316 个真核生物物种的符合 EBP 标准的"参考基因组"。原计划到 2021 年底,EBP 将完成约 3200 个科的真核生物物种基因组测序、组装和注释。

2. EBP 的产出文章

截至 2022 年 1 月,参与 EBP 的科学家在 PNAS、Science、Nature、Genes 等期刊以及其他高影响力的刊物上共发表了 35 篇论文,在基因组测序、生物演化、生物多样性等多个领域取得重大突破。

这些论文的内容涉及四类。第一类论文包括 2022 年 1 月在 PNAS 上发表的 10 篇文章,系统地对 EBP 进行了介绍,描述了该计划的目标、成就、计划、应用、意义、必要性、测序标准、伦理规范及新的附属项目。第二类论文发布了 EBP 附属项目的已有成果,包括发表不同真核生物物种的参考基因组数据,以及 EBP 开发的生成参考基因组的新方法和比较基因组学工具。第三类论文主要使用物种基因组信息来揭示物种的起源、演化、环境适应性和生物多样性,旨在探讨环境、遗传信息与表观遗传学和物种功能演化之间的关系。第四类论文中,EBP 利用基因组资源来研究不同生命现象的分子机制,包括 SARS-CoV-2 的宿主感染机制、农作物的驯化和抗病分子机制、环境影响濒危物种生存的分子机制等,旨在为疾病疗法开发、濒危物种保护等奠定基础。

七、万种脊椎动物基因组计划

(一)概述

基因测序技术的进步和测序成本的下降开创了生物科学研究的新时代,使研究人员能够开始对脊椎动物进化进行真正全面的研究。2009 年,美国加利福尼亚大学圣克鲁兹分校等机构牵头发起了万种脊椎动物基因组计划(Genome 10K Project,G10K),旨在对 10,000 种脊椎动物的完整基因组进行测序和分析，构建有助于理解脊椎动物基因组的结构、功能和进化的资源库，促进对脊椎动物的进化的了解，并为拯救濒危物种科学依据与指导。

经过近 6 年的不懈耕耘，G10K 完成了 100 余个脊椎动物物种的基因组测序，但受测序和分析水平以及测序成本的限制，G10K 生成的参考基因组序列不够完整和准确（Koepfli et al., 2015）。为解决这些问题，G10K 科学家联盟于 2015 年开始对 G10K 进行重组，致力于开发出生成高质量参考基因组的新方法。最终，于 2018 年，在 G10K 和禽类系统发育基因组学计划（Avian Phylogenomics Project, APP）的基础上，脊椎动物基因组计划（Vertebrate Genomes Project, VGP）正式启动。该计划的目标是为现存所有 7 万余个脊椎动物物种的每个物种生成至少一个染色体水平、单倍体型、高质量、无差错、近乎无间隙、附带注释的参考基因组，并利用这些基因组信息为解决生物学、医学和生态学保护相关问题提供科学支撑。G10K 及后续的 VGP 都作为附属项目被纳入了地球生物基因组计划（EBP）。2021 年 4 月，VGP 发文公布了第一阶段的成果，发布了基因组组装质量提升和标准化的新方法以及 25 个物种近乎完整的高质量基因组数据，标志着该计划取得了第一个里程碑式的成果（Rhie et al., 2021）。

在组织管理方面，G10K 科学家联盟构建了由 G10K 理事会、G10K 董事和各个 G10K 工作委员会组成的管理体系，旨在对 G10K 科学家联盟内部运作，G10K 及后续的 VGP 进行协调管理。G10K 理事会统筹领导计划，各个工作委员会则专注于各项任务的实施。在经费管理方面，G10K 支持项目实施机构为项目提供资金，且鼓励研究人员从政府和企业等多方获取资助。VGP 第一阶段主要由科学家自筹经费，同时也通过"领养物种"计划的众包模式向公众募集资金，并积极寻求政府拨款和基金会支持。在伦理监管方面，G10K 科学家联盟制定了样本收集、数据发布、数据使用及成果发表等相关的一系列标准，以指导 G10K 和 VGP 脊椎动物基因组测序物种的选取和序列分析。

（二）G10K 的酝酿和发起

1. G10K 成立的科学基础

基因测序技术的进步和测序成本的下降开创了生物科学研究的新时代，为大规模的基因组测序和分析奠定了坚实的技术基础，使研究人员能够开始对脊椎动物进化进行真正全面的研究。同时，前期人类基因组计划的巨大成功为 G10K 的开展提供了宝贵经验和科学基础。

2. G10K 的成立过程

2008 年，冷泉港会议期间，美国加利福尼亚大学圣克鲁兹分校的 David Haussler、美国圣地亚哥动物园保护研究所的 Oliver Ryder 和美国国家癌症研究所的 Stephen O'Brien 讨论认为，随着测序成本逐渐下降，科学界对于脊椎动物基因组信息的需求也越加迫切，一致认同启动脊椎动物基因测序计划的时机已经成熟。同时，三位科学家也意识到非人类测序项目的主要障碍之一是收集和组织标本，因此决定发起 G10K，统筹收集生物样本并进行基因组测序（Hayden, 2009）。2009 年 4 月 13～16 日，在美国加利福尼亚大学圣克鲁兹分校举行了第一届 G10K 研讨会，来自全球的动物园、博物馆、研究中心和大学的 55 位顶尖科学家与会。会议期间，David Haussler 等三人作为创始人成立了 G10K 科学家联盟，并牵头启动 G10K。该会议还号召与会的科学家清点其所负责的动物及生物标本，整理一份全球脊椎动物样本收藏清单。统计发现，各地的博物馆、动物园、研究中心和大学等机构已收集了 16,203 种脊椎动物标本，G10K 科学家联盟将相关资料整合建立了开放访问的脊椎动物样本信息的数据库，作为 G10K 初步计划的基础。

（三）G10K 的组织实施

1. G10K 的目标设定

G10K 总体任务是通过国际合作对万种脊椎动物进行全基因组测序和分析。该计划聚集了全球生物学、生物信息学和计算科学等领域的专家，围绕主要脊椎动物类别（鱼类、两栖动物、非鸟类爬行动物、鸟类和哺乳动物）展开研究，生成脊椎动物的参考基因组资源，推进对脊椎动物基因组结构、功能、进化和生物多样性机制的研究。此举旨在促进比较基因组学在人类生物医学中的应用，并助力物种保护和生态系统改善。为推进 G10K 的实施，G10K 科学家联盟确立了 10 个具体目标。

- 确保至少为脊椎动物每个属生成一个物种的参考基因组。
- 构建并维护脊椎动物全基因组测序进展数据库，同时监测 G10K 项目进程。
- 制定一套关于收集、鉴定、储存和分发生物标本的标准化方案，为构建参考基因组提供必要的 DNA 材料。
- 制定并推广基因组组装、注释和特定类型基因组分析的标准。
- 确保 G10K 产生的数据及时发布到公共数据库。
- 围绕不同的物种、分类群和分析主题，建立科学研究联盟，促进研究人员交叉合作。
- 维护 G10K 网站和社交媒体，定期发布 G10K 的目标和科学进展。
- 组织年度科学会议，讨论 G10K 进展情况。
- 持续筹集研究资金，支持项目实施机构为项目提供资金，并鼓励研究人员从政府和企业等多方获取资助。
- 拓展测序范围，启发和推进非脊椎动物物种的基因组测序工作。

VGP 的目标是为所有已知的 7 万余种脊椎动物物种测序，生成至少一套染色体水平的单倍体型、高质量、无差错、近乎无间隙且附带注释的参考基因组，以保存这些物种的遗传信息，并利用这些基因组来解决生物学、医学和生态学保护相关的问题。在具体实施中，VGP 将根据目、科、属、种的生物分类阶元分 4 个阶段实施。

第一阶段：旨在为脊椎动物的每个目选择至少一个代表性物种进行测序，生成约 260 个物种的高质量参考基因组。

第二阶段：旨在为脊椎动物的每个科选择至少一个代表性物种进行测序，生成约 1000 个物种的高质量参考基因组。

第三阶段：旨在为脊椎动物的每个属选择至少一个代表性物种进行测序，生成约

10,000 个物种的高质量参考基因组。

第四阶段：旨在生成所有已知的 7 万余种脊椎动物物种的高质量参考基因组。

2. G10K 的成员结构

G10K 科学家联盟致力于协调组织标本收集，推动大规模的脊椎动物基因组测序和分析。2009 年成立之初，该联盟由爱尔兰、澳大利亚、巴西、丹麦、德国、俄罗斯、法国、哥伦比亚、加拿大、美国、葡萄牙、瑞典、新加坡、英国、中国这 15 个国家的动物园、博物馆、研究中心和大学等 50 多家机构近 70 位生物学家或基因组学科学家组成（表 3-20）。截至 2022 年，联盟成员数量已增加至 150 余位。G10K 科学家联盟还设立了 G10K 理事会、G10K 董事和各个 G10K 工作委员会，对 G10K 科学家联盟、G10K 及后续的 VGP 进行协调管理。

表 3-20　G10K 科学家联盟成员（2009 年）

姓名	机构/组织
David Haussler	美国加利福尼亚大学圣克鲁兹分校
Stephen O'Brien	美国国家癌症研究所
Oliver Ryder	美国圣地亚哥动物园保护研究所
Keith Barker	美国明尼苏达大学
Michele Clamp	美国博德研究所
Andrew Crawford	哥伦比亚洛斯安第斯大学
Robert Hanner	加拿大圭尔夫大学
Olivier Hanotte	英国诺丁汉大学
Warren Johnson	美国国家癌症研究所
Jimmy McGuire	美国加利福尼亚大学伯克利分校
Webb Miller	美国宾夕法尼亚州立大学
Robert Murphy	加拿大皇家安大略博物馆
William Murphy	美国得克萨斯农工大学
Frederick Sheldon	美国路易斯安那州立大学
Barry Sinervo	美国加利福尼亚大学圣克鲁兹分校
Byrappa Venkatesh	新加坡国家科技研究局
Edward Wiley	美国堪萨斯大学
Fred Allendorf	美国蒙大拿大学
George Amato	美国自然历史博物馆
Scott Baker	美国俄勒冈州立大学
Aaron Bauer	美国维拉诺瓦大学
Albano Beja-Pereira	葡萄牙波尔图大学生物多样性与遗传资源研究中心
Eldredge Bermingham	美国史密森热带森林研究中心
Giacomo Bernardi	美国加利福尼亚大学圣克鲁兹分校

续表

姓名	机构/组织
Cibele R. Bonvicino	巴西国家癌症研究所
Sydney Brenner	美国索尔克生物研究所，日本冲绳科学技术研究所
Terry Burke	英国谢菲尔德大学
Joel Cracraft	美国自然历史博物馆
Mark Diekhans	美国加利福尼亚大学圣克鲁兹分校
Scott Edwards	美国哈佛大学
Per Ericson	瑞典自然历史博物馆
James Estes	美国加利福尼亚圣克鲁兹海洋健康中心
Jon Fjeldså	丹麦哥本哈根大学
Nate Flesness	国际物种信息系统
Tony Gamble	美国明尼苏达大学
Philippe Gaubert	法国国家自然历史博物馆
Alexander Graphodatsky	俄罗斯科学院
Jennifer Marshall Graves	澳大利亚国立大学
Eric Green	美国国立卫生研究院国家人类基因组研究所
Richard Green	德国马克斯·普朗克研究所
Shannon Hackett	美国菲尔德自然历史博物馆
Paul Hebert	加拿大圭尔夫大学
Kristofer Helgen	美国国家自然历史博物馆
Leo Joseph	澳大利亚联邦科学与工业研究组织
Bailey Kessing	美国国家癌症研究所
David Kingsley	美国霍华德·休斯医学研究所，美国斯坦福大学
Harris Lewin	美国伊利诺伊大学厄巴纳-香槟分校
Gordon Luikart	美国蒙大拿大学
Paolo Martelli	中国香港海洋公园
Miguel Moreira	巴西国家癌症研究所
Ngan Nguyen	美国加利福尼亚大学圣克鲁兹分校
Guillermo Ortí	美国乔治·华盛顿大学
Brian Pike	环球病毒预警计划
David Michael Rawson	英国贝德福德大学
Stephan Schuster	美国宾夕法尼亚州立大学
Héctor Seuánez	巴西里约热内卢联邦大学
Bradley Shaffer	美国加利福尼亚大学戴维斯分校
Mark Springer	美国加利福尼亚大学河滨分校
Joshua Michael Stuart	美国加利福尼亚大学圣克鲁兹分校
Joanna Sumner	澳大利亚维多利亚博物馆

续表

姓名	机构
Emma Teeling	爱尔兰都柏林大学
Robert Vrijenhoek	美国蒙特雷湾水族馆研究所
Robert Ward	澳大利亚联邦科学与工业研究组织
Wesley Warren	美国华盛顿大学医学院
Robert Wayne	美国加利福尼亚大学洛杉矶分校
Terrie Williams	美国加利福尼亚大学圣克鲁兹分校
Nathan Wolfe	环球病毒预警计划
Yaping Zhang	中国科学院昆明动物研究所

在具体实施方面，G10K 科学家联盟与全球多家研究机构、企业、政府机构展开合作，包括生物样本馆藏机构（如美国自然历史博物馆等）、大型测序和组装公司（如 Illumina、Pacific Biosciences、Oxford Nanopore、Bionano Genomics、10× Genomics、NRGene、Dovetail Genomics、Phase Genomics、Arima Genomics 等）、测序中心（如中国深圳华大基因研究院、美国麻省理工学院-哈佛大学博德研究所、美国贝勒医学院人类基因组测序中心、美国华盛顿大学基因组研究所等）、公共的基因组信息存储和注释中心（如 NCBI、Ensembl 等）以及政府机构（如 NIH、美国国家科学基金会等），为 G10K 科学家联盟所管理的计划进行生物样本收集、测序、注释、分析等。VGP 启动后，大部分基因组测序依托于美国洛克菲勒大学脊椎动物基因组实验室、英国维康信托桑格研究所和德国马克斯·普朗克分子细胞生物学与遗传学研究所进行。

3. G10K 的经费管理

（1）G10K 经费管理

G10K 实施期间持续筹集研究资金，支持项目实施机构为项目提供资金，并鼓励研究人员从政府和企业等多方获取资助。

（2）VGP 经费管理

VGP 整体大约需要 6 亿美元的经费，其中第一阶段需要约 600 万美元。目前大多数资金来自科学家的自筹经费，VGP 也在通过"领养物种"计划的众包模式向公众募集资金，同时积极寻求政府拨款和基金会的支持（Pennisi，2018）。

4. G10K 的组织管理架构

G10K 设立了 G10K 理事会、G10K 董事和各个 G10K 工作委员会，对 G10K 科学家联盟、G10K 及后续的 VGP 进行协调管理。G10K 理事会统筹领导 VGP，各个工作委员会则专注于 VGP 项目的实施。

（1）G10K 理事会

理事会每届任期 3 年，经 G10K 科学家联盟成员选举产生，由各个工作委员会的 8～14 名代表成员组成。随后，通过理事会内部选举，产生主席、秘书和财务主管组成主席团。G10K 相关事项可在理事会会议上投票决议，多数理事会成员投票赞成即可通过。

G10K 理事会负责代表 G10K 做重大决策，如任命工作委员会主席、组织 G10K 会议、制定 G10K 政策及发布标准及数据等。理事会主席则作为 G10K 的主要发言人，代表 G10K 的集体利益，负责领导 G10K 的筹款工作，设立或撤销其他委员会，以及对各个工作委员会进行协调和人事任命等。2009~2016 年，G10K 理事会首任主席由发起人 David Haussler 担任；2017 年 3 月起，这一重要职务由美国洛克菲勒大学教授兼霍华德休斯医学研究所研究员 Erich Jarvis 接任。

（2）G10K 董事

G10K 董事由 G10K 科学家联盟的资深成员担任，无表决权、无任期限制，参与理事会讨论，负责为理事会提供建议。G10K 科学家联盟的三位发起者 David Haussler、Oliver Ryder、Stephen O'Brien 是 G10K 首批荣誉董事。

（3）G10K 工作委员会

G10K 科学家联盟从物种类群与职能这两个维度上分别对联盟成员进行了分组，组建了多个工作委员会执行不同的任务，通过不同维度的分组实现成员的多重交叉合作与交流。

一方面，按照计划所涉及的研究物种类群对成员进行分组，分别设立了哺乳动物工作委员会、鸟类工作委员会、鱼类工作委员会、爬行动物工作委员会、两栖动物工作委员会和无脊椎动物工作委员会，各委员会协调各自物种类群的测序工作，且每半年向理事会汇报一次测序进展情况。另一方面，按照科学和行政职能对成员进行分组，分别设立了与基因组测序、基因组组装、基因组比对和注释、系统发育学、比较基因组学、生物信息学等科学相关的工作委员会，以及与筹资、外联、年会组织等相关的工作委员会。

5. G10K 的具体实施过程

（1）G10K 选定测序物种

科学家已经命名且分类了近 1 万个属 6 万余个脊椎动物物种，近 G10K 原计划在选择物种时尽可能多地覆盖不同的脊椎动物属，从每个属中选取至少一个代表性物种进行测序，但受限于样本收藏情况等条件，最终从 5179 个属中选择了 10,000 个物种（表 3-21）。

表 3-21 G10K 的测序目标选择

分组	目 G10K 样本数	目 样本总数	目 取样占比	科 G10K 样本数	科 样本总数	科 取样占比	属 G10K 样本数	属 样本总数	属 取样占比	种 G10K 样本数	种 样本总数	种 取样占比
哺乳动物	27	27	100%	145	150	97%	763	1,230	62%	1,826	5,416	34%
鸟类	32	34	94%	182	199	91%	1,587	2,172	73%	5,074	9,723	52%
两栖动物	3	3	100%	50	56	89%	301	510	59%	1,760	6,570	27%
爬行动物	4	4	100%	63	65	97%	751	1,087	69%	3,297	9,002	37%
鱼类	62	62	100%	424	532	80%	1,777	4,956	36%	4,246	31,564	13%
总计	128	130	98%	864	1,002	86%	5,179	9,955	52%	16,203	62,275	26%

（2）G10K 启动一期计划，开展试点项目

2010 年 11 月，G10K 科学家联盟与深圳华大基因研究院联合宣布，依托深圳华大基因研究院启动 G10K 一期计划试点项目，计划在两年内完成对 101 种脊椎动物的全基因组测序，构建高质量的基因组图谱、数据信息平台，并促进与基因组学相关各物种的研究。

经过近 6 年的工作，G10K 完成了 100 余个物种的基因组测序，但受测序和分析水平以及测序成本的限制，G10K 生成的参考基因组序列不够完整和准确。

（3）G10K 科学家联盟重组，启动 VGP

在此背景下，G10K 科学家联盟于 2015 年 3 月在玻利维亚圣克鲁兹举行了 G10K 理事会会议，会上 G10K 理事会决定对 G10K 进行重组并制订新计划。随后的两年时间里，G10K 科学家联盟与不同的基因组测序公司、基因组组装公司、测序中心、基因组注释中心以及科学家进行合作，聚焦于一个物种（蜂鸟），全面评估了所有主要的测序和分析技术，共同开发了构建更高质量的基因组图谱所需的方法。

2017 年 3 月，G10K 科学家联盟完成重组，并在 G10K 和禽类系统发育基因组学计划的基础上提出 VGP，旨在生成所有已知脊椎动物物种的高质量的参考基因组。同年，VGP 进入试点阶段，采用自主开发的新方法，对代表主要脊椎动物门的 16 个物种进行了测序，同时对该方法进行验证和优化，初步制作了一份代表脊椎动物 260 个目的测序物种清单。

2018 年 9 月 13 日，G10K 科学家联盟宣布正式启动 VGP，并发布了首批 14 个物种的 15 个高质量的基因组。2021 年 4 月 28 日，VGP 发布了第一阶段五年试点的阶段性成果，展示了基因组组装质量提升和标准化的新方法，以及 25 个物种近乎完整的高质量基因组数据，这标志着 VGP 取得了第一个具有里程碑意义的进展。

（四）G10K 的管理政策

G10K 科学家联盟制定了 G10K 实施的一系列标准，而后经过不断地修订与完善，最终形成了 VGP 的管理政策，旨在指导脊椎动物基因组测序物种的选取和序列分析。该系列管理政策同样也适用于 VGP 子项目。

1. 样本获取

（1）生物样本存储

G10K 项目中使用的所有标本都要求根据规范进行收集，且样本获取、运输、存储和使用时遵守所在国家的法规及国际法规。来源于各样本馆藏机构的生物样本由机构自行存储、记录和处置，各机构的生物标本管理员负责具体管理。

（2）提交样本采集信息

在 G10K 科学家联盟的指导下，VGP 经由项目研究人员和各个生物标本管理员对脊椎动物物种的样本进行编目。项目研究人员应将所采集生物样本的信息提交到 G10K 样本信息数据库，每一次信息提交都应包含动物样本文件和管理员文件：动物样本文件应填写提交样本的详细清单，包含提取样本的动物、凭证编号、物种名称、保存类型、存放地点、管理员、数量、质量等必要信息；管理员文件应提供样本对应的负责人和机构

的联系方式。

2. 数据发布与数据使用

为了促进项目数据能够被公平、高效利用，G10K 理事会制定了以下数据使用政策。

（1）数据发布

在发表基因组相关成果之前，VGP 会将测序原始片段、组装后的基因组、转录组序列数据及注释数据等存储并发布在 VGP 基因组方舟（Genome Ark）数据库中，依据 G10K 数据开放原则，同时通过 NCBI、EMBL-EBI、DDBJ 等国际公共数据库发布。

（2）数据使用

VGP 鼓励全球科研人员使用计划中产生的数据，但规定了数据生产者享有数据分析结果的优先发表权（包括期刊出版物、预印本、公开会议讲座和新闻稿）。

3. 结果发表

VGP 分阶段发表基因组测序和分析结果。由于一个研究阶段或子项目的完成时间难以预测，VGP 没有为研究结果发表设定时间限制，但是预计发表时间为样本交付测序机构后的两年内。若 VGP 的项目因故中途停止，或者 G10K 理事会判定项目超出了合理的研究时间，VGP 将及时将已生成的基因组数据发布到 G10K、VGP 和基因组注释中心网站。

（五）G10K 的影响力

1. G10K 的产出数据

G10K 完成了 100 余个物种的全基因组测序数据。截至 2021 年 4 月 28 日，VGP 获得了 25 个物种的近乎完整的高质量基因组数据。

2. G10K 的产出文章

截至 2022 年 4 月，G10K 科学家联盟及其成员共发表了 116 篇论文，内容分为四类。第一类论文展示了 VGP 开发和改进的新工具和新方法，描述了其生成更高质量的参考基因组所需的方法，验证了在大规模脊椎动物基因组测序中使用该方法的可行性。第二类论文主要发布了 VGP 完成的不同脊椎动物物种的参考基因组信息。第三类论文探讨了关于物种基因组特征和进化机制的生物发现，揭示了全基因组测序在物种和生态环境保护方面的应用潜力。第四类论文则是通过比较基因组学，对新型冠状病毒的宿主感染风险、宿主范围等进行分析预测。

第二节　联盟成员制大科学计划

一、国际人类表观基因组联盟

（一）概述

人类基因组计划的实施不仅确定了 DNA 的精确序列，还为基因组学研究提供了巨大发展机遇。然而，序列本身并不能预测基因组如何被包装在染色体和染色质中，产生基因的差异表达，进而引发生物体发育和细胞分化的变化。表观遗传是发挥这一功能的核心机制，能够在不改变基因序列的前提下，产生可遗传的基因表达变化。

在国际人类表观基因组联盟（International Human Epigenome Consortium，IHEC）组建之前，表观基因组研究的重要性便已成为国际共识。欧洲、亚洲、美国、加拿大和澳大利亚等多个国家/地区都已开展了多项大规模表观基因组研究项目。IHEC 是在这些国家/地区的大规模计划的基础上应运而生的。IHEC 的成立旨在协调全球表观基因组图谱绘制和表征工作，避免重复研究，并使表观基因组数据能够全球共享。基于这一目的，2009 年，在美国 NIH 路线图表观基因组学计划（NIH Roadmap Epigenomics Program）工作组召集的"探索国际表观基因组协调合作"国际研讨会上，来自全球主要基金会的高层决策者和来自各大洲的科学家就 IHEC 的成立达成了共识。经过近一年的筹备，IHEC 于 2010 年在法国巴黎正式成立，并明确了在 7 到 10 年内，解码至少 1000 个表观基因组的目标。2018 年，IHEC 进入第二阶段，这一阶段的目标是进一步推动人类表观基因组数据集的生成和注释，并促进相关数据在生物医学领域的应用。

在组织管理方面，IHEC 采取分布式的组织模式，并设置了资助成员和研究成员两类联盟成员，这两类成员均需以团体的形式参与。IHEC 开展项目工作的经费全部来源于资助成员，但这些经费并不统一汇总至 IHEC，而是各自提供给指定的研究成员，用于开展与 IHEC 目标相符合的项目，因此，IHEC 本身并没可用于资助研究项目的统一经费。IHEC 的主要职责是在各成员间进行研究工作协调和联络，为此，IHEC 建立了以执行委员会、国际科学指导委员会、科研团队为主体的相互协作的组织管理体系，三者分别负责计划实施的监管、科学指南的制定以及数据的生产、分析和评估。同时，为了更好地促进联盟成员之间的协作，并促进数据的共享，IHEC 制定了一系列管理政策和指南，涉及知情同意、样本获取及伦理监督，数据质量、标准和数据管理，数据发布，成果发表，知识产权，软件共享 6 个方面。同时，为了引导联盟成员能够更好地遵守这些准则，IHEC 还制定了一系列指南，促进最佳实践。在成果方面，截至 2016 年 11 月，IHEC 联盟共发表了 41 篇论文；截至 2020 年 10 月，IHEC 共获得了 7514 个数据集。

（二）IHEC 的酝酿和发起

1. IHEC 成立的基础

在 IHEC 成立之前，欧洲、亚洲、美国、加拿大和澳大利亚等多个国家/地区都早已开展了多项大规模的表观基因组研究项目，这些项目和计划都为 IHEC 的成立奠定了基础，部分国家/地区开展的计划或组建的联盟也成为 IHEC 的雏形。

（1）欧洲

多个欧洲国家以及欧盟第六框架计划（FP6）和第七框架计划（FP7）都资助过表观遗传学研究项目。在 IHEC 成立之前，欧洲相关研究团体和联盟已经获得了超过 5000 万欧元的资助，用于开展表观遗传学相关的研究项目。其中，代表性的项目包括：由英国维康信托基金会、德国 Epigenomics 公司和法国国家基因分型中心共同启动的人类表观基因组计划（Human Epigenome Project，HEP），重点研究 6、13、20 和 22 号染色体中的 DNA 甲基化。由 FP6 资助的高通量染色质表观遗传调控项目（High-Throughput Epigenetic Regulatory Organization in Chromatin，HEROIC），侧重于开展染色质分析；同样由 FP6 资助的肿瘤疾病的表观遗传治疗项目（EPIgenetic Treatment of Neoplastic Disease，EPITRON），重点关注肿瘤疾病的治疗等。此外，2004 年，欧洲还成立了"表观基因组卓越网络"（The Epigenome Network of Excellence，http://www.epigenome-noe.net/aboutus/about.php.html），建设初期共有 25 个研究团队和 26 个准成员（associate member）参与，同时还设立了 12 个研究中心网络节点（NET），在 FP6 的 1250 万欧元的资助下，在 5 年内（2004~2009 年）持续开展表观遗传学研究。

（2）亚洲

亚洲国家也积极推动开展表观基因组学研究，尤其是在疾病表观基因组研究方面开展了较多工作。2005 年，在东京召开了主题为"Genome-Wide Epigenetics 2005"的表观基因组国际会议，旨在协调及推进日本乃至整个亚洲在表观基因组学领域的研究工作。此后，来自韩国延世大学（Yonsei University）、日本国家癌症中心（National Cancer Center）、上海市肿瘤研究所和新加坡基因组研究所（Genome Institute of Singapore）的科学家也组织召开了多次会议（2006 年在首尔，2007 年在大阪），推动了表观基因组学领域的信息交流。2006 年 12 月，日本成立了日本表观遗传学学会（Japanese Society for Epigenetics），旨在提供一个信息交流的平台，进一步促进了日本不同学术团体中表观遗传学研究人员的沟通和合作。

（3）美国

在 IHEC 成立之前，美国已经在组建表观遗传学研究团体方面开展了很多工作，旨在为人类表观基因组计划（Human Epigenome Project）的实施提供支持和搭建框架。在美国国家癌症研究所（NCI）（2004 年，癌症表观遗传机制智库主题会议）、美国国家环境健康科学研究所（NIEHS）（2005 年，环境表观基因组学、印记和疾病易感性主题会议）和美国癌症研究协会（AACR）（2005 年 6 月）组织召开的几次研讨会中均提出了启动人类表观基因组计划的倡议，以全面整合和利用目前美国和欧洲在表观基因组相关研究计划中已取得的成果。此后，美国组织成立了一个跨学科国际研究人员团队——AACR 人类表观基因组工作小组（AACR Human Epigenome Task Force），来为国际人类表观基因组计划制定实施策略和时间表。同时，美国 NIH 也将表观基因组学纳入 NIH 路线图计划（NIH Roadmap Program），启动了 NIH 路线图表观基因组学计划，其首要目标是推动表观基因组学研究成果向人类疾病中应用的转化。

（4）加拿大

加拿大卫生研究院（Canadian Institutes of Health Research，CIHR）资助开展了表观遗传学、环境与健康（Epigenetics, Environment and Health，EEH）计划，增强了加拿大在癌症、干细胞、早期人类发育和神经科学等多个领域中开展表观基因组学研究的实力。此后，加拿大还进一步寻求从更广泛的角度考察环境信号与基因组之间的互作关系。

(5) 澳大利亚

澳大利亚最初于 1996 年召开了表观遗传学研究研讨会，第一次研讨会主题是亚硫酸氢盐测序。此后，表观遗传学研究研讨会由不同的州每两年举办一次。随着 2008 年澳大利亚表观遗传学联盟（Australian Alliance for Epigenetics）的成立，澳大利亚对人类表观基因组学研究的支持力度也与日俱增。

2. IHEC 的成立过程

IHEC 的成立旨在协调全球表观基因组图谱绘制和表征工作，避免重复研究，建立统一的技术和数据标准，协调数据存储、管理和分析，以促进表观基因组研究数据在全球科研界的免费共享，进而促进这些数据的应用。

基于这一初衷，2009 年，美国 NIH 路线图表观基因组学计划工作组组织了一场以"探索国际表观基因组协调合作"为主题的研讨会。此次大会召集了全球主要基金会的高层决策者和各大洲的科学家，共同探讨整合 NIH 路线图表观基因组学计划与国际上已经开展的其他表观基因组学项目，探索在表观基因组学研究领域开展国际协作的可能性。此次会议最终提出了创立 IHEC 的想法，并在所有参会人员中达成了高度共识。

基于上述共识，这次会议成立了 IHEC 临时执行委员会，负责对 IHEC 的科学实施路径、数据发布政策、数据标准、资助策略等进行初步规划。会后，IHEC 临时执行委员会编制了政策文件草案，阐述了 IHEC 的发展目标和准则。2010 年 1 月 25~26 日，IHEC 临时执行委员会在巴黎举办了发布会，邀请了全球 90 多位科学家和资助机构的代表参加，与会人员共同讨论并修订了 IHEC 的目标和准则。此次会议也标志着 IHEC 的正式成立。

（三）IHEC 的组织实施

1. IHEC 的目标设定

IHEC 相关研究工作的实施共分两个阶段。启动初期，IHEC 即设定了国际表观基因组研究的具体目标。此后，随着 IHEC 相关工作的推进以及国际上大量其他团队同步开展相关研究，全球表观基因组学的研究水平和能力不断提升；同时，在这些工作的积累下，人类表观基因组学参考数据也持续大幅增长，使得比较不同人群的表观基因组，进而评估环境和营养对健康的影响成为可能。在上述趋势下，IHEC 成员也不断拓展思路，探索人类表观基因组学研究的新路径。2018 年，IHEC 发布了新的发展目标，迈入了人类表观基因组研究计划实施的第二阶段。

（1）第一阶段目标

IHEC 在相关研究工作实施的第一阶段，共设置了 6 项发展目标。其中，表观基因组参考图谱绘制、数据应用（图 3-9）、数据共享和研究工作的组织管理 4 项是主要目标，技术开发和成果传播两项是次要目标。这些目标的具体发展方向如下。

1）表观基因组参考图谱绘制

针对与健康和疾病相关的关键细胞状态，协调开展人类表观基因组参考序列图谱的绘制。为了使相关研究工作更全面地覆盖人类表观基因组，IHEC 设定了一个非常宏伟

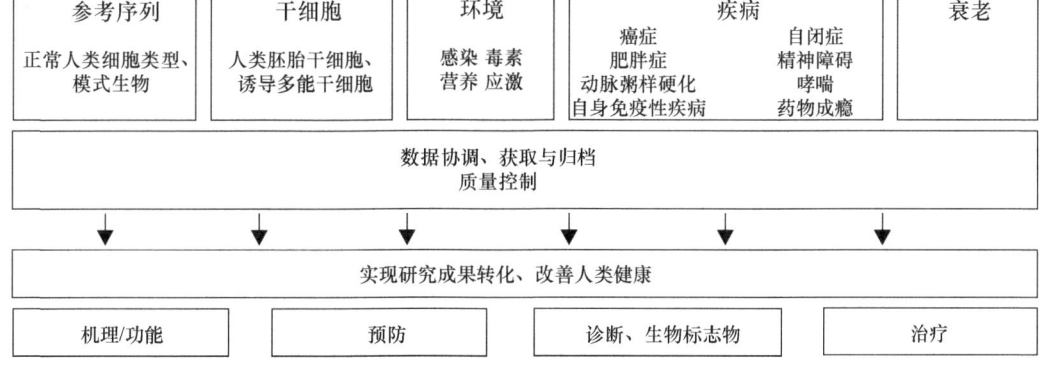

```
                        国际人类表观基因组联盟
                     ┌─────────────────────────────┐
                     │    1000个表观基因组测定      │
                     │  DNA甲基化、组蛋白标记分析、 │
                     │  组蛋白变异体、RNA、染色质相关蛋白分析 │
                     └─────────────────────────────┘
```

参考序列	干细胞	环境	疾病		衰老
正常人类细胞类型、模式生物	人类胚胎干细胞、诱导多能干细胞	感染 毒素 营养 应激	癌症 肥胖症 动脉粥样硬化 自身免疫性疾病	自闭症 精神障碍 哮喘 药物成瘾	

```
        ┌───────────────────────────────┐
        │    数据协调、获取与归档        │
        │         质量控制               │
        └───────────────────────────────┘
        ┌───────────────────────────────┐
        │   实现研究成果转化、改善人类健康  │
        └───────────────────────────────┘
```

| 机理/功能 | 预防 | 诊断、生物标志物 | 治疗 |

图 3-9 IHEC 的目标

的目标，即在 7 到 10 年内，解码至少 1000 个表观基因组，具体包括：绘制超高分辨率的组蛋白修饰图谱、绘制高分辨率的 DNA 甲基化图谱、绘制所有蛋白质编码基因的转录起始位点位置图；建立非编码 RNA 和小 RNA（miRNA）名录，并分析其表达模式；利用模式生物，对比分析与人类健康和疾病相关的表观基因组图谱。

2）表观基因组数据应用

IHEC 将关注细胞的重点状态，如干性（干细胞）、永生性、增殖、分化、衰老和应激，从而得到能够促进健康研究和再生医学发展的新知识。IHEC 将通过对无血缘关系的独立个体、具有相同血统的个体和同卵双胞胎开展研究，来确定全球范围内遗传和表观遗传变化之间的关系。IHEC 的一个长期目标是，阐述随着代际的更迭和环境的影响，表观基因组如何塑造了人类群体的多样性。

3）数据共享

IHEC 协调最大限度地将数据快速向全球科研界公开，以加快这些新知识在健康和疾病领域的应用。IHEC 将协调制定统一的生物信息标准、建立数据模型和开发分析工具，以促进全部表观基因组数据的分析、整合和展示。

4）组织管理

IHEC 会构建一个高效的管理体系，从而保证各类团体、资助机构和国家等不同层面的关注方向和优先领域都能得以实施。IHEC 倡导减少全球表观遗传研究人员的重复劳动，并加强与其他国际计划，如国际癌症基因组联盟（ICGC）、ENCODE 等进行沟通协作。

5）技术开发

IHEC 致力推动新技术开发，促进健康和疾病相关表观基因组的表征与功能分析，从而大幅降低表观基因组图谱绘制的成本。

6）成果传播

IHEC 支持新技术、新软件和新方法相关知识与标准的传播，促进全球表观遗传研究人员之间的数据整合和共享。

（2）第二阶段目标

2018 年，IHEC 发布了第二阶段发展路线图（图 3-10），提出了第二阶段的发展目标，具体如下。

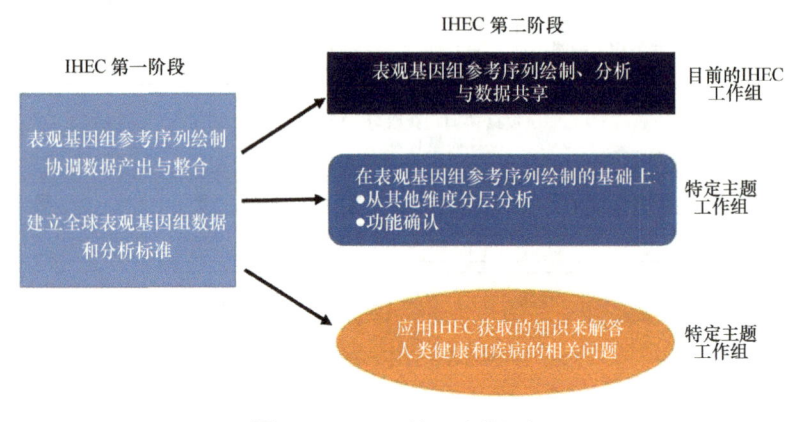

图 3-10　IHEC 第二阶段目标

1）数据生成

IHEC 协调开展原代人类细胞和组织表观基因组数据集的生成和注释，包括组蛋白修饰、DNA 修饰和 RNA 表达的定量检测。这一过程需要遵循标准化的实验流程和生物信息学方法来确保数据质量，并遵守相关行业标准。IHEC 也会协调参考细胞（reference cell）的构建，在最大限度提升细胞多样性的同时，尽量避免或最大程度减少细胞类型的冗余，以加快实现人类表观基因组细胞图谱的构建。

2）数据解释

IHEC 推进开发表观基因组解释方法，利用表观基因组数据，在细胞水平分析其表达和调控的关系；同时也致力于建立一系列方法和标准，用于定量分析染色质状态、染色质动力学变化、染色质相互作用及开展单细胞分析。

3）数据发布

IHEC 倡导并协调将数据以最小限制快速发布，以加速新知识向健康和疾病研究转化。IHEC 将开发和发布生物信息学标准、数据模型和分析工具，以组织、集成和展示 IHEC 成员和更广泛的表观遗传学研究人员生成的表观基因组数据。

4）生物医学应用

IHEC 协调基于 IHEC 参考表观基因组图谱，生成简化的代表性表观基因组数据集及其注释信息，并促进其公开获取。利用 IHEC 资源在医学相关队列中生成可比较的数据集，从而实现正常细胞和患病细胞之间的比较。同时，制定 IHEC 标准，以量化和解释健康群体和患病群体的表观遗传变异。

5）知识传播

IHEC 支持新技术、新软件和新方法相关知识与标准的传播，促进全球表观遗传研究人员之间的数据整合和共享。

2. IHEC 的成员结构

IHEC 的成员分为两类,一类是资助成员,另一类是研究成员。IHEC 不接受个人成为成员,其成员均为独立团体或联合团体。IHEC 对联盟成员资格进行了具体规定,核心原则是所有成员都需要为 IHEC 中已确定开展或计划开展的研究任务提供一定资金支持或科技支持(表 3-22,表 3-23)。

表 3-22 IHEC 的成员

国家/地区	成员机构/研究计划
加拿大	加拿大卫生研究院,加拿大表观遗传学、环境与健康研究联盟(CEEHRC)
欧洲	欧盟委员会/BLUEPRINT 计划,SYSCID 计划,MultipleMS 计划
德国	德国联邦教育与研究部,德国航空航天中心项目管理局/DEEP 计划
中国	香港理工大学/香港表观基因组计划
日本	日本医疗研究开发机构(AMED)/CREST 项目
新加坡	新加坡基因组研究所(GIS)/新加坡表观基因组计划
韩国	韩国国立卫生研究所/代谢表观基因组计划
美国	NIH、美国国家人类基因组研究所(NHGRI)/路线图表观基因组学项目,ENCODE 计划,4D 核组计划

表 3-23 IHEC 的准成员

国家	准成员机构/研究计划
加拿大	加拿大渥太华大学,加拿大渥太华医院研究所,加拿大帕金斯实验室
新西兰	新西兰奥塔哥大学,新西兰达尼丁医学院,新西兰查特吉实验室
美国	美国埃默里大学医学院,美国哥伦比亚大学梅尔曼公共卫生学院,美国波士顿大学医学院,美国基因组结构中心,美国贝勒医学院,美国艾登实验室/Framingham 心脏研究项目,衰老与疾病表观遗传学计划,DNA Zoo 计划

(1)IHEC 资助成员

IHEC 的资助成员既可以是单独的资助机构,也可以是多个组织组成的联合团体。要成为 IHEC 资助成员,资助机构应该为符合 IHEC 目标的计划或项目提供实质性的经费支持,同时还需要提交一份意向函,该意向函应明确列出加入 IHEC 所需遵守的原则。每个 IHEC 资助成员可以指定一名代表加入 IHEC 执行委员会,并在 IHEC 的管理中发挥积极作用。

考虑到一些有意向加入联盟的资助机构可能暂时没有充足的经费可用于支付符合 IHEC 目标的项目,因此无法立即提供所需的资金。这种情况下,这些资助机构也被允许在特定时间期限内,以观察员身份受邀加入 IHEC,从而使其有充足的时间来筹集资金,规划研究项目。

(2)IHEC 准成员

除了明确承诺提供经费支持的资助成员外,IHEC 也允许一些不承诺提供资金的资助机构以"IHEC 准成员"的身份加入。所有准成员最多共同选举两名代表加入 IHEC 执行委员会,执行委员会中的这两个附加席位在 IHEC 各准成员之间轮流更替。

（3）IHEC 研究成员

IHEC 要求其研究成员必须具备支持 IHEC 实现主要研究目标的能力，这些成员可以是从事与 IHEC 目标相关的大型研究活动的全国性或国际性研究中心或网络，也可以是在数据管理、伦理监管等方面对 IHEC 有显著贡献的其他机构或团体。此外，IHEC 的研究成员并不是自由申请，而是必须由 IHEC 资助成员（经费已到位或已承诺提供经费）提名，由 IHEC 执行委员审批通过，方可加入。

由于每个研究成员在组织模式上存在差异，不同机构中可能有研究人员、科技管理人员或技术人员，所以每个研究成员需要提名数名代表参与 IHEC 的多项协调活动，如国际科学指导委员会、工作组、研讨会以及 IHEC 会议等。

3. IHEC 的经费管理

为符合 IHEC 目标的研究项目提供资金支持是 IHEC 资助成员或准成员的责任，其提供的经费并不统一汇总至 IHEC，而是各自提供给指定的研究成员，因此，IHEC 本身并没可用于资助研究项目的统一经费。

4. IHEC 的组织管理架构

IHEC 采用分布式组织管理模式，这种模式依赖于执行委员会、国际科学指导委员会、科研团队和科研中心工作组之间的相互协作（图 3-11）。其中，执行委员会负责计划的整体监管，是计划组织实施过程中所有事务性工作的最高决策者；国际科学指导委员会主要负责科学方面的事务；科研团队和科研中心工作组是具体参与计划数据生产、质量评估和数据管理的研究中心或协调中心。

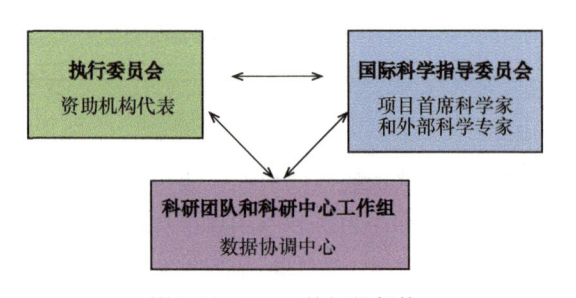

图 3-11　IHEC 的组织架构

（1）执行委员会

执行委员会（Executive Committee，EXEC）由每个 IHEC 资助成员中的一位代表组成，负责 IHEC 的整体监管工作。EXEC 的职责之一是讨论制定 IHEC 政策和指南，并根据技术的实时发展情况，对这些政策和指南进行修订。EXEC 的其他职责还包括：审核和接受新成员提名；与国际科学指导委员会紧密合作；修订并采纳与 IHEC 政策相关的新建议；跟踪跨项目的数据储存、数据质量和数据可获取性；定期向资助机构提供数据更新报告；搭建平台解决有争议的议题；就顾问录用问题提出建议，或者组建与科学、法律、知识产权、伦理、资金、沟通等问题相关的专家委员会；制定沟通策略，重点是与公众的沟通。

（2）国际科学指导委员会

国际科学指导委员会（International Scientific Steering Committee，ISSC）由项目的首席科学家和表观遗传学领域的主要学术带头人组成。作为IHEC的科学协调机构，ISSC通过电话会议、电子邮件和定期会议方式，对计划实施过程中的科学问题进行频繁沟通。其主要职责包括：评估项目进度；解决科学问题；鼓励对最佳技术方案和实践路径进行交流；成立临时或永久的分委员会以完成重点任务；建立质量标准；推动数据向科学界的传播。

（3）数据协调中心

IHEC建立了一个数据协调中心（Data Coordination Center）。该中心联合全国性或区域性的数据分析与协调中心（Data Analysis and Coordination Center）共同管理从"项目和中心"到"IHEC数据库以及公众存储库"的数据流。数据协调中心会定期向执行委员会和国际科学指导委员会提供进度报告。同时，数据协调中心还将协调每个数据生产中心需要达到的数据质量标准，并对数据质量进行评估。

（四）IHEC的管理政策

为了更好地促进联盟成员的协作与计划的顺利实施，IHEC制定了一系列管理政策和指南（http://ihec-epigenomes.org/about/policies-and-guidelines/）。这些政策是联盟成员在计划实施过程中必须共同遵守的原则，而指南则是IHEC工作组针对政策中条款提出的"最佳实践"建议。IHEC的政策和指南主要包括知情同意、样本获取及伦理监管，数据质量、标准和数据管理，数据发布，成果发表，知识产权和软件共享6个方面。IHEC会根据领域最新的发展趋势，对这些政策和指南进行更新，以满足新阶段的对管理政策的需求。

1. 知情同意、样本获取及伦理监管

（1）知情同意

IHEC要求所有成员必须遵守一系列特定的核心伦理原则，同样也要求在获取知情同意的过程中遵守这些原则，具体来说，IHEC要求样本采集者要向样本捐赠者明确一系列关键信息：包括IHEC的概况、招募对象和方法、样本采集的类型和方法、样本的用途、参与研究的风险、隐私保护方案、样本所有权、由样本产生的知识产权的归属、补偿信息等。

（2）胚胎干细胞

针对人类胚胎干细胞的应用，IHEC专门进行了规范，要求所有涉及人类胚胎干细胞的研究在正式启动前，都已经获得所在国家/地区伦理委员会的批准。此外，严禁在任何将人类胚胎干细胞研究视为非法行为的国家开展相关研究活动。若情况需要，IHEC还会设立临时伦理委员会来监督相关的伦理问题。

（3）数据获取和患者保护

在数据获取和患者保护方面，IHEC提出，该计划中产生的数据因包含临床注释或者表观遗传信息，会引发个人数据保护的重要问题。对此，IHEC制定了患者/个体保护政策，旨在平衡两个重要目标：①促进疾病相关表观基因组研究；②尊重并保护样本捐赠者隐私。同时，为最大程度降低样本捐赠者身份泄露的风险，IHEC 将数据分为两类进行组织管理。开放访问数据集面向广大公众开放，其中只包含无法衍生出个体识别信息的数据；受控访问数据集包含有能体现个体信息的基因组信息和临床数据，但无法通过这些数据直接与特定个体相关联，这类数据存储在独立的存储设备中，并由一台独立的服务器管理数据访问。研究人员需要通过一套受控访问程序，才能获取相关数据。

2. 数据质量、标准和数据管理

为了保障数据的质量和通用性，IHEC 通过建立工作组的方式，针对生成各种表观基因组图谱所用的试验方法、组织采集、细胞培养、试剂记录、抗体验证程序等提出建议，并制定指南。同时，IHEC 还会针对每种试验方法的质量控制过程提出推荐标准。

3. 数据发布

IHEC 所有成员在研究中都要遵循向科学界快速公开发布数据的原则，为确保这一政策的有效实施，IHEC 成员要遵守以下一系列规范。

（1）数据发布政策的贯彻落实

资助机构应积极推动数据发布政策的实施，包括明确告知项目申请者"强制在论文发表前进行数据发布"的政策，确保数据发布计划的评估纳入同行评议过程，前瞻性地为预发布数据的项目制定数据分析方案和时间线，协助制定既能保护样本捐赠者又能鼓励研究人员及时发布数据的政策，并为数据库提供长期支持。

（2）数据使用

数据生产者要向数据使用者提供数据标准、质量说明及引用信息等，并确保样本捐赠者了解其数据会被共享给其他科研人员。同时，数据生产者要及时发表数据的初步分析结果。数据分析者和使用者可以自由分析这些公开数据，并以负责任的方式发表数据分析结果。科学期刊编辑则需要促进科研人员了解与数据发布相关的问题，并针对第三方在论文中使用发表前数据的问题，向作者和审稿人提供指导。

4. 成果发表

在成果发表方面，IHEC 的科研人员被允许发表他们自己所完成的研究成果。IHEC 的研究团队负责人需要将这些科研人员发表文章的意图告知联盟的其他成员，也可以在联盟内部协调背对背发表，以最大限度地提高科学影响力。同时，为了平衡所有利益相关者的利益，数据使用者应遵守一条规定：IHEC 成员在数据发布到公共数据库之后的 9 个月内，拥有对其数据优先发表初步分析结果的权利。在此期间，数据使用者可以不受限制地分析数据，并在他们的工作中以其他方式使用数据，但是不得将分析或结论提交发表。在 9 个月保护期结束后或者数据已被发表后（以时间较早的为准），数据使用者的"发表限制"也随之结束。在保护期内，鼓励数据使用者和数据生产者就协作或同步发表而进行交流沟通。若数据使用者确需在 9 个月保护期内提前发表，则需要提前与数据生产者进行沟通，并获得许可。此外，为了便于对 IHEC 不同研究团队生成的数据进行对比，IHEC 成员所有发表的论文应包含所用试剂的信息。

5. 知识产权

IHEC 成立的首要目的是确保所有表观基因组相关信息和成果的广泛可获取性。因此，鼓励所有表观基因组数据资源提供者都能将他们在项目研究过程中产生的信息上传至公开数据库。若 IHEC 成员选择行使知识产权，IHEC 会鼓励其优先考虑采用非排他性专利许可方式，允许广泛获取，以促进各种产品的开发。

6. 软件共享

在 IHEC 内部，所有的算法、软件源代码和试验方法都会在成员之间共享。IHEC 也鼓励联盟成员将这些方法提供给整个科学界，同时建议，这些软件应可供非营利部门的生物医药研究者和教育工作者免费使用；应允许对软件的增强型或定制型版本进行商业化，或者将软件或其一部分纳入其他软件包中；同时，支持软件转让。

（五）IHEC 的影响力

1. IHEC 的产出数据

IHEC 建立了数据门户网站，公开与健康和疾病相关的所有可获取的表观基因组参考数据集。该门户网站由 McGill 表观基因组数据协调中心（EDCC）和 McGill 表观基因组图谱中心（EMC）负责开发和运营。这两个中心都建于 2012 年，分别依托于加拿大 McGill 大学和加拿大魁北克基因组创新中心。

截至 2020 年 10 月，该门户网站公开了人类 hg38 基因组共计 7514 个数据集（1328 个表观基因组图谱）、小鼠 mm10 基因组 1119 个数据集（92 个表观基因组图谱），以及其他物种的 69 个数据集（5 个表观基因组图谱）。数据主要来自 CEEHRC、NIH Roadmap、ENCODE、AMED-CREST、EpiHK、DEEP、GIS、韩国国立卫生研究所（KNIH）等计划或资助机构，共涉及血液、骨髓、甲状腺等超过 32 种组织或细胞。

2. IHEC 的产出文章

截至 2016 年 11 月，IHEC 的科学家在 *Cell* 及其子刊，以及其他高影响力的刊物上共发表了 41 篇论文。

这些论文的内容可划分为四大类。第一类论文展示了一系列分子研究方法和计算方法，旨在从包含不同细胞类型的组织中区分出不同细胞的表观基因组特征。第二类论文强调了 IHEC 通过开发新的计算工具，在获取、分发和共享表观基因组数据方面做出的努力和投资。IHEC 数据门户便是其中的一个例子。第三类论文利用 IHEC 产生的数据集来研究不同细胞过程的分子机制，旨在为疗法的开发奠定基础。第四类论文主要利用表观基因组信息来描述遗传变异如何影响基因的表达，以及这些基因如何反过来影响疾病的发生与发展。

二、国际癌症基因组联盟

(一) 概述

人类对恶性肿瘤发病原因和机制的研究已经持续了一个世纪之久，从细胞癌变起源学说、细胞异常分裂、染色体易位、基因突变到遗传、进化、发育的信号调控网络，多种学说阐述了肿瘤发生发展的生物学特性和临床转归。与健康细胞相比，肿瘤细胞的基本特征和演化过程均大不相同，因此从分子遗传学角度研究肿瘤成为大势所趋。

20世纪80年代中期，美国意大利裔病毒学家Dulbecco (1975年诺贝尔生理学或医学奖获得者) 提出，获得完整的人类基因组序列是系统认识癌症致病基因的必由之路。1990年，人类基因组计划启动，并于2001年发布人类基因组草图和初步结果，2003年人类基因组序列测序工作全部完成。在人类基因组计划完成后，很多科学家开始关注肿瘤基因组研究，随着基因组测序技术的进步，基因测序时间与经济成本大幅下降，英美等国家先后开展了癌症基因组研究计划。2007年，加拿大遗传学家Tom Hudson汇聚了世界各地的癌症基因组学研究的科学家和领导者，共同提出了成立癌症基因组计划的设想，旨在绘制一个涵盖全球范围内所有重要的肿瘤类型和亚型的全面癌症基因组图谱。此后，来自全球的研究人员和学者对癌症基因组计划的内容、合作的必要性、标准的制定，以及计划产出数据的广泛传播与应用等方面达成共识。2007年10月，国际癌症基因组联盟 (International Cancer Genome Consortium, ICGC) 在加拿大多伦多正式成立，是一个由基因组学和信息学专家组成的联盟。

ICGC最初的任务是构建25,000种无法治疗的原发性癌症的基因组图谱 (the 25K Initiative, 即25K计划)。截至2022年，该计划已经为26种癌症类型产生了超过20,000个肿瘤基因组。2013年，ICGC又推出全基因组泛癌分析计划 (Pan-Cancer Analysis of Whole Genomes, PCAWG)，进一步生成了涉及多种癌症类型的约3000个高质量全癌基因组。此后，在精准医疗的大趋势下，ICGC又迎来了一项规模空前的新计划——加速肿瘤基因组临床应用研究计划 (Accelerating Research in Genomic Oncology, ARGO)，该计划分析整合至少20万名癌症患者的高质量临床数据样本，在全球范围内了解癌症的地区差异、癌症异质性、环境风险因素、干预手段等精准肿瘤学知识，进一步加速对癌症病因的研究，促进疾病控制策略的开发。

在组织架构方面，ICGC以人类基因组计划、国际人类表观基因组联盟为模板，采用分布式组织模式，设置了秘书处、国际科学指导委员会和科学工作组/中心。其中，秘书处设于加拿大多伦多安大略癌症研究所 (Ontario Cancer Institute, OICR)，负责协调日常工作，由资助方负责监督；国际科学指导委员会则负责提供学术指导；科学工作组/中心直接参与数据生产、质控与管理，各个组织之间相互协作、信息双向流动，形成了高效有序的内部管理模式。同时，在ICGC执行委员会、国际科学指导委员会和各个ICGC工作组的合作和指导下，ICGC建立了严格和高标准的管理政策体系，为联盟成员提供标准化工作准则，包括知情同意、样本获取、伦理监管、数据质量、数据储存、数据发布、成果发表、知识产权等方面，提升了联盟的工作效率，并大大推动了研究成果的产出。2019 年，ARGO 的启动标志着 ICGC 进入新的阶段。在组织架构方面，ARGO 增设了管理委员会，内设独立咨询委员会和数据访问合规办公室，旨在确保临床试验数据的安全性和有效性。在政策体系中，ARGO 在之前 ICGC 的基础上，重点完善了数据访问、基因组分析、患者与公众参与等方面的政策体系构建，通过强大的测序手段、高质量的数据标准、严谨的数据管理架构更加快速推进临床数据的转移转化。

截至 2022 年，ICGC 启动并协调开展了 86 个研究项目，其数据门户网站记录了 24,289 份符合伦理规范和质控标准的 ICGC 肿瘤样本信息，包含 26 种癌症的 8178 万个体细胞突变数据。就这些研究成果，ICGC 以团体作者的形式共发表了论文 88 篇，大多刊载于国际顶级期刊。

（二）ICGC 的酝酿和发起

1. ICGC 发起的科学基础与必要性

基因组测序技术的进步使测序时间和经济成本大幅下降。很多国家和研究人员开始关注癌症基因组研究，以单一癌症类型或亚型的患者为对象的癌症基因组队列研究在基因组测序技术水平较高的国家中广泛开展。其中，2000 年，英国维康信托桑格研究所发起了癌症基因组计划（Cancer Genome Project，CGP），旨在识别对人类癌症发展至关重要的基因序列和基因变异；2006 年，美国国家癌症研究所（NCI）和美国国家人类基因组研究所（NHGRI）共同启动了癌症基因组图谱计划（The Cancer Genome Atlas，TCGA），该计划预计投资 1 亿美元，旨在对不同癌症的基因变异进行系统分析。这些项目应用高通量基因组分析技术，深化了我们对癌症分子基础的了解，为癌症的诊断、治疗和预防提供了新方法。

值得一提的是，人类基因组计划（Human Genome Project，HGP）的成功实施不仅使基因组学研究人员对大科学计划的价值有了更深刻的认识，还鉴于癌症基因组的复杂性，凸显了发起国际大科学计划的必要性。全球范围的人类基因组计划的必要性主要体现在：①癌症基因组研究内容的范围大，而开展分散独立的研究计划会导致不必要的重复研究，并影响研究的完整性；②非标准化研究还将阻碍数据和研究结果的进一步合并或比较。因此，以国际联盟的形式开展研究还有助于推动数据集和分析方法向社会各界的广泛传播和共享（The International Cancer Genome Consortium，2010）。

2. ICGC 的成立过程

上述一系列大规模的癌症基因组表征项目，不仅为 ICGC 的成立奠定了基础，其成果还进一步凸显出需要在更广阔的范围内开展癌症基因组研究，并将结果在不同癌症类型的研究人员之间开放交流和数据共享。

在欧盟委员会、加拿大基因组协会、美国国家癌症研究所、美国国家人类基因组研究所、加拿大安大略癌症研究所（Ontario Institute for Cancer Research，OICR）和英国维康信托基金会的呼吁下，加拿大安大略癌症研究所的遗传学家 Tom Hudson 召集了全球癌症基因组学、伦理学、统计学、信息学、病理学的专家，以及世界各大资助机构负责人，共同策划组建国际癌症基因组联盟，旨在绘制一个全面的癌症基因组学图谱，涵盖全球范围内所有重要的肿瘤类型和亚型。2007年10月,来自22个国家的政府与资助机构,以及癌症和基因组领域的专家们在加拿大多伦多共商启动国际癌症基因组计划的事宜。与会者一致认为,利用高通量基因组测序技术可进行癌症基因组研究,并共同发起了ICGC,其发起成员包括加拿大、美国、英国、德国、法国、西班牙、澳大利亚、中国、日本、新加坡和印度。ICGC在成立伊始就强调,其将协调全球的癌症基因组研究,调动基因组和癌症学领域科学家的积极性,以实现资源、人才和技术的集成与数据共享。

(三)ICGC的组织实施

1. ICGC的目标设定

ICGC的成立是为了在全球范围内启动和协调癌症基因组相关的研究项目。为了实现这一愿景,ICGC从研究内容、计划组织等角度,设定了如下5个发展目标(The International Cancer Genome Consortium,2010)。

目标1:在全球范围内协调生成50种具有重大临床价值和对社会价值的癌症类型和/或亚型的肿瘤基因组异常(体细胞突变)综合目录。

目标2:生成相同肿瘤的转录组和表观基因组数据集的互补目录。

目标3:尽快将数据向全球科学界开放,并尽量减少使用限制,以加速癌症致病机制和防治策略的研究。

目标4:协调全球研究工作的开展,保证个体参与者、联盟组织、资助机构和各参与国的利益,组织敦促各利益相关方推进高优先级工作任务,包括用疾病负担作为目标筛选的标准,以及最大限度地减少肿瘤分析中不必要的成本。

目标5:支持新技术、新软件和新方法相关的知识传播与标准推广,促进全球癌症研究数据的集成和共享。

为了实现上述目标,ICGC在初始工作的基础上,于2007年、2013年和2019年启动了3个项目。

(1)构建基因组图谱

作为ICGC的初始计划,25K计划旨在生成50种具有临床价值和对社会影响重大的不同癌症类型和/或亚型的肿瘤基因组异常(体细胞突变)综合目录。该项目计划为每种癌完成500例患者的样本测序分析,旨在绘制约25,000个无法治愈的原发性癌症的基因组图谱,其中的基因组数据应包括单碱基的变异、插入、缺失、拷贝数的变化、染色体易位和其他形式的重排。同时,图谱对数据设定了质量标准(胡学达等,2015),包括:①完整性,患者群体中出现频率大于3%的体细胞变异均被识别;②高分辨率,即对变异的检测达到单碱基分辨率;③高数据质量,原始数据符合技术平台的一般标准,体细胞变异检测的特异性要达到95%,敏感性要达到90%;④多维度,尽可能地获得来自同一患者组织的转录组和表观基因组数据。

(2)全基因组泛癌分析

ICGC的第二个项目即2013年启动的全基因组泛癌分析(PCAWG)。PCAWG联合37个国家的超过1300名科学家和医生,形成了16个研究组,从癌症起因、发展和分类等多个角度,共解析了 38 个癌种及超 2800 例病人的全基因组数据。PCAWG 旨在确定来自国际癌症基因组联盟的 2600 多个癌症全基因组的常见突变模式,以此构建起巨大的癌症数据资源库。基于之前癌症编码区分析工作,该项目探讨了编码区和非编码区的体细胞和胚系变异的性质和后果,特别强调了顺式调控位点、非编码 RNA 和大规模结构改变。

(3)加速肿瘤基因组临床应用研究

2019 年,ICGC 的研究进入新阶段,启动了加速肿瘤基因组临床应用研究计划(Accelerating Research in Genomic Oncology,ARGO)项目。ARGO 将整合分析来自 200,000 名癌症患者的样本(基因组和表型数据),并提供高质量的临床数据。未来 10 年,ARGO 预计每年向全球提供由 100 万名患者信息整合而来的精准肿瘤学知识,以攻克癌症研究中至关重要但仍未解决的问题。ARGO 致力于解答以下 4 个方面的问题:如何更好地使用当前已有的癌症治疗方法;癌症随时间发生的变化,以及在不同治疗方法下如何发生变化;如何在医疗保健和药物开发中实际应用这些方法;如何推进癌症早期发现并最终实现预防癌症。为了实现这些目标,ARGO 也制定了具体的实施方案。

- 优化护理和治疗的标准方法,预先验证并识别对患者有效的个性化治疗方法。
- 分析治疗方案对肿瘤进化过程的影响及治疗后癌症基因组的变化。
- 提早确认患者癌症的预后措施,避免治疗过度和治疗不足的情况。
- 加速构建全球学习型医疗保健体系;在医疗保障服务中融合患者电子病历信息,实现持续生成应用分子肿瘤学知识。
- 根据个体的遗传易感性及生活环境、生活方式等暴露因素,制定个性化癌症风险防控措施。
- 制定相关指标,更好地区分和表征可治疗的肿瘤胚系癌变。

目前,ARGO 已经在全球范围内全面开展,已有 13 个国家参与,研究范围覆盖 20 余种癌症。各成员国开展了多种类型的项目,包括建立基因组肿瘤学平台、开展全国个性化医疗策略项目、开展临床试验以及构建全球肿瘤联盟等(表 3-24)。

表 3-24 ICGC ARGO 成员项目分布清单

区域	国家	项目名称	研究范围
北美	加拿大	BC 癌症个性化肿瘤基因组计划(BC-POGP)	多种癌症类型
		个性化治疗胰腺癌"组学"分析(PACA-CA)	胰腺癌
	美国	威尔康奈尔癌症精准医学计划(WC-CPMP)	多种癌症类型
		多民族-1000 项目(P-1000)	多种癌症类型
欧洲	瑞士	瑞士肿瘤学和癌症免疫学突破平台和瑞士个性化肿瘤学计划(SOCIBP/SPOP)	多种癌症类型
	德国	欧洲外周 T 细胞淋巴瘤项目(欧洲 TCLYM)	多种癌症类型
		跨学科分子和免疫学 PDAC 联盟 Erlangen(ImiPaCe)	胰腺癌
	意大利	罕见肿瘤治疗手段选择分析(PONTE)	多种癌症类型
	英国、法国	Mutographs 研究项目	多种癌症类型
	法国	非黑色素瘤皮肤癌基因组学-Gustave Roussy 计划(NMSCP-GUSTAVE ROUSSEY)	皮肤癌

续表

区域	国家	项目名称	研究范围
欧洲	英国	泛前列腺癌基因组（PPCG）	前列腺癌
		食管癌临床和分子分层项目（OCCAMS-GB）	食管癌
		个性化乳腺癌计划（PBCP）	乳腺癌
		英国精准研究项目（PP UK）	胰腺癌
亚洲	韩国	韩国多发性骨髓瘤精准医学项目（KMM-PMP）	多种癌症类型
		韩国肺癌的个性化基因组特征（LUCA-KR）	肺癌
		韩国罕见、低龄和耐药性癌症研究	多种癌症类型
	日本	亚洲多发癌症的基因组医学（GMAC JAPAN）	多种癌症类型
		多中心研究分析和监测晚期实体恶性肿瘤中循环肿瘤DNA和肠道微生物组的癌症相关基因组变化项目（SCRUM-Japan MONSTAR-SCREEN） 利用人工智能多组学对晚期实体恶性肿瘤患者进行生物标志物开发的多中心研究项目（SCRUM-Japan MONSTAR-SCREEN-2）	多发性癌症/泛癌
	中国	中国结直肠癌临床基因组（CGCC）研究	结直肠癌
		胃癌的基因组和蛋白质组学特征（GPG）	胃癌
		食管鳞状细胞癌研究	食管癌
		脑转移基因组学项目（HKBM）	肺癌和结肠癌
	沙特阿拉伯	乳头甲状腺癌项目（PTC-SA）	甲状腺癌

2. ICGC 的成员结构

ICGC 由多种类型成员组成，其所有成员都遵守并共享共同的目标和原则，并同意以协调和合作的方式在联盟工作。成员分为两类，一类是资助成员，另一类是研究成员。

（1）ICGC 资助成员

ICGC 资助成员可以是单独资助机构，也可以是多个组织成立的联合体。为了支持针对一种癌症类型/亚型的 500 个样本的表征研究，ICGC 要求资助成员需在 5 年内为此类项目至少投入 1000 万美元资金，用于项目开展（如工资、耗材等），其中不包括间接成本和设备。此外，部分国家研究成本较低或可提供的资助金额较低，也可以通过贡献研究材料（如样本）以抵消承诺的资金。ICGC 将制定指导原则以评估此类研究材料的价值，或依据实际情况降低资助资金要求，总体原则为确保资助机构的资金能够支撑一项癌症基因组项目的开展与实施。

2012 年，ICGC 批准设立样本量小于 500 且投资金额低于 1000 万美元的项目作为附属项目，此决定旨在促进联盟对罕见肿瘤的研究。针对附属项目，ICGC 设定了资助标准，即 5 年内投入 300 万美元以用于至少 100 个癌症样本的研究，并规定，仅资助附属项目且总金额低于 1000 万美元的资助成员不能加入 ICGC 执行委员会，而若现有 ICGC 成员启动附属项目，则保留其执行委员会的成员资格。

（2）ICGC 研究成员

ICGC 研究成员可以是一个研究中心或是由多个国家/国际研究小组组成的研究团体，任务是获取和分析癌症样本；也可以是为癌症基因组项目开展做出重要贡献的基因组、癌症、临床、伦理以及生物信息（或其他）领域相关的研究团体。研究成员必须由

ICGC 资助成员提名。研究成员必须具备开展癌症基因组项目的能力，并依据 ICGC 共同的政策和指导原则开展 ICGC 癌症基因组研究。执行委员会将负责提名的审核和批准，研究成员应持有 ICGC 资助成员的已到位或已承诺的资金，并接受审核。

考虑到 ICGC 的成员很可能在组织架构上存在差异，并且包括研究人员、临床医生、科学管理人员、专业技术人员等多种类型的人员，所以每个组织需要提名代表参与 ICGC 协调活动，如加入国际科学指导委员会（ISSC）、工作组，并参与研讨会以及 ICGC 会议等。每个附属项目中至少一位成员将被邀请加入 ICGC 学术研讨会，并且至少有一位科学家将被邀请加入 ISSC 电话会议。

3. ICGC 的组织架构

ICGC 采用分布式组织模式，此模式已经成功应用在其他多项国际大型基因组研究计划中，如人类基因组计划、国际人类表观基因组联盟等。如图 3-12 所示，这种模式依赖资助方（提供监督）、国际科学指导委员会（制定指南）和科学工作组/中心（作为样本提供方和数据生产中心参与数据生产、质量评估和数据管理）之间的相互协作，以及各个组成部分之间的双向信息流动。

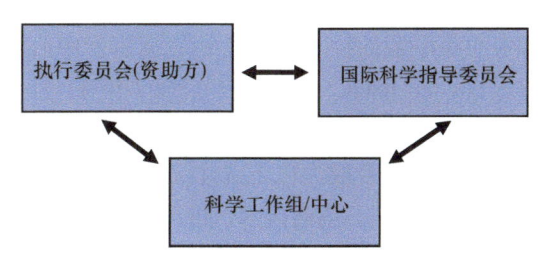

图 3-12　ICGC 组织架构

（1）ICGC 执行委员会

ICGC 执行委员会（EXEC）负责整个 ICGC 的监督和管理。EXEC 由 ICGC 资助成员各自提名的一名代表组成，对于联合体形式的资助成员则由联合体内的各组织共同提名一名代表加入。首个 ICGC 临时执行委员会于 2007 年 10 月在多伦多的会议上成立（表 3-25）。

表 3-25　ICGC 临时执行官

国家	执行官	所属机构
加拿大	Thomas Hudson	加拿大安大略癌症研究所
中国	Henry Yang	中国肿瘤基因组协作组（Chinese Cancer Genome Consortium，CCGC）
印度	MK Bhan、TS Rao	印度科技部生物技术司
新加坡	Edison Liu	新加坡基因组研究所
英国	Alan Schafer、Michael Stratton	英国维康信托桑格研究所
美国	Anna Barker、Daniela Gerhard	美国国家癌症研究所
	Francis Collins、Jane Peterson、Mark Guyer、Brad Ozenberger	美国国家人类基因组研究所

EXEC 主要负责统筹管理 ICGC 的成员和计划实施过程中的相关事项，包括负责审

查和接受新成员的提名、修改或采纳 ICGC 政策的建议、监控项目的进度、数据质量和数据可访问性，定期向资助机构报告工作进展，并与国际科学指导委员会密切合作开展指导工作。同时，EXEC 也为 ICGC 成员提供沟通平台，发现研究中的问题以及存在的重合工作，并提出解决方案。此外，EXEC 具有聘用权，可决定在科学、法律、知识产权、伦理、资金、沟通等方面聘用顾问或建立专家委员会。最后，EXEC 还负责制定沟通策略，确保与所有 ICGC 利益相关者进行积极协商。

（2）ICGC 国际科学指导委员会

国际科学指导委员会（ISSC）由 ICGC 的主要研究人员、病理学家、肿瘤学家和伦理学家，以及数据协调中心和资助机构的代表组成。

ISSC 日常通过电话会议、电子邮件和定期会议执行工作，其主要工作职责包括行使科学协调机构职能，评估计划实施进展，解决新发现的科学问题。其中，科学问题主要包括样品、知情同意、伦理、质量标准以及技术革新等相关的问题。ISSC 还负责签订协议、建立标准操作流程，以及建立临时或常设小组委员会以分配重点任务，并确立质量控制标准等。

（3）ICGC 科学工作组/中心

ICGC 科学工作组/中心是联盟的样本提供者和数据生产中心，直接参与数据生产、质量评估和数据管理等工作。在 ICGC 规划阶段（2007 年 11 月～2008 年 3 月），初步设置临床和病理学问题工作组、样品质量标准工作组、基因组分析工作组以及数据发布知识产权与出版物工作组，最终整合成为以下 5 个工作组/中心。各个委员会和工作小组将定期举行电话会议，讨论课题进展，沟通技术，推动国际合作的高效实施与开展。

1）技术工作组

技术工作组（Technologies Working Group）负责发布可用于肿瘤研究的最新基因组学和生物信息学方法，对现有技术进行评估，在 ICGC 内部建立统一的技术标准并推广，以便于不同研究组产出数据的对照。

2）数据协调和管理工作组

数据协调和管理工作组（Data Coordination and Management Working Group）负责协调成员国的数据存储和计算资源，开发数据管理软件，并对快速积累的海量数据进行日常维护。在 ICGC 成立初期，该团队的工作重点是建立云存储和云计算平台。

3）数据协调中心

数据协调中心（Data Coordination Center）负责管理从各个研究计划和研究中心流向 ICGC 中央数据库和公共存储库的数据流，并承担数据质量评估和数据发布任务。此外，数据协调中心会定期向 EXEC 和 ISSC 汇报工作，并提交工作进度报告。

4）质量评估中心

质量评估中心（Quality Assessment Center）负责对研究中使用的样本进行质量评估。

5）伦理、政策与治理委员会

伦理、政策与治理委员会（Ethics、Policy and Governance Committee）负责开展伦理工作，重点是从全球视角出发，结合各国的法规和习俗出发，为 ICGC 研究过程和数据发布提供伦理准则和指南方针。

4. ICGC ARGO 的组织架构

ICGC ARGO 作为计划研究最新阶段的项目，调整了计划实施的组织架构，保留了 ICGC 执行委员会和部分工作组，同时增加了管理委员会（图 3-13）。

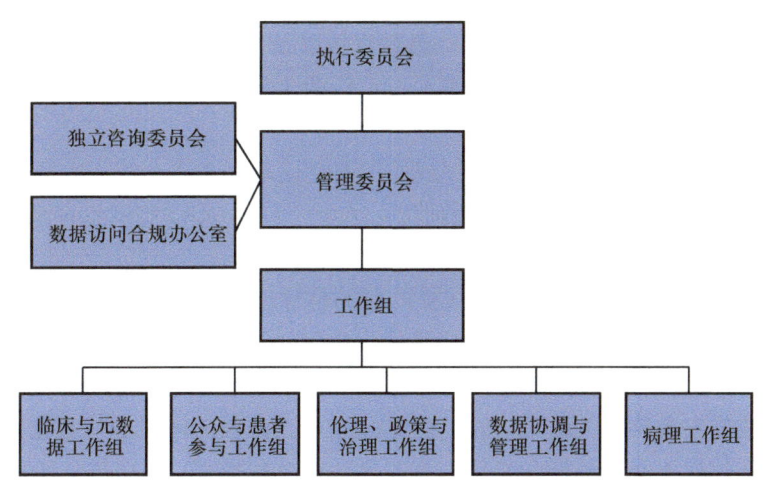

图 3-13　ICGC ARGO 的组织架构

（1）ICGC ARGO 执行委员会

ICGC ARGO 执行委员会作为监督和宣传机构，自初始阶段的 25K 计划以来一直存在，负责维护 ICGC ARGO 的目标和使命。新阶段下，执行委员会职能与之前基本相同，负责审查 ICGC ARGO 的进展，并就研究、临床实践、技术进步和患者参与等领域提出行动计划和建议。

执行委员会成员由 ICGC ARGO 成员国按辖区提名，由在 ICGC ARGO 关键领域拥有专业知识的专家组成。执行委员会包含 10~15 位成员，任期 3 年，可连任一届。执行委员会批准任何事项都需至少 6 位委员会成员同意。

（2）ICGC ARGO 管理委员会

ICGC ARGO 增设了管理委员会，负责执行 ICGC ARGO 的运营工作，管理委员会位于英国格拉斯哥大学，由 ICGC ARGO 执行主任领导，汇聚科学、临床和管理领域的专家共同组成，成员也会根据计划实施战略需要，分布在 ICGC ARGO 项目集中的地区。管理委员会按月定期举办会议，对于连续缺席 3 次及以上会议的成员将被视为自动从委员会辞职。执行委员会每年开展成员资格审查。

在职责方面，管理委员会负责审查新成员的项目和计划意向书、对工作组进行监督，并提供支持；对计划进行财务管理和资源分配；发展和管理学术、商业以及社区合作伙伴关系；与所有 ICGC ARGO 利益相关者定期沟通，保持良好的合作关系；吸引行业合作伙伴。同时，管理委员会每季度向执行委员会提交详细的报告，汇报计划目标的进展。

1）独立咨询委员会

独立咨询委员会（Independent Advisory Committee，IAC）是管理委员会下设机构，主要负责就科学或临床相关问题向 ICGC ARGO 提供建议，包括与样本、伦理、数据访问和合规性、质量标准以及技术相关问题。此外，IAC 还负责评审相关政策和流程报告，同时有权向管理层提出对 ICGC ARGO 有潜在影响的具体问题（如立法或新技术对计划开展的潜在影响）。

IAC 的成员共 7~9 位，均为 ICGC ARGO 目标相关领域具备专业知识的专业技术人员（如临床基因组学、生物信息学、患者宣传以及生物医学伦理和法律专家）。成员由管理委员会提名并经执行委员会批准通过，任期 3 年，可续聘一次。IAC 批准任何决议均需至少 6 位成员通过。

IAC 每年通过视频会议、电子邮件或面对面会议举行 3 次会议。成员若连续一年或以上缺席会议将被视为自动从委员会辞职。

2）数据访问合规办公室

数据访问合规办公室（DACO）成立的目的是管理 ICGC 的受控数据。研究人员可以直接向 DACO 提交他们的数据访问请求，DACO 负责审查这些访问请求是否符合 ICGC 数据管理政策。审核标准包括但不限于有关研究的目的和相关性、数据捐赠者保护和捐赠者数据安全等相关政策。为了在遵循 ICGC 政策的同时加快数据共享，DACO 将尽可能遵守数据访问与开展负责任共享的全球标准和指南，特别是全球基因组学和健康联盟中与基因组和健康相关数据负责任共享框架（2014）和 GA4GH 数据访问委员会指导原则和程序标准。

DACO 办公室由两个关键职位组成，包括数据访问官和 DACO 管理员。其中，数据访问官负责决定已通过前期审核的数据访问政策是否最终执行，并维护 DACO 的正常运作。DACO 管理员负责 DACO 电子邮件和在线门户的管理，他们负责接收提交的材料、与研究人员的沟通以及所有相关文件。在数据访问合规工作中，DACO 管理员与数据访问官密切合作。

DACO 没有正式的委员会结构，但作为一个权威数据管理机构，拥有一系列在伦理、法律、数据管理、人工智能与新兴技术、计算方法以及临床经验方面具备专业知识和专业技能的专家顾问团队。顾问团队会根据工作需要监督管理员与访问官工作或提出提案。DACO 还每月向 ICGC ARGO 管理委员会报告工作进度以及对数据访问申请需要额外审查的内容。

（3）ICGC ARGO 工作组

1）临床与元数据工作组

临床与元数据工作组负责监督 ICGC ARGO 实施过程中应用的临床数据模型，包括数据提交、数据处理和数据质量。该工作组将战略性地发展子工作组，重点关注具有临床价值的领域，如临床试验和非试验队列的结构与设计、队列指标的设计等。

2）数据协调与管理工作组

数据协调与管理工作组负责管理从项目至中心及中央 ICGC 数据库到公共存储库的数据流，并负责数据的质量评估、管理和发布，并与数据协调中心和联盟成员合作管理临床数据库和数据模型。

3）伦理、政策与治理工作组

伦理、政策与治理工作组（AEGC）依据伦理准则和指南方针，支持 ICGC ARGO

的工作，确保患者来源数据处理的标准化，以及符合伦理、法律和社会等因素。在原有 ICGC 伦理、政策与治理委员会的工作基础上，AEGC 将继续就 ICGC ARGO 实施过程中的相关核心生物伦理问题开展调查、审查，并提出相关建议和指导，从而确保来自不同国家/地区的数据，能够在尊重相关个人的权利、遵循国际标准和最佳实践的前提下实现共享。为此，AEGC 与公众和患者参与（PPIE）工作组建立了密切合作。

4）病理工作组

病理工作组负责收集与 ARGO 患者基因组数据相关的病理学数据。具体包括利用分子分析数据表征肿瘤的基因组、转录组和蛋白质组学信息，以及利用病理学图像信息分析肿瘤组织学特征、生长模式以及与周围微环境的相互作用。该工作组将使用上述数据为探索患者基因组图谱与病理、表型之间的关系提供一个平台。

5）公众与患者参与工作组

公众与患者参与工作组专注于与患者、卫生专业人员和广大公众进行沟通，以提高 ICGC ARGO 研究的知名度。其目的是能够让研究人员、医护人员和政策制定者了解患者参与的价值，并且让患者感受到与项目进行互动的价值。

(四) ICGC 的管理政策

1. 知情同意及伦理监督

（1）核心生物伦理准则

作为一项国际合作项目，对不同研究者的伦理审查在不同地区的文化和监管环境下有所差异，为此，ICGC 制定了核心生物伦理准则（Core Bioethical Element）来规范癌症基因组样本收集和数据采集中涉及的伦理要素，同时充分尊重成员之间的差异。ICGC 要求所有项目成员遵循该准则，并将其纳入成员资格获取的先决条件。

在 ICGC 的早期阶段（25K 计划和 PCAWG 计划），核心生物伦理准则对前瞻性研究、回顾性研究中应向样本提供者传达的信息进行了重点说明，并对涉及少数群体、儿童和新生儿的权益，以及已故者样本和匿名样本的使用中涉及的生物伦理问题做出补充说明和要求。第三阶段，ICGC ARGO 基于阶段核心目标，承袭了早期阶段政策管理体系中的核心伦理准则，还为前瞻性研究制定了伦理准则（表 3-26）。

表 3-26 ICGC ARGO 前瞻性研究潜在参与者的核心生物伦理准则

序号	准则条款
1	ICGC ARGO 致力于协调世界各地开展的科学和临床相关项目的研究工作
2	参与 ICGC ARGO 及其项目遵循自愿原则
3	ICGC ARGO 成员和其他国际研究人员将通过开放、注册或受控的访问数据库，在最大程度遵守参与者信息保密条款的前提下，共享来自样本和相关健康记录的数据。根据相关条款和条件访问数据的研究人员可以将这些数据链接到其他数据库，但限于科研目的使用
4	除非知情同意书中另有规定，否则数据访问者需证明其不会尝试识别参与者身份，并且仅将数据用于以上所述目的
5	确保数据库中可访问数据被远程识别的风险最小化
6	为降低身份信息共享的风险，参与者（样本捐献者）身份的主要信息都被保存在本地数据库中。同时，在数据被处理前，每位参与者还会获得系统生成的唯一代码，作为进一步的信息保护
7	数据提取存在实际操作限制。一旦数据被整合至开放访问的数据库中，将无法追溯，也无法撤回

续表

序号	准则条款
8	ICGC ARGO 成员同意不对 ICGC ARGO 的原始数据提出知识产权索赔
9	参与者最终不会获得任何商业产品利润
10	成员项目应向 ICGC ARGO 确认，是否将个人研究结果返还给参与者

（2）知情同意规范与知情同意评估流程

知情同意是 ICGC 样本采集中的首要问题。ICGC 早期阶段的知情同意书的模板由 ICGC 的伦理政策与治理委员会讨论确定。成员在遵守核心生物伦理准则的基础上，将按照知情同意指南向样本提供者传达项目相关信息并获取知情同意，其中包括：ICGC 计划的概况、招募对象和方法、样本采集的类型和方法、样本的用途、参与的风险、隐私保护方案、医疗/行政记录相关信息、样本所有权、由样本产生的知识产权的归属、补偿信息、第三方商业化和知识产权等信息。

由于基因组原始数据的特殊性，在 ICGC ARGO 项目中，ICGC 伦理、政策与治理委员会根据全球基因组学与健康联盟的知情同意政策和最佳实践文件中的原则编写了知情同意评估流程（图 3-14）。该流程用于评估样本和数据是否经过贡献者的知情同意，原始数据是否被允许并适用于 ICGC ARGO 未来研究。若参与者拒绝参与基因组研究或者未给出知情同意证明，则该数据或样本无法应用于 ICGC ARGO 研究。

步骤1. 请回答以下问题

您是否知情并同意您的数据：	是	否
1. 被用于未来任何批准的生物医学研究		
2. 储存在开放获取数据库的公开字段/数据集中		
3. 储存在受控访问数据库的受控字段/数据集中		
4. 与其他数据相关联		
5. 在国际范围内进行共享		
6. 由研究人员通过非营利/非商业途径正当使用		

步骤2. 若上述答案均为"是"，您的数据将被用于ICGC ARGO。若任意答案为"否"，请回答以下问题

	是	否
1. 除了使用您的数据信息，您是否同意项目组再次联系您，邀请您作为项目参与者		
2. 若ICGC ARGO项目组希望您加入研究，您是否接受我们再次联系您并重新获取您的知情同意		

步骤3. 如果上述答案均为"是"，请您再次联系并再次提交知情同意。若任意答案为"否"，请回答以下问题

	是	否
1. 您是否愿意向授权的当地委员会申请，以获取参与ICGC ARGO 的道德豁免(重新同意要求)		

图 3-14 ICGC ARGO 参与者知情同意评估流程

（3）撤回同意

ICGC 十分重视和尊重参与者的自由选择。ICGC ARGO 广泛吸纳患者/参与者的参与，故 ARGO 倡议的管理政策对参与者撤回同意/退出研究提出了相应规定。

参与者有权随时退出研究，无须说明理由，但由于 ICGC ARGO 涉及在开放（可公开访问）或受控访问的数据库中处理和存储个体水平的基因组和临床数据，在数据提取中存在实际限制问题。参与者决定退出研究时，数据所处的处理阶段决定了撤回数据的潜在困难程度：①若数据已在研究项目中公布或使用，则无法从已整合分析或已发布数据中追溯；②出于数据监管目的和遵守数据完整性的 ARGO 相关政策，数据需要被保留。对此，ICGC ARGO 提出针对参与者退出时数据管理的相关政策：①如果在数据公开发布之前撤回同意，则数据（临床和分子）将从系统中删除，数据不再对外发布且在项目中不再可用，同时，数据被删除后不可撤销；②如果在数据公开发布之后撤回同意，则无法删除数据。同时，ICGC ARGO 也详细描述了退出研究删除数据的办理流程。

（4）患者/个人保护政策

ICGC 认识到平衡个人数据保护和数据共享对于癌症研究的重要性。为了最大限度地降低患者的个人信息被泄露或识别的风险，ICGC 联盟将数据集划分为开放获取和受控访问两类。其中，开放获取数据集对公众公开，受控访问数据集则包括能体现个体特征，但不能直接识别出个体的复合基因组信息和临床数据。对于受控访问数据的获取，研究人员必须向数据访问合规办公室（Data Access Compliance Office，DACO）提出申请并获得授权后方可访问。同时，ICGC 设有一个独立的国际数据获取委员会（International Data Access Committee，IDAC），其将制定额外的"受控访问"数据管理政策，为研究人员访问受控数据提供其他途径。此外，IDAC 还负责监督 DACO 三个方面的工作：①对负责审查受控数据的 ICGC 成员项目进行监督；②对被授权发布 ICGC 数据的机构的合规性进行监督；③对使用受控数据的用户进行监督。在该模式下，既尊重了样本捐赠者权益，又能在符合伦理要求的基础上实现共享（表 3-27）。ICGC 会在遵守伦理与隐私政策和法规的情况下，定期修订开放数据集与受控数据集列表，以反映基因组学、生物信息学领域的变迁。

表 3-27 开放获取数据集与受控访问数据集列表

开放获取数据集	受控访问数据集
• **癌症病理学信息** 组织学类型或亚型 组织核分级 • **患者信息** 性别 年龄（89 岁以上作为单独类别） 生命状态 末次随访时的年龄（89 岁以上的单一类别） 生存时间 复发型 复发间隔时间 末次随访时的疾病状态 确诊与末次随访的时间间隔 • **基因表达（标准化）** • **DNA 甲基化** • **基因型频率** • 计算的拷贝数（copy number）和杂合性丢失（loss of heterozygosity） • **新发现的体细胞变异**	• 详细的表型和结果数据 居住地区 风险因素 检查结果 手术情况 药物情况 放射情况 采样情况 恶化情况 特定的组织学特征 分析物 等分试样 捐赠者注释 • 基因表达（探针水平数据，probe-level data） • 原始基因型检出结果（raw genotype call） • 基因样本标识符链接和基因组序列文件

2. 数据质量标准

（1）样品质量标准

获得高质量的样品是 ICGC 实施过程中的重要挑战。在计划实施的第一阶段，ICGC 的合作伙伴和资助机构在这一方面投入了大量精力和资金，进而通过样品质量标准工作组制定了样品质量保证一般性指南。该指南适用于具有多种组织病理学和临床特征的广泛癌症亚型。

ICGC 为所有项目的实施提出了普适性的样品质量保障建议。首先，临床和病理专家委员会（由不同机构的代表组成）负责起草和监督每种癌症类型或亚型的指南，这些指南必须提供给联盟的所有成员和数据用户；其次，肿瘤类型应使用世界卫生组织（World Health Organization，WHO）现有国际标准（包括 ICD-10 和 ICD-O-3），如果研究新的分子亚型，则应充分详细地定义这些亚型；再次，所有样本必须由两名或多名病理学家审查；最后，为确保高质量肿瘤样本，代表胚系基因组（germline genome）的患者匹配对照样本（patient-matched control sample）须区分体细胞突变和遗传突变。此外，对于实体瘤，ICGC 建议使用来自外周血的单核细胞部分作为样本，而血液系统恶性肿瘤，则建议进行皮肤活检获取样本或使用来自病情康复期患者的淋巴细胞。

在 ICGC ARGO 项目的执行阶段，主要挑战为从全球众多肿瘤类型和项目中获取、管理和协调大量详细的临床数据。由于没有涵盖所有癌症类型的标准化临床试验数据集，因此将采用明确符合 ARGO 要求的数据字段和值。ICGC 的第一阶段计划也曾对此类临床数据的标准提出要求，但最终仅在少数项目中实现。组织和临床注释工作组（2018~2021 年）制定了临床数据的质量指标，临床和元数据工作组将协调临床命名和数据值的标准化和实施。在政策层面，ICGC ARGO 不仅完善了关于项目临床数据质量和提交流程的指导建议，还发布了适用于 ARGO 的样品质量指南。由于 ARGO 临床数据模型的综合性，特别是在应对回顾性数据、特定疾病情况、数据的可用性或访问受限等特殊情况，ICGC 制定了额外标准和一致性方法来评估例外申请。

（2）数据标准化

癌症基因组数据分析软件众多，很多参与 ICGC 的实验室均开发了自己的生物信息学工具。为使各国实验室产出的数据更具有可比性，ICGC 技术工作组成立了标准流程分析工作组（Benchmark Analysis Working Group），旨在比较分析不同平台和不同信息学流程。但亦需正视一个现实：ICGC 数据处理流程的标准化仍然存在不足，流程统一进度迟缓，制约了泛癌基因组分析的开展。

3. 数据管理

（1）ICGC 初始阶段数据整合模式

由于联盟在全球范围内的分散性和数据量庞大，将所有数据储存至单一集中式数据库将使数据储存和数据管理工作异常烦琐。因此，ICGC 采用分布式注释系统（Haider et al.，2009），通过"特许授权"数据库来整合信息。根据这个模式，每个项目在对癌症数据信息进行全面质量检查之后，将其拷贝至其本地特许数据库进行发布。每个特许数据库使用通用的模式描述样本、相关临床信息及其基因组表征数据。ICGC 元数据文件将传至美国国立生物技术信息中心（National Center for Biotechnology Information，NCBI）和/或欧洲生物信息学中心（EMBL-European Bioinformatics Institute，EMBL-EBI）进行归档，而注释后的数据集，如体细胞突变识别（somatic mutation call），都存放在特许数据库中（The International Cancer Genome Consortium，2010）。

ICGC 的数据由位于安大略癌症研究所（OICR）的 ICGC 数据协调中心（Data Coordination Center，DCC）统一管理。芝加哥大学、欧洲生物信息学中心、巴塞罗那超算中心（Barcelona Supercomputing Center）、德国国家癌症研究中心（The German Cancer Research Center，Deutsches Krebsforschungszentrum，DKFZ）、日本理化学研究所（RIkagaku KENkyusho/Institute of Physical and Chemical Research，RIKEN）、韩国电子通信研究院（Electronics Telecommunications Research Institute，ETRI）6 个计算资源中心作为特许数据库使用数据联合技术 BioMart27 参与管理，并以云平台的方式运作。特许数据库的研究者获得数据授权后可以在任意地点登录和处理数据，软件和数据均在云平台上安装和调用。DCC 还负责运营 ICGC 数据门户，通过这些数据门户网站，研究人员可以访问 ICGC 中开放获取和受控访问数据集中的数据。数据门户网站提供各种用户查询界面，从简单的基因检索查询到整合基因组、临床和功能信息的查询等。

（2）ICGC ARGO 阶段数据管理

➤ 数据协调和管理一直是 ICGC 的主要优势，而新阶段的 ICGC ARGO 具有更大的规模，涉及更丰富、复杂的临床和环境信息采集，所以 ICGC ARGO 对原有数据管理模型进一步修改，以保证规范清晰的管理数据。每个数据生产者将管理自己提交的数据，并负责初级质量控制、数据完整性和机密信息的保护。数据管理系统及其设计总体原则如下。

➤ 为测序中心、临床数据管理人员和其他 ICGC 参与者提供安全可靠的数据上传机制。

➤ 数据集上传和处理时对其进行跟踪，以对这些数据集进行基本的完整性检查。

➤ 允许对项目进行定期审计，并为 ICGC 联盟发展状态提供说明。

➤ 对数据进行质量检查，如检查测序覆盖率是否达到预期标准，或者在肿瘤样本中报告体细胞突变序列，并需要明确指示其与非肿瘤组织的序列差异。

➤ 将数据存储在基因组公共数据库中，包括序列跟踪存储库和微阵列存储库。

➤ 向每个公共存储库提供必要的元数据，使数据能够被查找和使用。

➤ 通过使用广泛接受的本体、文件格式和数据模型，促进数据与其他公共资源的对接。

➤ 允许研究人员同时使用存储在多个地点的 ICGC ARGO 捐赠者的数据进行计算，并返回跨越整个分布式数据集的分析结果。

➤ 支持假设驱动的研究：系统应支持一次涉及单个基因、基因短列表、单个样本或样本短列表的小规模查询。系统必须为研究人员提供一个交互式界面，用于识别感兴趣的样本、查找可用于这些样本的数据集、选择这些样本的数据切片。

在基础设施方面，ICGC ARGO 数据协调中心（DCC）将与工作组和联盟成员合作定义临床数据字典和数据模型。DCC 将提供一个提交系统，用于接收和验证临床数据。DCC 还将与区域数据处理中心（RDPC）协调，以接收、验证和统一分析 ICGC ARGO 测序中心提交的分子数据。

经过解析的结果以及质量控制指标将被发送到 DCC，以便与其他 ICGC ARGO 数据集整合并传播给科学界和非专业社区。处理后的测序数据将存档在一个或多个公共序列档案中，并镜像到多个云计算提供商，以供合格的研究人员进行额外的数据分析。

4. 数据访问与数据使用

ICGC ARGO 制定了安全协议和流程，以确保 ICGC 系统、服务以及个人数据的机密性、完整性和可用性。这些措施有助于确保数据的保护与利用遵循道德与责任原则。ICGC 数据的所有用户，包括数据提供者、数据用户和数据处理者，都必须遵守数据访问与使用政策。

（1）国际数据共享

ICGC ARGO 遵循全球基因组学与健康联盟（GA4GH）的理念，即在公认的法律和伦理范围，鼓励成员通过团体合作最大限度地共享数据。ICGC ARGO 制定了一系列数据共享原则，旨在确保数据管理的可查找性、可访问性、互操作性和可重用性，并致力于提高人们对共享数据以实现社会利益和价值的责任的认识。

（2）受控数据访问

ICGC 数据访问合规办公室（DACO）负责审查受控数据的访问请求。DACO 主要基于三个核心原则对申请进行评估：用户资格，研究实施的可行性、相关性和科学价值，以及是否遵守伦理准则（如患者保护情况以及捐赠者数据安全等）。

通常，受控数据的访问申请由首席研究员（PI）提出，由其所在法人机构的代表审核通过，并由 PI 本人或其所在机构的管理人员向 DACO 提交相关申请材料。申请通过后，PI 本人、负责申请书提交的人员及其所在机构内的合作者、学生等申请材料中包含的人员均可访问相关受控数据。申请材料中还需提供 PI 从事研究的简单摘要，相关描述要易于没有癌症基因组学项目经验的人理解。ICGC 为编写该类摘要提供了撰写指导指南。DACO 会对申请进行审查，在给出是否批准访问请求的决定时，除了"允许访问"外，任何拒绝及其他决定都要附上详细的解释说明。DACO 数据访问批准的有效期为两年，要求申请人签订年度协议，并每两年续签一次，以保持对数据的持续访问权限。

（3）数据泄露

ICGC ARGO 通过数据管理政策和框架、多种技术和组织措施，积极管理和防范数据泄露，包括制定授权访问受控数据的治理框架，明确数据管理、伦理道德、知情同意以及数据安全相关的政策和指南，并定期审查指南内容；制定符合数据协调中心（DCC）、区域数据处理中心（RDPC）和数据镜像中心（DMC）的国际最佳实践的安全政策、流程和程序。ARGO 还将每年通过数据保护影响评估（DPIA）来评估个人可能因违规而面临的风险。此外，ARGO 还要求有权访问 ICGC 受控数据的个人必须报告与 ICGC 数据相关的安全事故，无论是否导致数据泄露。

5. 数据发布

（1）快速发布数据的原则

国际癌症基因组学联盟（ICGC）的成员需要遵循向科学界快速发布数据的原则。这一原则最初在人类基因组计划期间开始实施，并被沿用至随后的大规模基因组分析中，该原则的应用加速了数据向科学知识的快速转化。数据生产者与数据使用者将共同促进数据的快速发布。

（2）数据发布的标准

ICGC 将为联盟成员生成的每种数据类型建立清晰的数据标准。ICGC 成员将在满足此标准时将数据发布到适当的公共数据库。在大多数情况下，ICGC 还将进行进一步的数据验证工作，但不会延迟数据的初始发布。

（3）数据发布时间

ICGC ARGO 成员项目有权访问联盟其他成员的数据。数据访问是分层的，旨在不损害其他成员权益的前提下，鼓励数据共享，同时为数据生产者提供足够的时间来执行分析。其中，在数据分析完成后 12 个月内，仅限通过申请访问流程获得数据访问权限；在数据分析完成 12 个月之后，联盟正式成员获得访问权限；在标准化分析完成 18 个月之后，联盟准成员获得访问权限；在数据分析完成后 24 个月之后，开始面向社会开放访问。

6. 成果发表和知识产权

ICGC 积极推动研究成果的发表，并制定了一系列成果发表政策与规范。整体而言，ICGC 各研究小组/团队均可以在出版物中独立发表研究成果，为了便于比较不同成果间的数据，所有出版物中的数据都要求符合统一质量标准。ICGC 成员在使用数据发表成果前，应征得相关临床贡献者、协作团队成员等数据生产者的同意，否则将无权访问联盟其他成员的数据；对于已经在公共数据库中共享的数据，则可以直接使用，无须征得同意。

除了上述统一要求外，ICGC 还根据成果中使用的数据集和对数据分析的不同类型，分别制定了不同的成果发表规范，具体如下。

（1）全局分析（global analyses）成果

这类成果指从全基因组角度对癌症的基因组、转录组、表观基因组或综合数据集进行全面分析。为促进数据产出的合理分享与利用，对于这类成果的发表，将根据产出数据集的项目成员的意愿，实施"发表延缓政策"，提供一年的发表保护期。在此期间，数据生产者能够优先发表相关成果。

（2）针对性分析成果

这类成果指通过对特定数据集的挖掘，识别出特定突变、基因或通路。这些成果不受"发表延缓政策"的保护，因为快速分享至科研界能够最大化其科学价值，尽管数据生产者产出这类数据的主要动力往往源自数据集本身的高价值。ICGC 明确规定，在第三方利用这类数据集进行成果发表时，不允许仅对能够直接检索到的数据进行简单的整合描述，必须进行深入的额外分析。

（3）其他分析成果

在某些情况下，研究人员可能会出于测试生物信息学新方法的目的，对数据集进行全局分析，但不会发布全局分析结果。对此，ICGC 鼓励用户使用不受"发表延缓政策"保护的数据集，或与受"发表延缓政策"保护的数据集的生产者建立联系。最终的分析成果可以通过 3 种方式发表：数据集使用者获准对一个子集的数据进行分析并发表相关成果（如影响单个染色体的突变模式）；数据集使用者和生产者合作并共同发表相关成果；数据集使用者的分析文章与数据集生产者的全局分析文章同时投稿发表。

此外，在专利申请方面，ICGC 认为，在不受任何专利限制情况下开放访问数据，将有利于实现公众利益最大化，因此相应提出了不允许对元数据申请专利政策。但 ICGC 数据使用者（包括 ICGC 成员）可以利用数据开展进一步研究，并对下游发现进行知识产权保护。在这种情况下，ICGC 希望数据使用者使用非排他许可，以促进进一步研究的开展。

7. 患者与公众参与

ICGC 希望在项目实施过程中，充分吸纳癌症患者、患者家人以及护理人员的生活经验信息，并加强患者在研究的治理、优先项目设置、项目实施监督和知识转化中的参与度，从而在研究人员和患者之间建立更紧密的联系。作为项目合作伙伴，患者的参与将有助于推动 ICGC 研究的开展，并加速相关政策和实践的转化进程，反之还将有助于提高癌症患者的生活质量，以及优化卫生保健系统。

在 ICGC ARGO 项目中，从 3 个方面进一步完善了患者与公众参与的管理体系。首先，ICGC ARGO 制定了以包容性、支持性及相互尊重为基础的患者和公众参与指导原则；其次，成立了公众和患者参与工作组，专注于搭建患者、医疗人员和广大公众共同的桥梁，以提高 ICGC ARGO 研究的知名度和可及性；最后，其目标是营造一个患者参与、互动的环境，让研究人员、医护人员和政策制定者等利益相关方了解患者参与的价值，并且也让患者能够亲身体验到这些互动带来的益处。

患者可以通过以下多种方式参与到计划的实施中（表 3-28）。

表 3-28 患者参与计划实施的方式

参与程度	参与者职能	参与方式
高	发起项目	患者群体参与研究需求的识别，以及研究议程的制定
	全面负责策划项目	研究人员会要求患者群体提出问题，并就项目目标和实施过程做出关键性决策
	负责策划部分项目	研究机构负责识别项目的科学问题，向患者群体展示，并明确每个问题的局限性，由患者群体来做出一系列决策，决定哪些内容纳入到研究计划中
	共同规划项目	研究人员负责提出完整的研究计划，并根据患者群体的意见，做出部分调整，随着研究的推进，还可能会继续做出更多调整
	咨询	研究机构指定研究计划并向患者群体提出问题，征求其建议，仅在必要时对计划做出修改
低	接收信息	研究机构制订计划，通过召开社区会议的方式，使患者了解项目的信息
	无	患者群体不参与

（五）ICGC 的影响力

全基因组变异分析是肿瘤系统生物学研究的基础，ICGC 以其宏大的合作规模、研究路径设计和数据成果为癌症基因组分析的国际性合作树立了典范。ICGC 建立了广泛而全面的癌症基因组学图谱，覆盖了全球范围内所有主要肿瘤类型和亚型，并通过绘制基因组结构畸变图推进了癌症分子机制的解析。同时，ICGC 所产出的数据还支撑产出了数百篇开创性的具有里程碑意义的研究成果。此外，ICGC 还是跨大陆合作的成功范例，系统的伦理规范和知情同意政策体系大大提升了研究的合规性与可操作性，实现了在不同国家/地区的法律和伦理框架下获得患者知情同意，并实现数据共享。截至 2022 年，ICGC 已经完成了前两阶段的项目，正在推进第三阶段项目——ICGC ARGO。该项目旨在促进全基因组变异分析在转化医学临床实践中的应用，为识别肿瘤基因和相关生物功能变化，开展临床意义评价以及开发诊断试剂与针对性药物提供基础信息，从而促进基础医学研究成果向临床应用的转化。

1. ICGC 的数据产出

截至 2019 年，根据 ICGC 官方门户网站的数据显示，ICGC 第一阶段项目——25K 计划获得来自亚洲、大洋洲、欧洲和北美洲的资助机构的拨款，在 22 个国家/地区开展了 86 个癌症基因组项目。在这一阶段，共生成了 24,289 名捐赠者样本的"组学"分析结果，最终形成了超过 8178 万个体细胞的突变数据，包括全基因组数据、外显子数据、拷贝数变异谱、转录组数据和表观遗传数据等，这些数据涉及 26 个癌症类型（Zhang et al.，2019），包括胆道、膀胱、血液、骨、大脑、乳腺、子宫颈、结肠、眼、头颈、肾、肝、肺、鼻咽、口腔、卵巢、胰腺、前列腺、直肠、皮肤、软组织、胃、甲状腺以及子宫等部位的癌症（江帆，2014）。

ICGC 第二阶段项目——全基因组泛癌分析（PCAWG）对 38 种不同肿瘤类型的 2600 多种原发性癌症及其相关的正常组织进行了全基因组测序和综合分析。这项研究进一步揭示了癌症中大规模结构突变所发挥的广泛作用，确定了基因调控区域中以前未知的癌症相关突变，推断了多种类型癌症的演化过程，阐明了体细胞突变和转录组之间的相互作用，并研究了胚系遗传变异在调节突变过程中的作用。

目前，ICGC 第三阶段项目——ICGC ARGO 正使用 ICGC 获得的大规模综合数据形成知识库，将研究人员、科学家、政策制定者和临床医生与患者、医护人员、行业相关者和其他人员联系在一起，通过将患者疾病分子亚型与最有效的治疗方案相匹配，进而推进癌症治疗领域的发展，包括推动制定预防策略，识别可用于早期发现疾病的标志物，并开发更具体的诊断和预后标准和方法。

2. ICGC 的产出文章

截至 2022 年，ICGC 作为团体作者在 Web of Science 官网发表论文 88 篇。其中，涉及乳腺癌从癌细胞克隆进化的探索性研究（Nik-Zainal et al.，2012）、骨髓异常增生综合征基因组学研究（Papaemmanuil et al.，2011）、龈颊鳞状细胞癌外显子组分析（India

Project Team of the International Cancer Genome Consortium，2013）、纤维型星形细胞瘤（Jones et al.，2013）和 Ewing 肉瘤的全基因组分析（Tirode et al.，2014）等。2020 年，全基因组泛癌分析计划在 *Nature* 及子刊发表 23 篇文章，展示了当时最为全面的癌症基因组分析结果，与以往关注于蛋白质编码区不同，这一成果探讨了编码区和非编码区的体细胞和种系变异的特点和结果，特别强调了顺式调控位点、非编码 RNA 和大规模结构改变。

三、国际水稻基因组测序计划

（一）概述

水稻是世界上重要的粮食作物之一，因其基因组（约 430 Mb）是禾谷类作物中最小的，易于进行遗传操作，且与其他禾谷类作物基因组存在共线性，因此水稻也是禾本科作物的模式植物，在遗传学、分子生物学及基因组学研究中具有重要地位。水稻全基因组测序不仅有利于探明水稻基因功能，而且还有利于推动更大和更复杂的禾谷类基因组研究，为未来全球粮食安全提供了有力保障。

水稻基因组测序的重要性在 20 世纪 90 年代初便已达成国际共识。在国际水稻基因组测序联盟组建之前，日本、中国、美国等多个国家都早已开展了多项大规模的水稻基因组研究项目，成功构建了一系列水稻遗传图谱和物理图谱。这些图谱对于了解水稻基因组有着重要价值，但用于水稻研究都有其局限性，水稻基因组学研究需要获得完整、准确的序列信息，因此开展全基因组精确测序是十分必要和重要的。基于这一初衷，1997 年 9 月，在新加坡举行的第五届国际植物分子生物学大会上，科学家们在日本、中国、美国等国家级大规模项目的基础上组建了国际水稻基因组测序联盟，旨在协调全球水稻基因组测序工作，并促进研究数据的国际共享。经过半年的筹备，1998 年 2 月，中、日、美、英、韩五国代表共同发起了国际水稻基因组测序计划（International Rice Genome Sequencing Project，IRGSP），共同协定了国际合作的原则，设定了在 10 年内完成粳稻品种'日本晴'（*Oryza sativa* subsp. *japonica* cv. 'Nipponbare'）全基因组测序的目标。2000 年，在美国克莱姆森大学召开了协调会，IRGSP 对 12 条染色体测序任务进行了分工。至 2002 年，通过全球研究机构和私营公司的共同努力，'日本晴' 12 条染色体的基本测序草图成功完成。2005 年，通过克隆步移法，IRGSP 完成了'日本晴'的全基因组测序，并在此基础上进行了多次改进和完善，最终形成目前公认的质量最高的作物参考基因组序列。

在组织管理方面，IRGSP 采取分布式的组织模式，以国家/地区为单位分配测序任务。IRGSP 的主要职责是促进成员间的紧密协作与有效沟通，为此，IRGSP 构建了以 IRGSP 工作组为主体的组织体系，鼓励成员间共享材料、技术和资源，并建立了综合数据库以促进测序工作的推进和数据的共享。在经费资助方面，IRGSP 本身没有可用于资助研究项目的统一经费，开展项目工作的经费全部来源于任务承担机构，主要由其所在国家/地区的政府和资助机构为其提供科研资金。同时，为确保联盟运作的顺畅与高效，IRGSP 制定了一系列，涉及数据质量和标准、数据发布、知识产权保护及成员间资源共享等方面的管理政策和指南，并要求联盟成员严格遵守。

（二）IRGSP 的酝酿和发起

1. IRGSP 成立的科学基础

水稻是地球上近半数人口的主食来源，其重要性不言而喻。同时，水稻基因组（约430 Mb），是禾谷类作物中最小的，易于进行遗传操作，加之与其他禾谷类作物基因组存在共线性，水稻目前已成为遗传学和基因组研究的模式植物，与水稻相关的遗传学和分子生物学研究一直备受研究者的重视。水稻全基因组测序将为水稻功能基因组研究和比较基因组学研究奠定基础。作为第一个被全基因组测序的作物和单子叶植物，水稻全基因组序列的测定完成不仅有利于探明水稻基因功能，加速水稻的育种进程，为全球粮食安全提供保障，还有助于阐明更大和更复杂的禾谷类基因组，推动单子叶植物的基础科学研究的发展。因此，开展水稻全基因组测序工作，其必要性不言而喻。

（1）项目基础

栽培稻按照地域主要分为亚洲稻（*Oryza sativa*）与非洲稻（*Oryza glaberrima*），其中亚洲稻在全球范围广泛种植，而后者仅在西非有少量栽培。亚洲稻可分籼稻（*Oryza sativa* subsp. *indica*）与粳稻（*Oryza sativa* subsp. *japonica*）两个亚种。我国水稻种植以籼稻和杂交稻为主，其中杂交稻也多以籼稻为主要遗传背景，因此我国水稻研究前期以籼稻为主。日本等其他国家则多是对粳稻进行研究。早在 20 世纪 90 年代初，水稻基因组测序的重要性便已达成国际共识。在国际水稻基因组测序联盟组建之前，日本、中国、美国等多个国家都早已开展了多项大规模的水稻基因组研究项目。

1）日本基础

日本是亚洲第一个全面且系统开展水稻基因组研究的国家。1991 年 4 月，日本正式启动日本水稻基因组研究计划（Rice Genome Research Program，RGP），并于同年 10 月正式实施，目的是通过对'日本晴'基因组的研究来了解水稻基因组的结构和功能。RGP由日本国家农业生物科学研究所、日本农林水产先进技术产业振兴中心以及部分大学和研究所共同组织实施，并在日本国家农业生物科学研究所内成立了水稻基因组研究中心。该计划由日本农林水产省和企业界联合提供科研经费，第一阶段每年资助超过 1850 万美元，历经 7 年，RGP 完成了第一阶段的研究任务。为应对第二阶段的水稻全基因组测序任务，RGP 于 1997 年主导发起了 IRGSP，其第一阶段的成果为 IRGSP 了奠定了基础。

2）美国基础

1997 年 5 月，美国白宫科技政策办公室启动了为期 10 年的国家植物基因组计划（National Plant Genome Initiative，NPGI），并在 1998 年 4 月公布的前五年规划中，宣布参与 IRGSP 进行水稻基因组测序。该计划由美国国家科学基金会资助，其中 4000 万美元用于水稻基因组大约 20%序列的研究。1999 年 10 月，美国农业部还牵头启动跨部门水稻测序计划。

3）中国基础

中国有两个团队分别开展了水稻基因组研究。一方面，国家科委（现科技部）于

1992 年 8 月宣布实施中国水稻基因组计划，并在上海成立了中国科学院国家基因研究中心，由国家科委、中国科学院、上海市政府共同出资对我国主要栽培品种籼稻'广陆矮四号'进行基因组研究。1997 年，中国科学院国家基因组研究中心率先成功构建'广陆矮四号'的物理图谱，并于同年启动了中国水稻（籼稻）基因组测序计划。之后在承担 IRGSP '日本晴' 4 号染色体精确测序的同时，中国科学家完成了籼稻'广陆矮四号' 4 号染色体的精细测序，并对这两条 4 号染色体开展了比较基因组研究。另一方面，1998 年，中国相继成立国家人类基因组南方研究中心、北方研究中心和中国科学院遗传研究所人类基因组研究中心（1999 年在其基础上成立北京华大基因研究中心，2003 年成立中国科学院北京基因组研究所），之后于 1999 年 10 月开始筹备中国杂交水稻基因组计划。2000 年 5 月，北京华大基因研究中心、国家杂交水稻工程技术研究中心和中国科学院遗传研究所合作启动"中国超级杂交水稻基因组测序和基因功能开发利用"（即中国杂交水稻基因组计划），并先后于 2001 年、2002 年完成籼稻序列框架图和精细图。

（2）测序基础

20 世纪 90 年代，基因测序通量不断提高，相关技术持续突破，水稻全基因组测序得以开展。水稻基因组测序主要有两种不同的策略，即全基因组随机测序策略和基于物理图、以大片段克隆为单位的定向测序策略。前者主要采用全基因组鸟枪法测序或称全基因组霰弹法测序（whole-genome shotgun sequencing，WGS），此方法测序的准确度受限，会导致序列不完整性和错误拼接，但测序速度快、简单易行、成本低，目的性更强；而后者主要采用克隆步移法测序或称克隆连克隆法测序（clone-by-clone shotgun sequencing）或称分级克隆法测序（hierarchical shotgun strategy），此方法技术难度较高、费用高、测序周期长，但通过这种方法得到的基因组数据最为准确和精细。水稻基因组测序的最终目标是获得精确性高的水稻参考基因组，以便应用于水稻功能基因组学、作物比较基因组学等研究，因此 IRGSP 采用克隆步移法进行水稻基因组测序。克隆步移法全基因组测序需要经过三大步骤：构建高密度的水稻遗传图谱—构建高覆盖率的水稻基因组物理图谱—全基因组测序。科学家们已在 IRGSP 启动之前成功构建了一系列水稻遗传图谱和物理图谱，为 IRGSP 水稻全基因组测序奠定了科学基础，大规模表达序列标签（expressed sequence tag，EST）的获得、TIGR Rice Gene Index 的建立也为整个基因组提供了更为密集的候选分子标记，大大加速了水稻基因组测序工作进程。

2. IRGSP 的成立过程

基于日本、美国、中国等国家的水稻基因组研究，在日本 RGP 项目主任佐佐木卓治、美国布鲁克海文国家实验室 Benjamin Burr 等人的推动下，日本、美国、英国、韩国和中国联合发起了 IRGSP（图 3-15）（Matsumoto et al., 2007）。

1997 年，日本在 RGP 第一阶段任务的水稻分子遗传学和测序方面取得卓越进展，顺势提出了 RGP 第二阶段目标——计划于 1998 年启动水稻全基因组测序，并向日本政府提交了在 10 年内完成整个水稻基因组测序的提案。与此同时，美国、中国等也在积极进行水稻基因组研究。

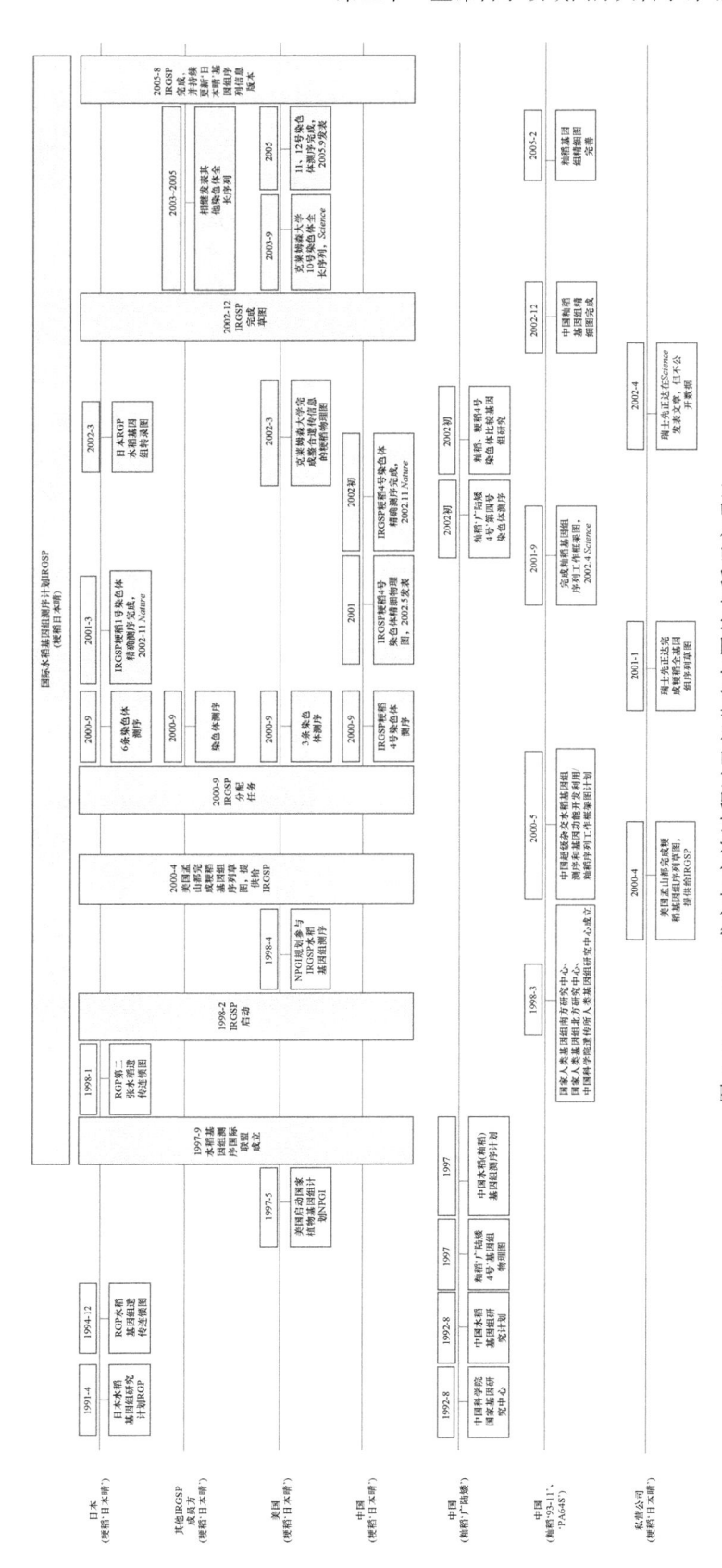

第三章 生命科学领域国际大科学计划案例研究 | 133

图 3-15 IRGSP 成立与实施过程以及部分参与国的水稻研究项目

根据 IRGSP 等计划的官网及文章整理

1997年6月，在戈登植物遗传学与发展会议上，由Jeff Bennetzen、Joe Ecker、Ron Phillips、Satoshi Tabata、英国约翰英纳斯中心Michael Gale、美国罗格斯大学Jo Messing及日本RGP项目主任佐佐木卓治组成的小组开会讨论了国际水稻基因组计划的可行性。为了完成RGP水稻全基因组测序目标，日本RGP项目主任佐佐木卓治表示支持并愿意分享所有信息和材料，因此与会者就发起国际合作来快速完成水稻测序的工作达成初步共识。随后，由英国约翰英纳斯中心Michael Gale筹备国际植物分子生物学会议，以便展开更广泛的讨论。1997年9月，在新加坡举行的第五届国际植物分子生物学大会上，美国布鲁克海文国家实验室Benjamin Burr和英国约翰英纳斯中心Michael Gale联合主持了一场由美国洛克菲勒基金会赞助的研讨会，更进一步探讨了国际水稻基因组测序的可行性。同时，在日本RGP项目主任佐佐木卓治和美国布鲁克海文国家实验室Benjamin Burr的推动下，日本、美国、英国、韩国和中国在水稻基因组测序方面达成合作，成立了国际水稻基因组测序联盟，并于1998年正式发起IRGSP，旨在通过国际合作在10年内完成水稻（粳稻品种'日本晴'）基因组测序。大会还提出由日本RGP和美国克莱姆森大学基因组学研究所两个团队率先建立PAC和BAC测序文库，支撑后续全基因组测序；同时，成立了IRGSP临时工作组，成员包括日本RGP项目主任佐佐木卓治、中国科学院国家基因组研究中心洪国藩、英国Michael Bevan、韩国Moo Young Eun、美国罗格斯大学Jo Messing以及美国洛克菲勒基金会代表——美国布鲁克海文国家实验室Benjamin Burr。美国洛克菲勒基金会协助管理IRGSP。美国布鲁克海文国家实验室Benjamin Burr担任IRGSP项目协调员。

1998年2月，在日本筑波水稻基因组论坛上，IRGSP临时工作组召开了会议，中、日、美、英、韩五国代表共同商定了国际合作的原则，就IRGSP测序品种、测序方法、测序质量、序列注释、序列发布共享以及联盟成员、工作组等主要问题达成一致。自此，IRGSP正式启动，旨在10年内完成水稻基因组测序。日本、美国、中国、法国、韩国、英国、泰国、印度和巴西在内的国家/地区均积极参与了计划的实施。

2000年4月，日本RGP项目主任佐佐木卓治、美国布鲁克海文国家实验室Benjamin Burr共同发表文章对IRGSP计划的愿景和规划进行了阐释（Sasaki et al.，2000）。

（三）IRGSP的组织实施

1. IRGSP的目标设定

IRGSP目标是以'日本晴'为研究材料，利用克隆步移法测序，以99.99%的精度确定水稻12条染色体上约4.3亿个碱基对的排列顺序。IRGSP计划采用全基因组鸟枪法测序，依托已构建的物理图谱，用酵母人工染色体（yeast artificial chromosome，YAC）、细菌人工染色体（bacterial artificial chromosome，BAC）和P1噬菌体衍生的人工染色体（P1-derived artificial chromosome，PAC）等载体，构建出高覆盖率的基因组亚克隆文库，并对这些亚克隆进行鸟枪法测序。随后，通过序列组装软件组装形成多个连续的序列，最终按照物理图谱的顺序将这些连续序列连接起来，形成'日本晴'的基因组序列。最初计划用10年时间，预计到2008年完成全部目标，后因计划进展顺利，调整为2004年12月之前完成目标。

测序工作分为测序、填补缺口和最后完成 3 个阶段。第一阶段是基于遗传图谱和物理图谱的测序；第二阶段是生成全基因组的非重叠组装序列、基本补齐测序阶段留下的序列间隙、完成序列片段的定序和定位，绘制全基因组序列草图，这一阶段是测序工作的瓶颈；第三阶段是将序列完善为连续的高质量序列，主要包括填充序列间隙、改进低精度区域和解决错误组装。

2. IRGSP 成员结构及任务分配

IRGSP 面向所有具备测序能力，并遵循 1998 年筑波国际合作协定的团队开放。为了维持 IRGSP 联盟成员的资格，成员机构需每年完成规定数量的测序工作。IRGSP 联盟成员包括来自日本、美国、中国、法国、韩国、英国、泰国、印度和巴西等的基因组研究机构或计划（表 3-29）。

表 3-29 参与 IRGSP 的科研机构/计划及其测序任务

国家	机构/计划	染色体
日本	日本水稻基因组研究计划	1 号染色体，6 号染色体，7 号染色体，8 号染色体
韩国	韩国水稻基因组计划	1 号染色体
英国	英国约翰英纳斯中心	2 号染色体
美国	美国 Clemson 大学基因组研究所	3 号染色体，10 号染色体
	美国冷泉港实验室	3 号染色体，10 号染色体
	美国华盛顿大学基因组测序中心	3 号染色体，10 号染色体
	美国基因组研究院	3 号染色体，10 号染色体
	美国罗格斯大学植物基因组计划	10 号染色体
	美国威斯康星大学	11 号染色体
中国	中国科学院国家基因研究中心	4 号染色体
	"中研院"植物基因研究组中心	5 号染色体
泰国	泰国农业大学	9 号染色体
加拿大	加拿大麦吉尔大学	9 号染色体
印度	印度德里大学，印度水稻基因组计划	11 号染色体
法国	法国 Genoscope 国家测序中心	12 号染色体
巴西	巴西佩洛塔斯联邦大学	12 号染色体

2000 年 9 月，IRGSP 协调会在美国克莱姆森大学召开，会议由美国 IRGSP 代表——美国 Clemson 大学基因组研究所（CUGI）的 Rod A. Wing[①]组织，由美国布鲁克海文国家实验室 Benjamin Burr 和日本 RGP 项目主任佐佐木卓治主持。会议吸引 IRGSP 参与方的 70 多名科学家和管理人员参加，共同探讨并对'日本晴'12 条染色体测序任务进行了分工（表 3-29）。

3. IRGSP 经费管理

IRGSP 本身并没可用于资助研究项目的统一经费，开展项目工作的经费全部来源于

---

① Rod A. Wing 最初任职于美国 CUGI，2003 年前后转至美国亚利桑那基因组学研究所，团队迁移导致了 IRGSP 联盟成员机构的相应变化。

任务承担机构，由其所在国家/地区为其提供科研资金。

IRGSP 原计划花费 2 亿美元完成该计划，其中日本出资 1 亿美元，而中国、印度和美国等各出资 1000 万美元，共同进行研究。最终，该计划由各参与方依据承担的测序任务和测序情况进行资助，美国诺华研究基金会、美国洛克菲勒基金会也提供了一定支持，具体资助机构见表 3-30。

表 3-30　IRGSP 测序资助机构

国家/地区	测序机构	资助机构
日本	日本水稻基因组研究计划	日本农林水产省
美国	美国基因组研究院	美国农业部，美国国家科学基金会，美国能源部
	美国 ACWW 水稻基因组测序联盟*	美国农业部，美国国家科学基金会，美国能源部，洛克菲勒基金会，诺华研究基金会
	美国罗格斯大学植物基因组计划	美国罗格斯大学
	美国布鲁克海文国家实验室	美国洛克菲勒基金会，美国能源部
中国	中国科学院国家基因研究中心	科技部，中国科学院，上海市科学技术委员会，国家自然科学基金委员会
	"中研院"植物所植物基因研究组中心	"中研院"，台湾科学事务主管部门，台湾农业事务主管部门
法国	法国 Genoscope 国家测序中心	法国高等教育，研究与创新部
泰国	泰国农业大学水稻基因发现计划	泰国国家基因工程和生物技术中心，诗琳通公主植物种质保护计划
印度	印度水稻基因组测序倡议	印度生物技术部，印度农业研究理事会
巴西	巴西水稻基因组倡议	巴西教育部高教基金委员会，国家科技发展理事会，科技创新部巴西创新资助署，南里奥格兰德州研究支持基金会，佩洛塔斯联邦大学
加拿大	加拿大麦吉尔大学，约克大学	加拿大自然科学与工程研究委员会，加拿大国际开发署

*美国 ACWW 水稻基因组测序联盟由美国亚利桑那大学亚利桑那基因组学研究所、美国冷泉港实验室、美国华盛顿大学基因组测序中心、美国威斯康星大学麦迪逊分校 4 家机构组成。

4. IRGSP 组织管理架构

在组织管理方面，IRGSP 采取分布式的组织模式，以国家/地区为单位分配测序任务。IRGSP 的主要职责是促进各成员之间的协调和沟通，为此，IRGSP 构建了以 IRGSP 工作组为主体的组织体系。

IRGSP 工作组的主要职责是制定 IRGSP 目标、战略规划、标准和政策，协调联盟成员间的合作，通过组织会议，深入商讨并决定任务分配、测序方法等重大决策，旨在避免重复工作，并最大限度地提高整体进展的速度和质量。工作组成员由参与 IRGSP 的各研究机构或计划的代表组成，并根据机构或计划的参与情况实时调整。由于日本在该计划中发挥了主导作用，日本 RGP 项目主任被推举担任工作组的常任主席，美国洛克菲勒基金会代表美国布鲁克海文国家实验室 Benjamin Burr 担任 IRGSP 协调员。

工作组每年在日本举行会议，报告进展情况，并就战略方向与技术挑战进行深入探讨。1999 年 2 月，IRGSP 将 RGP 创办的期刊 *RICE GENOME* 改为 *ORYZA*，作为公开平台发布 IRGSP 工作组会议的结果，并定期通报 IRGSP 进度和新闻，促进公众对该计划的了解，并加强成员机构间交流。

5. IRGSP 实施

（1）全球性合作与竞争，加快计划推进

IRGSP 启动后，国际上其他科研机构和大型国际生物技术公司也开始开展水稻基因组测序工作，其中，美国孟山都公司、瑞士先正达公司和中国科学院北京基因组研究所三家机构的测序工作进展迅速，与 IRGSP 形成了全球性合作与竞争的局面（Delseny，2003；Buell，2002）。

2000 年 4 月 6 日，美国孟山都公司宣布用一年零八个月的时间利用基于克隆的测序方法（clone-based shotgun sequencing，CBS）完成了水稻（粳稻品种'日本晴'）基因组 50%的序列测定。经协商后，孟山都公司将已构建的水稻基因组序列草图转让给了 IRGSP，加速了 IRGSP 的工作进程。

2001 年 1 月 26 日，瑞士先正达公司宣布用全基因组鸟枪法测序完成了水稻（粳稻品种'日本晴'）全基因组的测序，覆盖率达 99%。但该公司不公开提供基因组测序结果，并快速抢注有关专利，而后在 2002 年 4 月的 *Science* 期刊上发表了测序框架图。

中国科学院基因组生物信息学中心暨北京华大基因研究中心等 12 家单位则于 2000 年 5 月 11 日正式启动了中国杂交水稻基因组计划，开展籼稻测序研究。该计划利用全基因组鸟枪法测序对中国超级杂交水稻'两优培九'的母本'93-11'和父本'PA64S'进行全基因组测序，籼稻'93-11'基因组工作框架序列图（覆盖率大于全部 DNA 序列 90%以上的基因组"草图"）于 2001 年 9 月完成，并于 2002 年 4 月发表在 *Science* 期刊上，同时免费公布序列数据，打破了少数公司企图垄断水稻基因的做法。随着计划的进一步推进，2002 年 12 月，籼稻'93-11'基因组精细图绘制完成，随后研究团队又完成了籼稻'PA64S'的低覆盖率基因组草图。

瑞士先正达公司、北京华大基因研究中心相继发表的籼稻和粳稻全基因组序列框架图是利用全基因组鸟枪法测序。该方法测序速度快、简单易行、成本低，也因此吸引了大批的私有机构及资金涌入，并促使政府对相关基因组计划加大投入力度，大幅加速了测序的步伐。虽然这些框架图对于全面了解水稻基因组有着重要价值，但水稻基因组学研究需要获得完整、准确的序列信息。上述三家机构发布的框架图准确度存在一定局限，序列完整性不够且存在拼接错误，难以满足研究需求。而 IRGSP 则主要采用克隆步移法测序，能够生成高质量、完整且精确的水稻基因组序列，以达成基因组测序的最终目标。为了适应国际专利竞争加剧的形势，经日本提议，IRGSP 在 2001 年 2 月召开的 IRGSP 会议上决定一年内完成水稻全基因组的精确测序，较原计划提前 2 年。但受测序进展情况限制，IRGSP 在 2001 年 12 月美国基因组研究院（TIGR）举行的会议上进行了适时调整，宣布到 2002 年底完成整个基因组序列的第二阶段测序目标。

（2）构建高覆盖率的物理图谱

在先前已有的遗传图谱和物理图谱的基础上，IRGSP 依据工作组会议上商定的计划，致力于构建更稳定和通用的物理图谱，为下一步的全基因组测序奠定基础。

IRGSP 测序最初使用的是 2001 年日本 RGP 佐佐木卓治团队以 YAC 为载体构建全基因组物理图，基因组覆盖率为 63%。随着 IRGSP 的进一步开展，2002 年 3 月，日本

RGP 佐佐木卓治团队和美国 CUGI 的 Rod A. Wing 团队分别基于 PAC 和 BAC 克隆载体构建了更加完善的'日本晴'物理图谱。这两套物理图谱的水稻基因组覆盖率超过 90%，且互相补充，为 IRGSP 提供了更为稳定及通用的测序模板。同时，整合了遗传信息的物理图的出现，为基于图谱的克隆和基因鉴定提供了有价值的工具，加快了全基因组测序的速度。此外，这些图谱还提供了水稻基因组大小的新估值，并指出了水稻染色体上基因的分布，为各团队的测序工作确立了测序体量（Burr，2002）。

（3）IRGSP 采用两步策略发布序列

基于 RGP 提供的高密度遗传图谱、表达序列标签，以及基于 YAC、PAC 为载体构建的物理图谱，结合美国 CUGI 的 Rod A. Wing 提供的以 BAC 为载体构建的物理图谱、BAC 末端序列，还有美国孟山都公司、瑞士先正达公司提供的序列草图，IRGSP 采用克隆步移法测序获得了精确的水稻序列。

2002 年 12 月，IRGSP 在东京举行 IRGSP 结束纪念仪式，宣布已完成'日本晴'精确测序的主要工作，且绝大部分数据已经公开和提交给公共数据库（TIGR 和 NCBI）。日本在其中发挥了主导作用，并于 2001 年 3 月率先以 99.99%的精度完成了最长的 1 号染色体的测序工作。中国科学家 2002 年初完成了 4 号染色体全长序列的精确测定。1 号、4 号染色体的序列和结构同时发表在 2002 年 11 月 *Nature* 期刊上。由美国 Clemson 大学负责的 10 号染色体的全长序列于 2003 年 6 月测序完成，相关结果发表在 2003 年 9 月的 *Science* 期刊上。其余各条染色体的测序结果也陆续发表，2005 年 9 月分别发表了 3 号、11 号、12 号染色体的最终序列和分析结果，2005 年 11 月发表了 5 号染色体序列测序结果。

2005 年 8 月，IRGSP 在 *Nature* 发表题为"The Map-Based Sequence of the Rice Genome"（《水稻基因组序列图谱》）的文章，标志着 IRGSP 圆满完成（Sasaki，2005）。IRGSP 确定了'日本晴'基因组为 389 Mb，绘制了'日本晴'全基因组约 95%的高质量精确序列图谱，包括几乎所有的真染色质和两个完整的着丝粒。12 条染色体的测序工作分别由日本（6 条）、美国（3 条）、中国（2 条）、法国（1 条）承担，其他国家如韩国、英国、泰国、加拿大、印度、巴西等参与了染色体部分区域的测序工作（表 3-31），孟山都和先正达这两家私营公司也对此做出了贡献。'日本晴'基因组序列是目前质量最高的水稻参考基因组序列之一，但由于测序工作由不同的国家和机构共同完成，所以每条染色体序列的质量也存在差异（表 3-32）（邓颖，2014），计划结束后科学家们也在持续完善和更新'日本晴'基因组图谱。

表 3-31　主要测序机构/计划的贡献度

测序国家	测序机构/计划	染色体
日本、韩国	日本水稻基因组研究计划，韩国水稻基因组计划	1 号染色体
日本、英国	日本水稻基因组研究计划，英国约翰英纳斯中心	2 号染色体
美国	美国基因组研究院，美国 ACWW 水稻基因组测序联盟	3 号染色体
中国	中国科学院国家基因研究中心	4 号染色体
	"中研院"植物所植物基因研究组中心	5 号染色体
日本	日本水稻基因组研究计划	6 号染色体，7 号染色体，8 号染色体

测序国家	测序机构/计划	染色体
日本、韩国、泰国、巴西	日本水稻基因组研究计划，韩国水稻基因组计划，泰国国家基因工程和生物技术中心，巴西水稻基因组倡议	9号染色体
美国	美国ACWW水稻基因组测序联盟，美国基因组研究院，美国罗格斯大学植物基因组计划	10号染色体
美国、印度、法国	美国ACWW水稻基因组测序联盟，美国基因组研究院，印度水稻基因组测序倡议，美国罗格斯大学植物基因组计划，法国Genoscope国家测序中心	11号染色体
法国	法国Genoscope国家测序中心	12号染色体

表3-32 IRGSP水稻染色体测序的质量排名

质量排名	染色体	大小/Mb	覆盖率/%
1	2号染色体	36.0	97.7
2	1号染色体	43.3	96.0
3	6号染色体	30.7	97.2
4	12号染色体	27.6	99.2
5	10号染色体	22.7	94.7
6	9号染色体	22.7	74.3
7	3号染色体	36.2	96.8
8	7号染色体	29.6	97.9
9	5号染色体	29.7	99.1
10	8号染色体	28.4	99.5
11	4号染色体	35.5	98.2
12	11号染色体	28.4	92.2

（四）IRGSP的管理政策

为了更好地协调联盟成员的合作，IRGSP制定了一系列管理政策和指南，涉及数据质量和标准、数据发布策略、知识产权保护及成员间资源共享等方面，要求联盟成员严格遵守。

1. 数据质量和标准

IRGSP遵循国际人类基因组计划的人类基因组序列数据发布政策（《百慕大标准》），要求完成序列的准确度达到99.99%。

2. 数据发布策略

IRGSP遵循两步策略在公共数据库中发布序列。首先，公布第二阶段绘制成的全基因组序列草图，将草图序列提交到公共数据库，便于全球范围内合作进行后续的序列测序和完善；其次，进行第三阶段的序列完善，生成高质量的全基因组序列图谱，并将最终完成的序列提交到公共数据库，另外在成员自建的网站上发布补充信息。

3. 知识产权保护

IRGSP 遵循 IRGSP 知识产权的准则，所有基因组序列信息都免费公开，以鼓励研究和开发，IRGSP 成员不会为 IRGSP 计划中生成的主要序列数据申请专利。

4. 成员间资源共享

IRGSP 成员之间共享所有的测序材料、技术、资源和研究成果，包括'日本晴'的测序材料、遗传连锁图谱、物理图谱、测序工具和技术、PHRED 和 PHRAP 软件包、TIGR 组装软件等。

（五）IRGSP 的影响力

1. IRGSP 的产出数据

IRGSP 完成了'日本晴'12 条染色体测序，生成并分析了锚定在遗传图谱上的高度准确的水稻参考基因组序列。该序列涵盖了 389 Mb 基因组的 95%（即 370 Mb 序列），包括几乎所有的真染色质和两个完整的着丝粒序列，总准确率为 99.99%。另外，该计划分析揭示了水稻基因组的显著特征，共鉴定出 37,544 个非转座元素相关的蛋白质编码基因、11,487 个 Tos17 反转录转座子插入位点、80,127 个水稻基因多态性位点。IRGSP 通过 RGP 建立的水稻基因组综合数据库（Integrated rice genome Explorer，INE）公开提供水稻全基因组序列数据以及测序和注释工具（Sakata et al.，2000）。这些数据为水稻重要基因的发掘、功能基因组学和比较基因组学研究提供了完整的资料，为水稻遗传学、生物进化、基因功能和农作物性状的改良提供了坚实的基础。

2. IRGSP 的产出文章

以"IRGSP"或"International Rice Genome Sequencing Project"为检索词在 NCBI 数据库中进行检索，分析筛选后可以看到，截至 2022 年 7 月，IRGSP 的科学家在 *Nature* 等刊物上共发表了 10 余篇论文。

这些论文的内容涉及四类。第一类论文是对该计划的概述，包括发布该计划的目标、战略规划、任务分配、测序进度等；第二类论文为陆续发布的 12 条染色体序列的测序结果及分析；第三类论文介绍了 IRGSP 科学家们新开发的一系列方法、技术和工具，如水稻基因组综合数据库、TIGR 组装软件以及 YAC、BAC 和 PAC 物理图谱等；第四类论文则是利用产生的数据集进行了比较基因组学研究，包括水稻与拟南芥的基因组比较，以及粳稻与籼稻的基因组比较等。

四、国际人类微生物组联盟

（一）概述

人类微生物组是指生活在人体上的互生、共生和致病的所有微生物及其遗传物质的总和。人体内约有自身细胞数量 10 倍、基因数量 100 倍的共生微生物，其组成受宿主遗传、饮食习惯、药物摄入等因素影响，也与微生物彼此之间的相互作用密切相关。为更好地解析人类微生物组复杂组成和功能机制，2005 年由法国农业科学研究院（Institut National de la Recherche Agronomique，INRA）组织的人类微生物组圆桌会议上，来自 13 个国家的科学家达成共识，认为有必要组织全球科研力量共同开展人类微生物组计划，旨在把复杂的人体共生微生物组的基因组成全部测定出来，从而推动菌群与健康的研究。此后，各国科学家积极争取本国政府的支持，美国、加拿大、欧盟等多个国家/地区相继启动了各自的人类微生物组计划，开展针对不同年龄、不同疾病人群、不同身体部位的微生物组研究，并在此过程中积累了大量数据。为进一步加强国际合作，2008 年，多国科学家共同发起创立了国际人类微生物组联盟（International Human Microbiome Consortium，IHMC），旨在推进全球科研人员在一套共同的原则和政策指导下工作，形成一个综合性的数据共享平台，以全面了解人类微生物组在维护健康和诱发疾病中的作用，并运用相关知识提高疾病的防治能力。IHMC 首批成员由美国、欧盟、澳大利亚、加拿大、中国、法国、爱尔兰、日本、韩国等国家/地区的人类微生物组研究项目中的资助机构和研究团体组成，未来 IHMC 也将始终对致力于人类微生物组研究的相关项目开放。IHMC 的研究经费均由其成员自行筹集。

在组织管理方面，IHMC 成立之初，其核心管理机构指导委员会就制定了一系列管理政策和指南，涉及知情同意、数据发布、知识产权保护及成果出版等方面，并提出了委员会在未来仍需考虑和解决的问题。自 2008 年起，IHMC 通过在全球范围内召开会议，提高了国际社会对数据共享和标准化重要性的认识。然而，在实施过程中，IHMC 发现全球微生物组的数据共享仍面临一系列问题，包括各个国家限制将元数据提交到公共数据库，以及不同机构的研究数据难以有效进行对比和整合等。IHMC 也正在尝试通过启动专项国际合作计划（如百万健康参照肠道微生物组国际计划）的形式，以期在数据统一和共享方面取得进展。

（二）IHMC 的酝酿和发起

人体内约有自身细胞数量 10 倍、基因数量 100 倍的共生微生物，它们分布于胃肠道、口腔、皮肤、泌尿生殖道等组织器官。为深入解析人类微生物组的复杂组成和功能，2005 年 10 月，法国农业科学研究院组织召开了"人类微生物组圆桌会议"，来自 13 个国家的科学家参加了会议。经过热烈讨论，科学家们达成了共识，认为应该像人类基因组计划那样，组织全球科研力量共同开展人类微生物组计划，旨在把人体共生微生物组的基因组成全部测定出来，从而推动微生物组与健康关系的研究，并发表了推动人类微生物组研究的《巴黎宣言》。

此次会议之后，各国科学家积极争取本国政府的支持，多个国家/地区相继启动了各自的人类微生物组计划。例如，美国国立卫生研究院启动了人类微生物组计划（Human Microbiome Project，HMP），开展胃肠道、口腔、鼻腔、女性生殖道和皮肤 5 个人体部位的微生物组研究，旨在收集人类微生物资源，从而构建详细的人类微生物组特征图谱，并分析微生物组对人类健康和疾病的作用；加拿大卫生研究院传染病与免疫研究所（Canadian Institutes of Health Research Institute of Infection and Immunity，CIHR-III）启动了加拿大微生物组计划（Canadian Microbiome Initiative，CMI），重点研究口腔、胃肠道和泌尿生殖器中的微生物组、与鼻咽和呼吸道有关的微生物组和微生物组与神经免疫学的关系，以及人类病毒组及共生病毒对健康和疾病的影响等关键问题；欧盟在FP7下启动了人类肠道宏基因组计划（Metagenomics of the Human Intestinal Tract，MetaHIT），专注于研究人类肠道微生物组的构成与人类健康和疾病的关系，其中重点关注IBD和糖尿病。

为了进一步促进国际合作与交流，2007年12月9~10日，美国、澳大利亚、加拿大、中国、日本、新加坡、欧盟等多个国家/地区的科学家在美国马里兰州罗克维尔市举行了会议，讨论成立IHMC。该联盟由专注于研究人类微生物组构成及其对健康和疾病影响的资助机构和研究团体组成。与会人员还商定在会后成立临时指导委员会（interim Steering Committee，iSC），并计划在2008年1月前完成IHMC成员准入标准的制定，在短时间内完成IHMC初始成员的招募。经过近3年的酝酿和筹备，2008年10月，以解析人类共生微生物与健康关系为目标的IHMC在德国海德堡宣布成立。与此同时，美国国立卫生研究院与欧盟委员会也正式签署协议，旨在整合当前正在进行的HMP和MetaHIT计划产生的数据，作为IHMC微生物组研究的基石。

（三）IHMC的组织实施

1. IHMC的目标设定

IHMC的目标是推进联盟成员在一套共同的原则和政策指导下，研究人类微生物组在健康维护及疾病中的作用，并运用相关知识提高疾病的防治能力。联盟将致力于构建一个综合性的数据共享平台，使得研究人员能够表征人类微生物组构成与人类健康、疾病之间关系。

2. IHMC的成员结构

IHMC成员包括两类：一类是资助机构；另一类是获得资助机构认定，能够聚焦人类微生物组开展综合分析的研究团队。对于未获得资助机构认定的团队，如果想加入IHMC，将由IHMC指导委员会对其申请进行审核批准。这些研究团队将先成为IHMC附属成员，并在证实他们遵循IHMC指导原则开展相关研究之后，转为正式成员。对于当前尚未资助人类微生物组研究项目，但预计在未来18个月内能够资助相关项目的资助机构，其代表则可以先成为指导委员会的观察成员，但在正式资助研究项目前不享有表决权。

2008年IHMC成立之初，其成员包括澳大利亚联邦科学与工业研究组织（Commonwealth Scientific and Industrial Research Organization，CSIRO）、加拿大卫生研究院、中国科技部MetaGUT项目中法联合协作组织、欧盟委员会、INRA、爱尔兰老年人宏基因组项目ELDERMET、日本人类宏基因组联盟（Human Metagenome Consortium Japan，HMCJ），以及韩国健康、福利及家庭事务部（Ministry for Health, Welfare and Family Affairs）和美国国立卫生研究院等。未来，IHMC将始终对致力于人类微生物组研究的资助机构和研究团体开放，只要他们有能力对健康或患病人群微生物组开展综合分析，并承诺遵循联盟共识政策开展相关工作。

3. IHMC 的经费管理

IHMC 本身并没有用于资助研究项目的统一经费,由成员自行筹集资金。

4. IHMC 的组织管理架构

IHMC 的主要管理机构为指导委员会和资助机构委员会。其中,指导委员会成员由各资助机构、组织的代表和主持各项目的首席科学家组成,共同负责制定与数据质量、数据获取和发布、知情同意相关的标准,并对 IHMC 无法达成共识的问题予以投票表决。资助机构委员会成员由各资助机构指派的一名代表构成。

此外,IHMC 还成立了指导委员会工作小组,对人类微生物组项目执行过程中产生的问题开展更深入的分析,并指导相关问题的解决。这些工作小组由技术、科学、政策方面的专家组成,专注于全基因组测序项目中菌株的选择和协调、数据质量评估、数据访问和发布、知情同意、成果出版、知识产权保护以及数据共享网站建设等。

自 2008 年以来,IHMC 通过在全球范围内召开会议,提高了国际社会对数据共享和标准化重要性的认识,但发现全球微生物组研究数据共享仍困难重重。首先,虽然 IHMC 提倡数据即时共享的原则,但是与健康有关的元数据因涉及病人隐私且知情同意不允许与第三方共享等原因,常被各国以保护患者隐私为由,拒绝将其提交到公共数据库。其次,不同的人类微生物组研究项目采用的方法不同,导致不能有效地注释和比较这些研究结果,尽管 IHMC 已经尝试去解决,但是这些协调和标准制定的工作在许多国家微生物组研究计划开展很久之后才开始付诸实践,致使国际上已有的研究数据不能有效地对比和整合。

在此背景下,IHMC 总结经验,提出了新的工作方向。例如,针对健康人微生物组的结构特征依然缺乏统一的认识和标准这一问题,IHMC 于 2018 年 7 月发起百万健康参照肠道微生物组国际计划(IHMC-miGUT),旨在推动 100 万健康人肠道微生物组的测定与分析研究,并成立了一个专门的委员会推进该项目。前期,该委员会积极协调不同国家/地区和国际组织的微生物组研究合作,通过广泛的讨论和预试验,确定了统一的健康人的入选体检标准以及采样方案。

(四)IHMC 的管理政策

为了更好地协调联盟成员的合作,IHMC 在成立之初就制定了一系列管理政策和指南,涉及知情同意、数据发布、知识产权保护、成果出版等方面,并指出了指导委员会在未来仍需考虑和解决的问题。

1. 知情同意

对于需要获取人类样本的 IHMC 项目,IHMC 要求根据地方、国家和国际伦理准则和规范,获得样本提供者的知情同意。

IHMC 指导委员会也会进一步成立工作小组,制定相关工作流程,指导成员交流和共享关于样本提供者招募和知情同意书签署的标准作业程序,以总结并解决其中的关键问题。

2. 数据发布

加入 IHMC 的项目都属于公共资源项目，即一类为了创建可供科学界广泛使用的数据集、试剂或其他材料而专门设计和实施的研究项目。IHMC 要求成员及时在公共数据库中发布经验证的数据，包括源于分离的微生物的测序数据，或源于健康和/或患病人群样本的宏基因组数据。

另外，关于如何获取基因组数据以外的其他类型数据，如缺少质量标准且具有个体特征的数据，以及如何管理研究计划中可能包含的部分不属于公共资源项目的研究内容，IHMC 指导委员会也会进一步成立特定的工作小组以制定具体的管理政策。

（1）基因组数据以外的其他类型数据

IHMC 指导委员会组建专门的工作小组，对诸如基因表达、蛋白组学或代谢组学等这些没有明确的质量标准的数据，设定最低质量标准，从而对其进行规范，以明确何为"经验证的"数据。在数据的质量标准得到指导委员会认可后，IHMC 成员即可立即向公共数据库发布相关验证数据。

（2）具有个体特征的数据

为最大化实现全球数据共享，同时又不违背受试者知情同意和数据提交者所在地的伦理监管要求，部分 IHMC 项目数据，特别是具有个体特征的数据，将存储在受控访问数据库内，研究人员在访问该部分数据时需要遵守当地或区域的伦理规范规定。针对该问题，IHMC 指导委员会成立了工作小组，协调国际层面、国家层面和区域层面不同的数据访问授权要求，并探索发布去识别化临床数据的路径。

（3）涉及部分不属于公共资源项目的研究计划

一些大型微生物组计划可能含有一些不属于公共资源项目的部分，如研究微生物组某些方面的特定功能（如特定基因的作用）。因此在成为 IHMC 成员前，IHMC 要求每个计划对其构成以及为何某个特别研究部分不属于公共资源项目进行说明，由指导委员会决定该计划加入 IHMC 的申请是否合理。计划中涉及的不属于公共资源项目的部分将不纳入 IHMC。

3. 知识产权保护

IHMC 要求成员禁止对公共资源项目产生的竞争前（pre-competitive）数据提出专利申请。例如，细菌宏基因组学研究产生的基因序列或基因表达数据属于竞争前数据，但针对细菌群落或单个细菌功能的后续研究数据则为非竞争前数据，所以可以对相关成果提出专利申请。

4. 成果出版

根据《劳德代尔堡协定》，IHMC 成员在遵循数据即时发布原则的同时，享有优先对其自己产生的数据进行分析，并发表结果的权益。

IHMC 指导委员会也将考虑是否需要实施进一步举措，在保护数据生产者利益的同时，尽可能减少数据访问障碍，以实现公众利益最大化。例如，IHMC 将联系期刊编辑以鼓励研究人员在发表IHMC成果时能够考虑相关成果是否符合IHMC数据发布指南和原则,并计划起草一份证明信模板,要求研究人员在投稿时将其作为附件提交,证实作者已与数据生产者进行协商,且发表内容未违背任何伦理规范,并已在其稿件中向数据生产者致谢。

(五)IHMC的影响力

IHMC致力于形成一个共享的综合数据资源,使研究人员能够表征人类微生物组构成与人类健康、疾病之间关系。2008年9月,IHMC成立之初,美国NIH与欧盟委员会正式签署协议,旨在整合当前正在进行的人类微生物组计划和人类肠道宏基因组计划产生的数据,作为IHMC微生物组研究的基石。同时,IHMC决定由美国NIH人类微生物组计划数据分析和协调中心(Data Analysis and Coordination Center,DACC)与欧洲分子生物学实验室(European Molecular Biology Laboratory,EMBL)下属中心负责收集、整合和展示IHMC成员生成的参考基因组、宏基因组和16S rRNA数据,并与其他成员合作制定统一数据标准。

关于人类微生物参考基因组,前期IHMC产出1000多株人类微生物菌株的参考基因组数据,其中900株由美国HMP计划完成,100株由欧盟MetaHIT计划完成,其余的由国际其他研究项目完成,相关数据被上传至DACC(Nelson et al.,2010)。

五、国际小鼠表型分析联盟

(一)概述

2002年,小鼠基因组测序工作初步完成,证实小鼠与人类基因组高度同源(相似性高达95%),加之其生理解剖结构与人类相似、相关遗传学研究积淀等优势,使其成为哺乳动物基因功能研究的重要工具。因此,通过进行小鼠基因敲除以鉴定不同基因对应表型,进而实现对小鼠全部编码基因功能的全面注释,这对生物医学研究具有重要意义。

基于此,在小鼠基因组测序工作完成后,欧盟、美国、英国、加拿大等开展了多项小鼠基因敲除和表型分析研究计划,旨在构建基因敲除小鼠模型,并利用该模型深入研究哺乳动物编码基因的功能。其中,2006年,欧盟、美国、加拿大的多项小鼠基因敲除计划和资源库联合成立了国际小鼠基因敲除联盟(International Mouse Knockout Consortium,IKMC),旨在通过建立覆盖小鼠全部编码基因(20,000多个已知基因)的基因敲除胚胎干细胞库,为基因敲除小鼠品系的建立及开展表型分析积累奠定了基础;同时,欧盟、英国等开展的小鼠疾病与遗传学大规模表型研究计划也奠定了表型分析的技术基础。这一系列相关计划项目的成功开展,激发了发起国际小鼠表型分析合作计划的广泛讨论。2007~2010年,英国维康信托基金会、英国医学研究理事会(MRC)、美国国立卫生研究院(NIH)等来自不同国家、多个机构的科学家开展了多次研讨,就发起国际协调合作的小鼠表型分析计划达成共识,最终于2011年成立国际小鼠表型分析联盟(International Mouse Phenotyping Consortium,IMPC)。目前,IMPC汇聚了全球15个国家/地区的26个研究成员和资助成员,初始设定的执行年限为10年(2012~2022

年），核心目标是完成小鼠全部编码基因（20,000 多个已知基因）功能注释的"小鼠基因功能大百科全书"。2021 年，IMPC 初期制定的目标即将达成，IMPC 又发布了 2021~2030 年的新十年战略目标，进一步基于小鼠基因资源推动对人类遗传变异功能的解析，拓展小鼠基因功能研究在生物医学领域的应用潜力。

IMPC 的成员主要包括研究成员和资助成员两类，资助成员定向为指定研究成员提供经费支持。在联盟的组织管理方面，IMPC 成立了由各成员机构（包括研究成员和资助成员）代表组成的指导委员会，统一管理与协调联盟的运作，并组建科学顾问组为 IMPC 提供科学方面的监督和指导。此外，还设置了一系列职能部门，负责小鼠繁育、表型分析、数据分析等具体研究工作。同时，为了更好地协调联盟成员间的合作，保证不同表型分析中心来源数据的标准化，促进数据的有效共享，IMPC 制定了详细的数据标准化方案，以及相应的项目研究过程监控和评价机制，并对知识产权保护进行了相应规定。截至 2022 年 4 月，IMPC 已发布了第 16 版的数据集，涉及 8093 个小鼠编码基因（phenotyped gene）的功能注释数据信息，提供多种渠道供科研人员免费访问，同时，基于其数据资源已发表了大量高影响力文章。

（二）IMPC 的酝酿和发起

1. IMPC 成立的科学基础

实验小鼠因与人类基因具有高度相似性，成为研究哺乳动物基因功能的重要工具，随着研究的深入，对小鼠基因组进行全面功能注释的呼声越来越高。2006 年，欧盟、美国、加拿大的多项小鼠基因敲除计划和资源库联合成立了国际小鼠基因敲除联盟（IKMC），建设了小鼠全部编码基因敲除胚胎干细胞资源库，为 IMPC 的建立提供了样本资源。同时，全球多个小鼠表型分析计划的推进也为 IMPC 开展小鼠表型组分析奠定了研究理论和技术的基础（Ayadi et al.，2012）（图 3-16）。

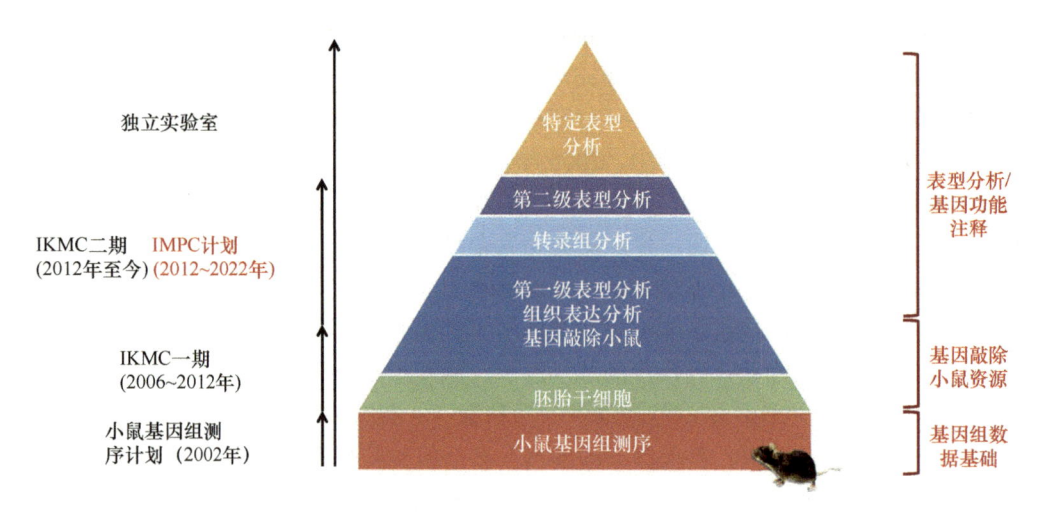

图 3-16　IMPC 成立的科学基础

（1）IMPC 成立的资源基础——大规模小鼠基因敲除计划和 IKMC

基因敲除小鼠是重要的科研工具，欧盟、加拿大、美国等相继启动了多项计划，利用小鼠胚胎干细胞培育条件性基因敲除小鼠，包括欧盟的欧洲条件性基因敲除小鼠计划及欧洲小鼠基因组功能注释工具计划，加拿大的北美条件性基因敲除小鼠计划，以及美国基因敲除小鼠计划。此外，美国德州农工大学基因组医学研究所具有全球最大的基因敲除小鼠胚胎干细胞资源库，为开展小鼠表型分析、解析基因功能提供了研究资源（表 3-33）。

表 3-33 参与 IKMC 的主要研究计划

计划机构	开始年份	国家/组织	目标品系数量/个
欧洲条件性基因敲除小鼠计划（European Conditional Mouse Mutagenesis Programme，EUCOMM）	2005	欧盟	20,000
欧洲小鼠基因组功能注释工具计划（EUCOMM: Tools for Functional Annotation of the Mouse Genome，EUCOMMTOOLS）	2005	欧盟	500
北美条件性基因敲除小鼠计划（North American Conditional Mouse Mutagenesis project，NorCOMM）	2005	加拿大	500
美国基因敲除小鼠计划（Knockout Mouse Project，KOMP）	2006	美国	8,500
美国德州农工大学基因组医学研究所（Texas A&M Institute of Genomic Medicine，TIGM）	2006	美国	—

为避免重复工作，上述研究计划和机构进一步联合成立了 IKMC，通过开展大规模国际合作建立一个公开的全面的基因敲除小鼠模型库（涵盖小鼠基因组全部基因）。其推进方案首先筹建一个包含所有等位基因的基因敲除小鼠胚胎干细胞资源库，再利用这些干细胞培育出大量基因敲除小鼠品系，为后续开展小鼠表型分析奠定基础。

至 2012 年，小鼠基因组等位基因敲除工作的完成度已超过 95%，标志着 IKMC 第一阶段目标完成。从 2012 年起，IKMC 迈入第二阶段，继续完成剩余的小鼠基因敲除，并通过与同年启动的 IMPC 联动，对这些基因敲除小鼠进行表型分析，最终实现对全套小鼠编码基因的功能注释。

（2）IMPC 成立的技术基础——国际大规模小鼠表型分析技术

国际上逐渐兴起的大规模小鼠表型分析工作为 IMPC 的成立奠定了技术基础，尤其是欧洲小鼠疾病临床计划（European Mouse Disease Clinic，EUMODIC）、英国维康信托桑格研究所小鼠遗传学计划（Wellcome Trust Sanger Institute Mouse Genetics Programme，WTSI MGP），是 IMPC 最终形成的技术雏形。

EUMODIC 是欧盟资助开展的首个大规模小鼠表型分析国际合作计划，其早期使用的表型分析方法为 EMPReSSslim，后期通过各参与机构的共同优化，形成了当前版本的 EUMODIC 技术方法。在此过程中，各参与机构通过相互协作建立了标准的研究方案和统一的实验平台，首次解决了表型分析的大规模国际合作中的技术挑战和运作问题，是推动国际小鼠表型分析计划开展的重要一步。WTSI MGP 也建立了 MGP 表型分析平台（MGP Phenotyping Platform），并列出了其表型分析涉及的重点领域，以及具体分析的技术点。IMPC 的早期研究，主要依赖 EUMODIC 和 WTSI MGP 的技术基础和平台体系开展，且在此基础上开发了成熟的技术路线，从而推动了联盟研究工作的稳步实施。

2. IMPC 的成立过程

认识到全球合作集中开展大规模小鼠表型分析的重要性，2007~2010 年，英国维康信托基金会、英国 MRC、美国 NIH 等多国的研究机构及相关代表分别在意大利、美国、加拿大和英国举行了多次研讨会，最终就发起国际协调合作的国际小鼠表型分析联盟达成共识。同时，英国、美国还开展了一系列问卷调查，围绕 IMPC 的定位、成果评价、运作模式等广泛征询了意见，如英国维康信托基金会和英国 MRC、美国 NIH 和美国 KOMP 小鼠资源库的相关工作人员分别在英国、美国发起问卷调查，调查人群涉及 100 多位英国科研人员，以及美国 KOMP 小鼠资源库的用户群体。

通过前期的广泛调研和研讨，IMPC 逐步成形，初步拟定了指导委员会，为后续工作指明了方向并确定了 IMPC 的工作框架和具体内容。最终，2011 年 9 月 28 日，全球 15 个机构和组织在美国 NIH 共同成立了 IMPC，标志着 IMPC 的正式发起。

（三）IMPC 的组织实施

1. IMPC 的目标设定

IMPC 初始设定的执行年限为 2012~2022 年，启动初期，联盟明确了其核心目标，并根据相关工作开展的基础及进度，详细规划了两个阶段性目标，旨在分阶段完成。随研究工作的推进，IMPC 的核心目标即将达成，产出了大量基因敲除小鼠资源、表型分析参考数据以及高影响力研究成果，对生物医学基础发现、疾病机制探究、罕见病诊断等产生了变革性影响。因此，2021 年，IMPC 又基于现有研究积累及技术发展水平，提出了新一轮的 10 年发展战略和目标，进一步推动小鼠基因功能研究在人类疾病中的应用。

（1）核心目标

成立之初，IMPC 明确设定了其核心目标，即利用小鼠全部编码基因（2 万多个已知基因）的基因敲除小鼠品系，系统分析其在生长发育、生理生化过程及病理的表型，从而完成全球首个哺乳动物基因功能注释的"小鼠基因功能大百科全书"。同时，IMPC 致力于开发人类疾病动物模型，搭建小鼠功能基因组学和生物医学研究的桥梁。

IMPC 根据现有研究基础详细规划了两个阶段性目标。第一阶段目标的完成，主要依赖于现有表型分析计划，开展基础设施建设、新技术和新表型分析方法研发，以及表型分析技术路线优化等，为第二阶段全面开展小鼠表型分析工作做好准备。

第一阶段（2012~2016 年）：准备和发展期（分析约 5000 个品系）。完善和评估已有的表型分析计划（如 EUMODIC 与 WTSI MGP），提高现有成员机构的研究能力，增加小鼠繁育中心和小鼠表型分析中心的数量，建立中央数据库、数据中心和门户网站，针对 4000 个目的基因开展标准化基因敲除小鼠的品系繁育和表型分析。

第二阶段（2017~2022 年）：完成全部已知基因功能注释（约 20,000 个）。对第一阶段的成果进行评估，根据需要调整计划中表型分析的技术路线，并且实现规模化操作，以完成基因组内剩余约 16,000 个目的基因敲除小鼠的标准化繁育和表型分析。

(2) 2021～2030年战略目标

2021年，在IMPC成立10周年，其初期制定的目标即将达成之际，IMPC又发布了《IMPC 2021～2030年战略：人类遗传变异的功能解析》，提出新一轮发展战略，旨在完成第二阶段研究目标，并进一步开展第三及第四阶段的研究工作。IMPC在2021~2030年的主要目标是基于小鼠资源，进一步阐释人类遗传变异的功能，为精准医学和临床遗传学的发展，罕见病的防治以及全民健康水平的提升奠定基础，具体目标如下。

- 完成全部编码基因敲除小鼠资源的培育，用于哺乳动物基因功能研究。
- 设计、培育覆盖人类罕见疾病相关全部编码基因的小鼠资源，用于验证假定的功能变异，推动疾病机制研究。
- 设计、培育涉及非编码基因组遗传变异的小鼠品系，供IMPC和全球研究人员评估健康和疾病中该遗传变异的功能和机制。
- 设计并培育具无效突变、人类疾病编码和非编码基因组变异，用于表型分析的小鼠品系，推动相关疾病机制探索和表型研究。
- 探索基因与表型的关系，为人类疾病机制研究，以及相关传统疗法和精准医学的发展提供动物模型，从而拓展小鼠基因功能研究的应用潜力。

2. IMPC的成员结构

IMPC的参与成员可以是研究机构、基金会或企业，目前覆盖了全球5个大洲15个国家/地区，共包括26个研究成员和资助成员（表3-34）。研究成员主要包括小鼠繁育机构、小鼠表型分析机构和小鼠存储管理机构三大类，其主要职责为开展基因敲除小鼠的大规模繁殖及高通量表型分析工作，或进一步开展更专业的深度表型分析。资助成员则需为参与IMPC项目的研究机构提供经费支持。

表3-34 IMPC目前的成员

国家/组织	组织机构
美国	美国国立卫生研究院，美国杰克逊实验室，美国加利福尼亚大学戴维斯分校，奥克兰儿童医院研究所，美国查尔斯河实验室，美国贝勒医学院
英国	英国维康信托桑格研究所，英国医学研究理事会哈维尔研究所
欧盟	欧洲生物信息学中心
德国	德国亥姆霍兹慕尼黑研究中心
法国	法国小鼠表型基因组学国家基础设施
意大利	意大利国家研究委员会蒙特罗顿多
捷克	捷克生物基因组表型中心
西班牙	西班牙巴塞罗那自治大学
加拿大	加拿大卫生研究院，加拿大基因组，加拿大表型基因组学中心
日本	日本理化学研究所生物资源中心
中国	苏州大学剑桥-苏大基因组资源中心，南京大学模式动物研究所，中国医学科学院北京协和医学院实验动物科学研究所，台湾地区实验研究院实验动物中心
韩国	韩国小鼠表型中心
澳大利亚	澳大利亚表型组学网络中心
印度	印度科学教育与研究学院
南非	南非西北大学临床前药物开发平台

此外，根据不同发展阶段的需求，具有特定专业技术或资源的个人或研究机构，在经过 IMPC 指导委员会表决同意后，也可作为无投票权的成员和观察员加入联盟，这类个人成员或机构成员代表可参加指导委员会的部分会议，但不参与 IMPC 的管理工作及相关会议讨论。

3. IMPC 的组织管理架构

IMPC 建立了由指导委员会、科学顾问组组成的核心管理架构，确保联盟各项工作得到有序管理和协调。具体研究及项目推广工作，如小鼠繁育、表型分析、数据分析等，由下设的一系列职能部门执行（图 3-17）。管理部门中，指导委员会作为最高决策团体负责联盟的整体管理，科学顾问组负责向 IMPC 提供科学方面的监督和指导。另外，管理部门还会根据 IMPC 组织实施的不同阶段需求，组建临时工作组开展信息技术开发、质量控制、表型分析技术路线制定等特定工作。

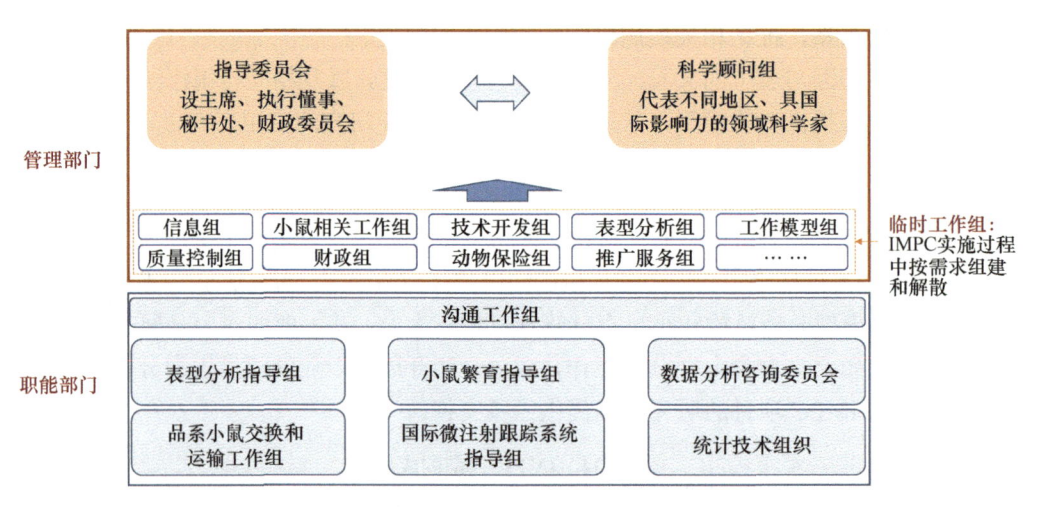

图 3-17　IMPC 的管理与协调架构

（1）指导委员会

指导委员会由研究成员和资助成员的代表组成，是 IMPC 相关研究工作实施过程中相关事务性工作的最高决策团体。指导委员会通过投票形式（至少 75%的指导委员会成员同意）选出指导委员会主席，统领具体工作。指导委员会负责制订 IMPC 的工作计划、设立阶段性目标和成果交付标准，并据此开展计划进展情况的审查工作。指导委员会还负责相关提案、预算、会员资格等一系列事务性工作的审批与监督。

同时，指导委员会中也设置了执行董事和秘书处，协助指导委员会进行计划实施的监督和管理。其中，执行董事负责监督成员机构的工作执行情况，包括是否按照 IMPC 的目标设计和质量要求执行相关工作。秘书处主要负责组建由联盟各成员机构代表和外部专家组成的国际工作组，定期向指导委员会提供表型分析、信息学研究等领域的专业性建议；通过组织学术会议及研讨会等形式，推动更多生物医学研究团体参与联盟；还负责协调 IMPC 和指导委员会的各项活动，包括组织召开各类会议、协调不同工作组的活动等。

财政委员会是指导委员会的附属委员会，由财务委员会主席和其他至少 4 名委员（代表）组成，由各成员机构的代表担任。其主要职能是协助指导委员会监督联盟的财务管理、政策和其他财政事宜，职权范围包括保证财务核算、报告和预算的完整性和透明度，负责处理相关欺诈和贿赂行为等。

（2）科学顾问组

指导委员会还组建了科学顾问组，定期评估计划的进展和成果，为 IMPC 实施提供科学方面的监督和指导。科学顾问组包括 10~15 名成员，由不同地区、具国际影响力的领域科学家组成，涵盖小鼠遗传学、临床科学、信息学等研究领域。

根据规定，指导委员会主席需每年向科学顾问组做一次正式报告。报告会议上，科学顾问组会对所有科学方案、数据报告进行审查，并开设特别专题，如信息学、代谢性疾病等主题，邀请科学顾问组成员及外部专家深入讨论其相关科学问题、操作问题、表型分析平台和技术开发方案等，并提出针对性的解决方案和建议。

（3）临时工作组

此外，指导委员会主席和执行董事会根据联盟不同发展阶段的需求，组织 IMPC 成员机构及外部科研机构的人员成立临时工作组，为研究计划的顺利开展提供相关指导建议和专业知识，以保障信息技术开发、质量控制、表型分析技术路线制定等工作的开展。临时工作组是临时性的工作团体，根据特定时期的不同需求组建或解散。

（4）职能部门

IMPC 的具体工作由下设的一系列职能部门执行，包括负责小鼠繁育、表型分析、数据分析等的技术指导组，以及负责推广、提高 IMPC 资源影响力的运营部门等（表 3-35）。

表 3-35 IMPC 的主要职能部门

职能部门	职能
小鼠繁育指导组（Production Steering Group）	负责评估和开发小鼠繁育和存储方法，包括研讨小鼠繁育新方法，制定未来发展方案，以顺利完成全部基因敲除小鼠的繁殖工作
国际微注射跟踪系统指导组（iMITS Steering Group）	负责规划和跟踪小鼠繁殖工作，提供改进方法，以提高工作效率
表型分析指导组（Phenotyping Steering Group）	评估和开发 IMPC 表型分析管线中的表型分析技术，包括评估测试流程、基线数据和表型分析结果，并就未来表型分析发展方向制订计划
数据分析咨询委员会（Data Analysis Advisory Committee）	就前沿信息学和统计方法在 IMPC 数据资源方面的开发，以及如何将其与数据资源和数据分析应用等结合提供建议
统计技术组织（Statistics Technical Group，STG）	由 IMPC 统计和信息分析专业人员组成，负责开发和评估统计程序和数据分析方法
沟通工作组（Communications Working Group）	制订 IMPC 沟通计划，推进国际交流，以提高 IMPC 工作的透明度，从而提高 IMPC 资源和小鼠品系资源的使用率
品系小鼠交换和运输工作组（Metropolitan Transportation Authority and Line Exchange）	将 IMPC 的基因敲除品系小鼠推广到更广泛的生物医学研究领域

4. IMPC 的经费管理

在经费筹措方面，IMPC 采取由资助成员及主要资助者提供专项资金、各研究成员自筹部分经费的费用分担机制。IMPC 成立之初，美国 NIH、英国 MRC、英国维康信托基金会、加拿大卫生研究院、日本理化学研究院及欧盟提供了启动资金。进入正式运行阶段，经费主要由美国国立卫生研究院、欧盟、加拿大基因组、英国维康信托基金会以及法国国家科学研究中心等定向提供给指定的研究成员，或作为统一经费支持基础设施（IMPC 数据中心等信息平台）建设和联盟的日常管理运行。此外，各研究成员也可通过自筹经费的形式，从各国家/地区的政府机构、慈善组织、企业等获取资金。

在经费管理上，由于研究经费并不统一汇总至 IMPC，因而具体分配和管理由相应的成员机构自行负责（公共基础设施经费由主导机构管理），IMPC 则设立专门机构对资金进行协调和监督。该机制下，指导委员会制定 IMPC 经费的支出政策，财务委员会下设"管理成员组织"具体执行资金管理、支出跟踪和日常核算工作，并定期向指导委员会提交财务报告、年度审计报告（图 3-18）。

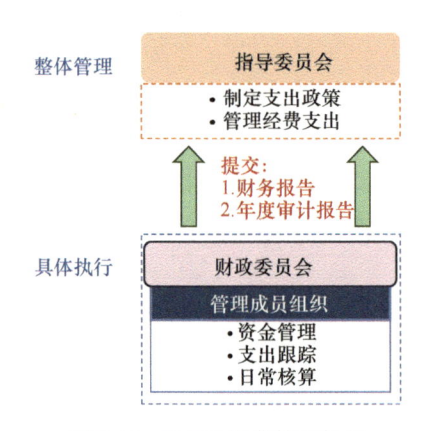

图 3-18 IMPC 经费管理机制

（四）IMPC 的管理政策

1. 数据质量、标准和数据管理

（1）数据标准化方案

IMPC 目前共有 21 个表型分析中心，为保证不同表型分析中心来源的数据标准化，IMPC 建立了标准化的表型分析方案（图 3-19）：一方面，IMPC 制定了标准化的表型分析管线，各表型中心均遵循该管线对数据进行测试、记录和交付；另一方面，规定每个基因的相关表型分析均基于 14 只纯合子基因敲除小鼠（7 只雌性、7 只雄性）开展；此外，还会基于相同方案对野生型小鼠进行测试分析，以提供"正常"小鼠的基线数据。

（2）过程监控和评价机制

IMPC 通过定期进行研究进度跟踪、质量评价，对项目研究过程进行监控。IMPC 每月举行电话会议，要求成员机构汇报每月进展，跟踪各成员机构的进展并解决遇到的问题。此外，表型分析工作组还在 IMPC 数据中心的支持下，指定质量控制（QC）和质量保证（QA）工作小组开展 IMPC 的数据质量监测。

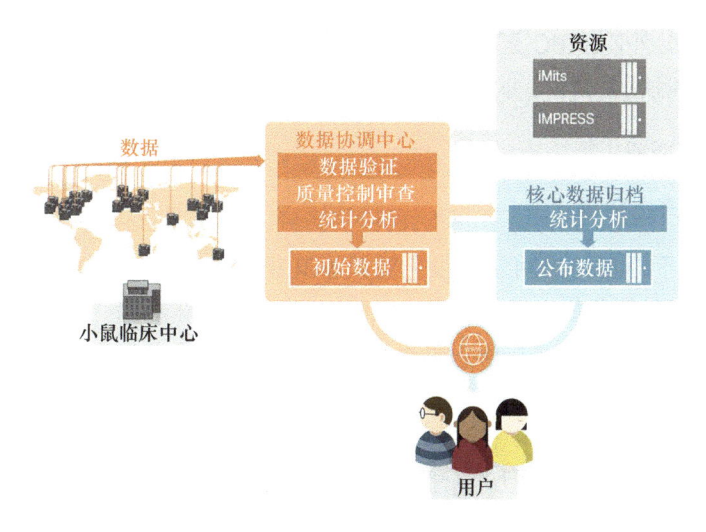

图 3-19 IMPC 的数据管理流程

（3）最终成果交付要求

IMPC 各研究机构的最终成果交付由指导委员会与资助机构进行审核，并且根据审核结果决定是否继续提供资金支持（表 3-36）。具体流程包括：由指导委员会审查交付成果的目标达成情况，如 75%指导委员会成员不同意通过，则将该机构列入"危险清单"，需一年内调整达标；资助机构负责审核成果在研究过程中，是否保证了资源的有效交付和利用，进而决定是否继续提供资金支持；根据上述对交付成果情况的审核结果，指导委员会将对 IMPC 的实施方案做出相应调整，以保证基因功能分析工作的顺利推进。

表 3-36　IMPC 第一阶段（2012~2016 年）对成果交付的要求

成果	目标
技术方法	完成 IMPC 核心表型分析技术和平台的遴选
小鼠繁育和表型分析	完成 6000 个小鼠胚胎干细胞系的繁育 完成 4000 个基因敲除小鼠的表型分析
小鼠储存和分发	低温保存 4000 个小鼠干细胞 分发生物材料（包括干细胞、冻存精子和活体小鼠）
数据共享	建立集中式数据库 通过公共网站与科研机构共享表型分析数据

2. 知识产权

IMPC 旨在创建一个全面的哺乳动物基因功能注释目录，供相关数据资源供科研人员免费下载和使用。IMPC 的相关数据资源依据《知识共享　署名 4.0 国际公共许可协议》（CC-BY 4.0）进行管理。根据该许可协议，数据用户可以以任何媒介或格式进行数据共享，可对数据进行复制、重组、转换和重建等；但在使用数据资源时，必须明确标明所采用数据的来源，并标明是否对数据进行了更改；同时不得应用法律条款或技术措施，限制他人使用。此外，IMPC 还要求科研人员在使用其数据或图像资源发表论文或申请研究资金时，注明引用 IMPC 的官方网站及相关介绍文章（Dickinson et al., 2016）。

（五）IMPC 的影响力

1. IMPC 的产出数据

IMPC 建立了数据门户网站，以免费共享其小鼠基因功能注释数据集，数据涉及基因-表型信息、测量参数、表型图像（包括 X 射线、眼部形态、胚胎形态、组织病理等图像）、相关疾病信息等。科研人员可通过不同方式进行数据访问，包括通过"最新数据发布说明"获取数据概述、通过 API 访问数据、通过 FTP 访问数据以及通过"批量查询"链接批量访问数据 4 种方式。IMPC 还针对当前的热点研究领域，特别策划了一批数据集，如心血管、胚胎发育和疼痛相关的研究数据，供有相关需求的科研人员访问。

IMPC 每季度发布一批新数据集，至 2022 年 4 月，已发布了第 16 版的数据集，包括 8093 个小鼠编码基因的功能注释数据。

除以上数据集外，IMPC 可提供的资源还包括基因敲除小鼠品系和胚胎干细胞系，科研人员可根据需求通过 IMPC 的门户网站进行申请。

2. IMPC 的产出文章

至 2022 年 4 月，IMPC 的科学家共发表了 83 篇论文，包括介绍基因突变小鼠资源的进展与应用、相关图像分析和计算学方法研究，以及基于基因突变小鼠开展的遗传学、行为学、神经科学、疾病研究等。

同时，IMPC 与 IKMC 联合开发了大量基因敲除小鼠、胚胎干细胞系以及基因-表型数据等资源，在科学界产生了极高的影响力。根据 IMPC 官网发布的数据，截至 2022 年 4 月，基于 IKMC 与 IMPC 的资源发表的文章已有 6000 余篇，其中多篇发表在 *Nature* 及其子刊，以及其他高影响力的刊物上。

六、全球艾滋病疫苗企业计划

（一）概述

进入 21 世纪，人类免疫缺陷病毒（human immunodeficiency virus，HIV）疫苗的研发仍是生物医学研究面临的最困难的挑战之一。至今，寻求一款安全、有效的 HIV 疫苗仍遥遥无期。由于以往开展的大部分 HIV 疫苗研发工作主要由一小群来自学术界和生物技术公司的研究人员承担，这些研究工作通常相互独立且规模较小，无法解决面临的主要科学问题，如 HIV 的高变异性、疫苗无法诱导有效的中和抗体及防止病毒持续感染、缺乏对疫苗保护机制的了解等。此外，HIV-1 相关基因和表型变异等问题也增加了疫苗设计的难度。因此，需要加强国际科研团队的合作和协作，通过设立大型项目、提供更多资金，加速 HIV 疫苗研发。

2003 年 6 月，由来自美国国立卫生研究院（National Institutes of Health，NIH）、比

尔及梅琳达·盖茨基金会（Bill and Melinda Gates Foundation，BMGF）、美国华盛顿大学、英国牛津大学、瑞士洛桑大学、中国疾病预防控制中心性病艾滋病预防控制中心、南非纳塔尔大学、印度医学研究理事会、联合国艾滋病规划署（Joint United Nations Programme on HIV/AIDS，UNAIDS）等机构的 24 位 HIV 疫苗领域领军人物组成的科学小组在 Science 期刊上发表文章，提出倡议启动全球艾滋病疫苗企业计划（Global HIV/AIDS Vaccine Enterprise，GHAVE）。经过 2 年的构思和规划，GHAVE 于 2005 年正式启动，并发布了其首个科学战略规划，提出了 HIV 疫苗研发的 6 个优先发展方向和初步发展战略。2007 年，GHAVE 任命加拿大卫生研究院院长为首任执行主任，并在纽约设立了第一个独立秘书处，在此之前在比尔及梅琳达·盖茨基金会设立的是临时秘书处。随着科学的进步及 HIV 疫苗研发环境的变化，GHAVE 在 2010 年对战略规划进行了更新，进一步提出了推动 HIV 疫苗临床试验及建立临床前动物模型这两个优先事项。2018 年，国际艾滋病协会（International AIDS Society，IAS）接管 GHAVE，并重新制定了 2018～2023 年全新的五年战略规划，进一步明确了推动 HIV 疫苗开发的使命。

在经费模式方面，GHAVE 并没有固定的资金，其资助经费均来自计划的资助机构。在 GHAVE 的实施过程中，这些资助机构均基于各自的资助机制为计划的各项研发活动提供支持。在组织管理方面，GHAVE 科学战略规划的制定及更新主要由企业理事会负责，企业科学委员会及工作组为其提供建议。科学战略规划的实施主要由协调委员会、资助者论坛、利益相关者论坛等进行统筹管理和监督。2018 年 IAS 接管 GHAVE 后，新成立的咨询小组主要为 HIV 疫苗研发提供战略指导和科学咨询。在成果方面，GHAVE 发布的 2010 科学战略规划中，对 GHAVE 自 2005 年启动以来的成果和影响力进行了评估。评估结果显示，GHAVE 的实施对全球 HIV 疫苗的研发产生了积极影响。

（二）GHAVE 的酝酿和发起

1. GHAVE 的科技基础

1983 年，科学家首次证实，引发艾滋病的根源是一种反转录病毒——HIV。此后，全球科研人员针对这种病毒开展了密集的研究工作。经过 20 余年的研究，研究人员获得了许多关于 HIV 和艾滋病的重要信息，在延长 HIV 感染者的生命以及降低 HIV 母婴传播方面取得了进展。其中，HIV 疫苗被视为应对艾滋病的重要技术之一。尽管已经有许多疫苗设计的理念方法，但安全、有效的 HIV 候选疫苗开发仍然存在很多障碍。一方面，推动候选疫苗进入临床试验的费用较高，2001～2002 年，只有 7 款 HIV 疫苗进入临床试验，仅有 1 款疫苗进入Ⅲ期临床；另一方面，HIV 疫苗的研发还面临一系列科学挑战，包括：①设计的疫苗无法诱导出针对 HIV 流行株（circulating strain）的有效中和抗体，②设计的疫苗无法阻断 HIV 的持续感染，③ HIV 在全球存在大量变异株，④对 HIV 疫苗动物模型系统中最有效的保护机制——减毒活疫苗方法缺乏了解，⑤对能诱导保护性免疫的抗原及具有保护作用的免疫机制缺乏认知。面对上述问题，最佳途径是构建一个资源丰富且能够跨学科协作的科研联盟，促进拥有不同疫苗开发专长的研究人员及机构之间的紧密合作。正是在这样的背景下，全球艾滋病疫苗企业计划应运而生。

2. GHAVE 的发起过程

全球艾滋病疫苗企业计划的发展经历了从构思（2003 年）、规划（2004 年）到启动系列活动（2005~2007 年）再到具体实施（2008 年及以后）的过程。

为加速 HIV 疫苗的研发，2003 年 6 月，来自美国 NIH、美国 BMGF 等机构的 24 位 HIV 疫苗领域的领军人物[①]组成的小组在 *Science* 期刊上发表了一篇论坛文章（Klausner et al.，2003）。文章指出 HIV 疫苗领域投入不足，呼吁全球科学家加大力度开展研发工作，并提议成立一个由世界各地的独立组织组成的联盟——全球艾滋病疫苗企业计划，希望通过设立共同的科学战略规划，促进国际合作、知识共享与资源调配，加速 HIV 疫苗的开发。2005 年，GHAVE 正式启动并在 *PLoS Medicine* 期刊上发布了其首个科学战略规划，同时，在比尔及梅琳达·盖茨基金会设立临时秘书处。2007 年，加拿大卫生研究院院长被任命为首任执行主任，并在纽约设立了独立秘书处。2009 年 1 月，为应对未来 5 年 HIV 疫苗研究的预期挑战，抓住潜在发展机遇，GHAVE 对其 2005 年的战略规划进行了更新，并于 2010 年在 *Nature Medicine* 上正式发布了新版科学战略规划。

2018 年，IAS 接管 GHAVE，推动该计划的实施进入新阶段。GHAVE 总部从美国迁至欧洲，同时，为了满足自计划启动以来艾滋病领域的巨大变化，GHAVE 重新制定了 2018~2023 年科学战略规划，进一步明确了加速 HIV 疫苗开发的使命，重新调整工作重心，聚焦关键挑战和新兴机遇，也让更多新的利益相关者和资助者参与到一个真正多元化、有活力的全球联盟中，并通过不懈努力尽快开发出 HIV 疫苗。

（三）GHAVE 的组织实施

作为一个统筹全球 HIV 疫苗研发的计划，GHAVE 主要致力于协调三方面的工作。一是定期开展科学评估，不断总结 HIV 疫苗研发中的经验教训，识别发展新机遇，以及科学新发现、新技术带来的潜在影响；监测计划中研究重点的实施情况，进而根据国际发展新形势对计划的战略规划进行评估、更新和发布。二是推动 HIV 疫苗研发的全球化进程，促进数据共享，建立数据存储相关标准、实施准则及流程，并通过论坛的形式，针对知识产权、临床试验、监管等相关的政策问题开展研讨。三是推动形成计划内部成员间的责任共担机制，推动计划的顺畅实施。

1. GHAVE 的目标设定

2005 年，GHAVE 正式启动并制定了战略规划，对计划的发展目标进行了详细规划，确定了疫苗设计、实验室标准化、产品开发和制造、临床试验能力、监管措施和知识产权保护 6 个优先发展方向。为应对艾滋病疫苗研究不断变化的挑战，抓住研发机遇，更新后的 2010 年科学战略规划一方面致力于将迭代的科学技术与 HIV 疫苗开发充分整合

---

① 24 位领军人物来自以下机构：美国国立卫生研究院、比尔及梅琳达·盖茨基金会、华盛顿大学、英国牛津大学、瑞士洛桑大学、中国疾病预防控制中心性病艾滋病预防控制中心、南非纳塔尔大学、印度医学研究理事会、瑞士联合国艾滋病规划署、国际艾滋病疫苗行动组织（IAVI）、杜克大学、加州理工学院、美国艾滋病疫苗倡导联盟、VaxGen 公司、美国疾病控制与预防中心、法国原国家艾滋病与病毒性肝炎研究署（ANRS）、纪念斯隆-凯特琳癌症中心。

以优化临床试验，另一方面吸纳生物医学的发展新思路，充分发挥临床前模型在 HIV 疫苗研发中的应用潜力。2018 年，IAS 接管 GHAVE 后重新制定的 2018~2023 年科学战略规划旨在通过对研发资金、知识共享以及监管措施等方面的支持，加快疫苗的开发上市。

（1）2005 年科学战略规划

为制定 GHAVE 的科学战略规划，来自 WHO、UNAIDS 及 15 个国家的 120 多名专家建立了 6 个工作组，并于 2004 年 1~4 月举行研讨会，确定了全球 HIV 疫苗研发中尚未解决的关键科学问题，并就这些问题提出了行动建议。2004 年 5 月，GHAVE 指导委员会综合工作组的建议，确定了计划第一阶段的 6 个优先发展方向（Coordinating Committee of the Global HIV/AIDS Vaccine Enterprise，2005）。

1）疫苗设计

GHAVE 的核心目标是设计 HIV 候选疫苗，进而持续诱导产生有效、广泛且持久的中和抗体，或诱导记忆 T 细胞的免疫应答，抑制 HIV 复制并防止病毒免疫逃逸。此外，GHAVE 也致力于探索基于黏膜免疫和先天免疫的原理，开发有效的 HIV 疫苗。实现上述目标的路径主要包括两方面：一方面，关注正在研发中的候选疫苗，这些疫苗大都是用于诱导 T 细胞的免疫应答；另一方面，重点解决 HIV 相关科学领域的关键差距，更全面地了解 HIV 的特性，进而针对这些特性设计候选疫苗。

2）实验室标准化

对不同实验室的临床前和临床研究结果进行标准化横向比较，是候选疫苗研发的关键。因此，GHAVE 在实施过程中，尤为重视开发相关比较方法和标准化研发体系。具体包括：建立一套标准化的疫苗诱导免疫反应的检测方法；扩大肽、对照血清和病毒组等常用检测试剂的广泛可获得性；提高新型检测方法和试剂的开发能力，并应用于临床前和临床研究中；设立一个"核心"实验室，对确定使用的检测方法进行运行验证，并作为卫星实验室的参考实验室；在开展临床试验的地点或周边区域设置卫星实验室，促进对血液等样本的处理、储存、运送，并支持基本的免疫学评估，以及参与 GHAVE 组织的其他活动；组建全球质量保证职能部门，负责对所有核心实验室和卫星实验室开展常规安全管理，并对其开发的 HIV 疫苗进行免疫学和病毒学评估；为卫星实验室提供培训，促进标准化分析方法的应用。

3）产品开发和制造

为应对 HIV 疫苗上市后批量化的需求，GHAVE 也将同步推进大规模、一致性疫苗生物工艺的开发。为了实现该目标，GHAVE 组建了一系列 HIV 疫苗生物工艺开发小组，专注于候选疫苗制造技术的开发，并提供给临床试验使用。同时，这些小组还提供生物工艺的培训，以解决全球疫苗生物工艺专家严重短缺问题，并致力于将这些疫苗的制造技术推广到世界各地的疫苗生产基地。此外，GHAVE 还进一步考虑通过建造、收购或承包设施等多种方式，以供未来候选疫苗生产的开展。

4）临床试验能力

随着越来越多的 HIV 候选疫苗进入临床试验，全球范围内，尤其是发展中国家，开展相关临床试验能力的不足日趋凸显。为了弥补这些不足，GHAVE 制定了三大策略：一是增加研究人员的数量，并通过为其提供培训、职业发展道路规划等策略，提高研究人员的能力，同时营造有利的政治和社会环境，支持 HIV 疫苗临床研究的开展；二是建设可持续的临床试验设施；三是扩大可招募到的未感染的高风险人群的数量。

5）监管措施

在 HIV 疫苗产品许可环节，许多发展中国家由于相关专业知识不足、审批流程不明确和职能部门缺失，可能无法快速和独立地做出监管决策，通常需要依据其他发达国家/地区（如美国、欧洲）或 WHO 的认可情况，判断是否给予 HIV 疫苗许可。这些国家在做疫苗的相关审批决策时，并未充分考虑本国疾病负担或儿童疫苗接种计划等信息，在这种情况下批准的产品可能并不符合该国的需求或客观情况。同时，如果一个产品没有经过欧美或 WHO 监管机构审批，那么这些发展中国家在针对国家需求的产品没有相应审批途径的情况下，也很难对产品进行批准。

为解决上述问题，GHAVE 确定了 6 个优先发展方向：①建立国家间的信息协调和交换平台，使各国监管机构能够获得符合自身法律框架的监管信息；②促进监管决策，如通过采用区域性方法进行产品审查和提出建议；③推动监管能力建设；④在综合考虑不同国家的流行病动态、需求和资源的前提下，开展 HIV 疫苗上市的风险和收益评估；⑤识别并消除影响快速监管决策的潜在障碍；⑥解决监管决策过程中涉及的伦理问题，包括知情同意、确定试验参与者的保护级别等。

6）知识产权保护

虽然知识产权保护问题会伴随疫苗开发全程，但 GHAVE 更加倡导科学自由，希望能够通过实现数据和生物材料的共享，激励疫苗早期研究和设计。为此，GHAVE 提出了 4 个主要发展策略：①尽量减少对科学自由的限制，可以要求各参与方在 HIV 疫苗研发早期阶段签署不诉讼协议，并在疫苗研究后期根据知识产权的真实估值来签署协议；②在遵守各国防止垄断和内幕交易相关法律的前提下，确保在信息共享的同时充分保护信息的隐私（包括临床试验数据、材料、专业知识、商业秘密和平台技术）；③疫苗研发成功后，承认不同国家在该疫苗研发过程中的贡献，保证各国都能获得可负担的疫苗；④最大限度地促进重要技术和发明的获取和应用。

（2）2010 年科学战略规划

自 2005 年以来，HIV 疫苗研究发生了根本性的变化，新的研究成果为该领域开辟新的研究方向，提供新的动力。因此，为应对 HIV 疫苗研究不断变化的挑战，抓住研发机遇，2009 年 1 月，全球艾滋病疫苗理事会对 2005 年科学战略规划进行了更新，并于 2010 年发布了 2010 年科学战略规划，新规划明确了两个优先事项（The Council of the Global HIV Vaccine Enterprise et al.，2010）。

1）将迭代的科学技术与 HIV 疫苗开发充分整合，优化临床试验

具体举措包括：加快对有希望的候选疫苗开展临床测试；支持疫苗研究和试验设计方法的多样化发展；加强临床试验监管和执行能力，以加快试验的评审、审批和实施；让相关团体（包括志愿者、计划倡导者和团体领导者）参与设计，并加入到科学的、符合伦理的临床试验中；扩展并改进实验室平台和检测方法库，以分析人体对疫苗接种的免疫反应。

2）在 HIV 疫苗研发中吸纳生物医学的发展新思路，充分发挥临床前模型的应用潜力

持续开发和采用新技术，创造与其他领域科学家开展多学科合作的机会，同时就快速访问数据的原则达成共识，并开发基础设施促进数据的注释、存储和分析。此外，在临床前模型应用方面，通过开发协作计划以充分有效地利用临床前模型资源，同时提高非人灵长类动物模型与 HIV 疫苗设计和测试的相关性，并推动用于体内与体外的免疫、病毒、基因组标准化分析的工具和技术的开发，促进这些技术的标准化和共享，以支持非人灵长类动物模型研究。

（3）2018 年科学战略规划

2018 年，IAS 接管 GHAVE，并重新制定了 2018~2023 年科学战略规划（Global HIV Vaccine Enterprise Strategic Plan 2018~2023），该战略规划旨在通过增加研发资金、改善研究人员之间的知识共享以及阐明监管途径来加快疫苗的推出。

1）推进疫苗研发管线建设，制定战略，调整、加速候选疫苗的开发进程

为实现该目标，GHAVE 与疫苗试验网络、社区和政策制定者合作，解决试验设计和实施中的问题，从而在不断变化的疾病预防环境中持续开展有效的临床试验；同时也通过召开研讨会和开发工具包，提升 HIV 疫苗产品开发能力，加强计划参与方之间的合作。

2）为临床试验取得成功做好准备，为未来获取疫苗阐明路径

GHAVE 与 WHO、监管机构、政策制定者、社区以及产品开发商和资助者合作，推动制定明晰的 HIV 疫苗监管和许可途径；同时召集利益相关者参与商讨，包括产品开发商、产业界、研究资助者、国际金融机构、投资界、地方和地区当局，为后期产品开发设计新的商业模式。

3）吸引资源，提高利益相关者的参与度

首先，加强政治承诺，鼓励新的投资，包括提高 HIV 疫苗研发相关倡议活动的科学严谨性，以影响政治优先性，积极倡导并促进对 HIV 疫苗研究的投资，深化与欧洲、亚洲及其他地区潜在资助者的合作，努力确保产业界在谈判中的地位从而促进产学合作。其次，实现参与人员的多样化，并扩大合作，确保利益相关者能够参与到计划中各类优先事项的实施中。

2. GHAVE 的成员结构

GHAVE 是由参与和支持 HIV 疫苗研发的独立组织构成的联盟，GHAVE 创始成员包括国际艾滋病疫苗行动组织（International AIDS Vaccine Initiative，IAVI）、美国 NIH、法国国家艾滋病与病毒性肝炎研究署（Agence Nationale de Recherches sur le Sida et les Hépatites Virales，ANRS）、UNAIDS、WHO 和英国维康信托基金会等。随着时间的推移和 GHAVE 的发展，越来越多的研究机构和研究团队投身其中，为该计划贡献力量。自 2003 年成立该计划的倡议首次发布以来，各国政府、研究机构及组织等，通过提供资助、发起倡议、建立合作伙伴关系、举办会议等方式支持全球艾滋病疫苗企业计划，努力协调资源，促进共享，加速全球 HIV 疫苗的开发。在 2004 年八国峰会上，八国集团（美国、英国、德国、法国、日本、意大利、加拿大、俄罗斯）对发起该计划达成共识，并呼吁各国从资金、人力及科学等方面提供支持。同时，八国集团还呼吁应制定一

项战略规划，旨在优先考虑需要应对的科学挑战，协调研究和产品开发工作，并更好地优化现有资源配置。2004 年 10 月 19 日，来自 7 个欧洲国家（法国、德国、意大利、荷兰、西班牙、瑞典和英国）的卫生部长发布了一项联合声明，旨在加速全球 HIV 疫苗研究进程。

（1）美国国立卫生研究院

2004 年 6 月，在佐治亚州举行的八国集团首脑会议上，美国总统布什和美国国立卫生研究院宣布，除美国 NIH 的疫苗研发中心外，计划在美国建立第二个艾滋病疫苗研发中心，新中心将成为全球艾滋病疫苗企业计划的重要组成部分。2004 年 9 月，美国国家过敏和传染病研究所（National Institute of Allergy and Infectious Diseases，NIAID）发布了建立艾滋病毒/艾滋病疫苗免疫学中心（The Center for HIV/AIDS Vaccine Immunology，CHAVI）的资助公告。2005 年 7 月，美国 NIAID 将 CHAVI 授予美国杜克大学领导，并给予为期 7 年总额高达 3 亿美元的资助。

CHAVI 主要负责解决 HIV 疫苗开发的主要障碍，并设计、开发和测试新的 HIV 候选疫苗。2012 年，CHAVI 研究人员经过 7 年的研究，在病毒传播及阐明 HIV 免疫学等许多基本方面取得的进展，为理解 HIV 预防机制提供了科学依据（Feinberg et al., 2021）。在此基础上，2012 年，两个新的艾滋病毒/艾滋病疫苗免疫学和免疫原研发中心（Center for HIV/AIDS Vaccine Immunology and Immunogen Discovery，CHAVI-ID）成立，分别由美国杜克大学和美国斯克利普斯研究所领导，并各自获得了 NIH 的 7 年项目资助，金额分别为 1.39 亿美元和 7700 万美元，以继续实现开发 HIV 疫苗的目标。

CHAVI-ID 的工作于 2019 年 6 月结束，研究人员提出了许多新颖的疫苗概念和候选药物，取得了重大研究进展。在前 14 年的基础上，NIH 于 2019 年继续资助美国斯克利普斯研究所和美国杜克大学各 1.29 亿美元，用于创立艾滋病毒/艾滋病疫苗开发联盟（Consortium for HIV/AIDS Vaccine Development，CHAVD），以推动创新的 HIV 疫苗进入临床开发。

（2）比尔及梅琳达·盖茨基金会

比尔及梅琳达·盖茨基金会是全球艾滋病疫苗企业计划的创始机构之一，致力于根据该计划的工作原则为 HIV 疫苗开发提供资金支持。2006 年 7 月 19 日，比尔及梅琳达·盖茨基金会宣布构建一个由科学家和专家紧密合作的国际研究联盟网络——艾滋病疫苗发现联盟（Collaboration for AIDS Vaccine Discovery，CAVD），并向来自 19 个国家的超过 165 名研究人员颁发了总额为 2.87 亿美元的 16 笔资助，以致力于设计各种新型 HIV 候选疫苗，并将最有潜力的候选疫苗推向临床试验。这 16 笔资助涵盖 11 个疫苗发现联盟和 5 个中央服务设施，其中中央服务设施包括 3 个用于测量候选疫苗引起的免疫反应的实验室网络、1 个研究标本库及 1 个数据和统计管理中心。疫苗发现联盟的研究人员通过与 5 个中央服务设施相互联动，实现数据开放共享和比较，从而高效筛选出最有前景的疫苗进行优先开发。2011~2012 年，比尔及梅琳达·盖茨基金会向 CAVD 又追加了 7 笔额外资助，共为 23 个疫苗联盟提供了 3.55 亿美元的资助。此后，基金会又持续向 13 个疫苗发现联盟提供了额外的 9900 万美元资助。

(3）加拿大政府

2005 年，加拿大的主要研究人员、私营和政府部门代表会见了比尔及梅琳达·盖茨基金会的代表，探讨如何利用加拿大地区的专长和优势，为全球艾滋病疫苗企业计划做贡献。2007 年，为支持 CHAVE 科学战略规划中确定的优先事项，加拿大政府与比尔及梅琳达·盖茨基金会合作发起加拿大艾滋病疫苗倡议（The Canadian HIV Vaccine Initiative，CHVI），并承诺分别提供 1.11 亿加元和 2800 万加元的资金。CHVI 旨在促进加拿大研究人员和科研机构与世界各地，特别是与发展中国家进行合作，开展一系列 HIV 疫苗研究项目，包括发现新的候选疫苗、提升临床试验能力、生产有潜力的候选疫苗、解决与艾滋病疫苗开发相关的政策、监管和社会问题。CHVI 已于 2017 年 3 月结束。

(4）瑞士疫苗研究所

为促进全球艾滋病疫苗企业计划的实施，瑞士政府承诺支持在洛桑筹建一个疫苗研究所。2007 年 12 月 5 日，由瑞士沃杜瓦大学医院中心（Centre Hospitalier Universitaire Vaudois，CHUV）/洛桑大学主导的瑞士疫苗研究所（Swiss Vaccine Research Institute，SVRI）成立。该所针对艾滋病毒/艾滋病、疟疾、结核病、流感等传染病进行基础、临床和转化研究。SVRI 在有关 HIV 疫苗研发的许多方面，与比尔及梅琳达·盖茨基金会资助的 CAVD 项目相辅相成。

(5）国际艾滋病疫苗行动组织

国际艾滋病疫苗行动组织（IAVI）成立于 1996 年，致力于艾滋病疫苗的研究。2008 年 4 月 15 日，IAVI 和 CHAVI 签署了一项协议，共同努力攻克重大生物学问题，以促进安全、有效且经费可负担的艾滋病疫苗的开发。CHAVI/IAVI 研究任务主要侧重于 4 个关键领域，旨在为设计新型及优化的候选疫苗提供科学依据：①新型流行病毒的鉴定和全长基因测序；②阐明人类遗传学研究在调控 HIV 感染中的影响；③通过免疫学研究阐明为什么部分暴露于 HIV 下的人不会感染艾滋病；④开发标准化的体内黏膜表面采样方法。

(6）HIV 疫苗试验网络

发达国家和发展中国家的青年科研人员和早期职业研究员对科学进步很重要。然而，他们在建立职业生涯、获得独立资金、开展跨学科研究、实现知名度和认可方面都面临着重重挑战。因此，需要通过强化指导、培训和给予升职机会等方式，明确早期职业研究员的职业道路，并增加研究人员获得资金的机会。HIV 疫苗试验网络（HIV Vaccine Trials Network，HVTN）自 1999 年成立以来，是世界上最大的公共资助国际合作项目，主要由 NIAID 资助，专注于 HIV 疫苗研发。在大规模临床试验的结果未达预期的情况下，HVTN 和 CHAVI 开发了一个新的研究指导计划——ESI 学者计划，旨在吸引一批对非人灵长类动物（non-human primate，NHP）研究感兴趣的年轻研究人员。该项目的目标是将非人灵长类动物研究的结果转化为人类试验性疫苗。从 2008 年到 2011 年，该项目从 42 份申请中选出了 14 位早期职业研究员。后续的项目调查结果表明，灵活的资金、跨学科指导以及结构化培训和网络的结合促进了这些研究员的职业发展，以及他们在 HIV 疫苗领域的科学贡献（Adamson et al.，2015）。

（7）中国艾滋病疫苗联盟和亚洲艾滋病疫苗合作网络

2009年，在北京召开的第一届中国艾滋病疫苗论坛上，中国艾滋病疫苗联盟（Chinese AIDS Vaccine Initiative，CAVI）正式成立。该联盟由几十家国内从事艾滋病疫苗研究的研发单位自发组成，是我国第一个艾滋病疫苗研究组织。CAVI 的成立推动了亚洲艾滋病疫苗合作网络（AIDS Vaccine Asian Network，AVAN）的建设。2009年，在由 WHO、UNAIDS、GHAVE、美国 NIH 和中国疾病预防控制中心共同举办的亚洲艾滋病疫苗区域协商会议上，AVAN 成立（Kent et al.，2010），旨在为加强和协调亚洲的疫苗研发活动提供便利机制。

（8）世界卫生组织

为支持全球艾滋病疫苗企业计划，WHO 和 UNAIDS 与 GHAVE 等伙伴合作，共同制定了许多政策文件。这些文件涵盖了试验参与者获得护理和治疗的保障、HIV 疫苗试验概念试验的设计和测试目的以及科学参数。例如，2007年9月5～6日，WHO、UNAIDS 和联合国艾滋病规划署举办了为期2天的讲习班，旨在审查在临床研究中验证替代标志物的基本原则和方法，探讨病毒载量对个体病程和二次传播的重要性，并建议开展进一步研究，以便为减少病毒载量的疫苗获得潜在许可做出决策（Fruth，2009）。

（9）其他

多个国际其他组织也通过举办会议、建立合作等方式积极支持全球艾滋病疫苗企业科学计划。例如，GHAVE、ANRS、BMGF 等机构积极举办 2010 年艾滋病疫苗会议；欧盟委员会通过 Europrise（属于欧盟第六框架计划）与欧洲和发展中国家临床试验合作组织（European and Developing Countries Clinical Trials Partnership，EDCTP）进行相关资助，以促进合作和资源共享；在比尔及梅琳达·盖茨基金会和德国萨尔州政府的支持下，德国弗劳恩霍夫协会与 CAVD 建立了合作伙伴关系。

3. GHAVE 的经费管理

GHAVE 不是一个资助机构，并没有固定的资金池。该计划的资助成员遵循计划的工作原则，并基于各自的资助机制为研究活动提供支持。资助者以科学计划为指导，通过资源配置，促进资源的有效集中使用。资助方式，如合同、赠款、机构间协议等，依据具体任务以及每个资助机构的需求和能力而定。GHAVE 提倡资助的协调、合作和公开透明，鼓励两个或多个合作伙伴可以共同支持一项或多项活动。当一个研究领域得到联合资助时，关于目标、研究计划、进展、面临的障碍等方面的沟通讨论都应在所有利益相关者——资助者、项目管理者和研究人员之间公开透明地分享。

4. GHAVE 的组织管理架构

（1）GHAVE 运行组织架构

GHAVE 致力于通过实施共同的科学战略规划，增加资源和加强合作来加速 HIV 疫苗的开发。科学战略规划的制定及更新主要由企业理事会负责，企业科学委员会及相应的工作组为其提供相应建议。在 2005 年科学战略规划中，GHAVE 提出其科学计划的实施主要由协调委员会、资助者论坛、利益相关者论坛等几个部门进行管理和监督（图 3-20）。2018

年，IAS 接管 GHAVE 之后，由新成立的咨询小组就 HIV 疫苗的研发提供战略和科学咨询。

图 3-20 拟定的 GHAVE 组织管理结构

1）企业理事会

企业理事会是该联盟的高级咨询机构，负责指导联盟的方向和活动，通过加强全球合作，推进艾滋病疫苗研发。由企业理事会负责制定的科学战略规划代表了企业理事会的集体观点和共同愿景。

2）企业科学委员会

在战略规划制定的早期阶段，企业科学委员会负责为其提供关键领域及方向等建议。例如，在 2010 年战略规划制定过程中，企业科学委员会确定了 5 个供讨论的关键领域：免疫原和抗原加工；宿主遗传学和病毒多样性；HIV 疫苗研究和开发的新方法；夯实基础，解决临床前和临床研究之间的差距；年轻和早期职业研究人员面临的挑战。

3）工作组

战略规划制定过程中，工作组由 GHAVE 召集成立，主要负责围绕相应主题展开讨论，为战略规划提出建议，工作组数量视具体情况而定。

在 2005 年科学战略规划制定过程中，GHAVE 召集了来自 15 个国家、世界卫生组织和联合国艾滋病规划署的 120 多位与会者，成立了 6 个工作组。这些工作组在 2004 年 1 月至 4 月举行多次会议，讨论确定了当时尚未解决的一些关键问题，并提出了相应的行动建议。在 2010 年科学战略规划（2010 年）制定过程中，GHAVE 围绕企业科学委员会确定的主题，成立了 5 个工作组，工作组编写了报告并提出了建议，为规划的制定提供了科学指导。

4）协调委员会

协调委员会由 GHAVE 的创始机构代表以及 HIV 疫苗研发的领军科学家组成，其主要职责为全面管理和推进 GHAVE 的实施。为保证所有合作伙伴的利益，协调委员会制定了任期轮换制度和新成员纳入制度，还聘请外部利益相关者提供建议、专业知识和援助，并根据需要组建技术专家组。协调委员会下设秘书处，秘书处负责为协调委员会和

GHAVE 的合作伙伴提供后勤和行政管理支持。在美国纽约的常设秘书处设立之前，临时秘书处设立在比尔及梅琳达•盖茨基金会，GHAVE 由 IAS 接管后，秘书处总部也迁至欧洲。

5）资助者论坛

资助者论坛是由资助机构组成的公开论坛，成员包括遵守 GHAVE 原则、积极支持（或有意支持）和资助 HIV 疫苗研发的机构。资助者论坛旨在帮助资助者更好地协调现有资源，并有效和集中利用新的可用资源。有意支持 GHAVE 同一个项目的多个资助者之间可以达成合作协议、合作备忘录或其他形式的书面协议，明晰各自的义务和责任，解决知识产权、项目管理、监督等问题，建立沟通和冲突解决机制。

6）利益相关者论坛

企业利益相关者现在包括资助机构、研究组织、非政府组织、制药和生物技术公司、国际机构以及由不同计划支持的科学家个人。利益相关者论坛通过每年召开会议，组织 HIV/AIDS 疫苗研发领域科学家、政策制定者、公共卫生官员和社会代表等参会，展示 GHAVE 最新的活动进展，并提供一个对话和反馈机制。2005 年，第一次利益相关者会议在英国伦敦的维康信托基金会举行。

7）咨询小组

2018 年，在 IAS 接管 GHAVE 之后，IAS 成立了咨询小组，就 HIV 疫苗的研发提供战略和科学咨询，并充分考虑 HIV 疫苗领域主要利益相关方的意见、兴趣和优先事项。咨询小组的成员由高度负责、有能力提供 HIV 疫苗相关战略和技术建议的人员组成，同时确保人员结构的性别和区域平衡，并至少包括一名社会代表（表 3-37）。咨询小组的职责包括：就 GHAVE 使命、愿景和战略重点相关的科学问题提供咨询和战略指导；对 GHAVE 的战略规划、目标和行动给予反馈；分享技术专长；通过定期审查 GHAVE 团队的报告，了解其业绩目标完成进度；提议并引进合作伙伴，以为 GHAVE 的实施提供资助、规划和支持，以及填补研究空白。

（2）GHAVE 开展科学研究的组织架构

2004 年 10 月 21 日，来自 16 个国家以及欧盟委员会、UNAIDS 和 WHO 的与会者举行会议，就如何推进计划的实施开展讨论，并就符合开展科学研究的组织架构达成共识。

表 3-37 咨询小组成员组成

成员	组织/机构/计划
Susan Buchbinder（主席）	美国旧金山公共卫生部
Linda-Gail Bekker	德斯蒙德•图图艾滋病毒中心
Larry Corey	美国弗雷德•哈钦森癌症研究中心
Francois Dabis	法国国家艾滋病与病毒性肝炎研究署
Carl Dieffenbach	美国国立卫生研究院
Mark Feinberg	国际艾滋病疫苗倡议
Maureen Goodenow	美国国立卫生研究院
Glenda Gray	南非医学研究理事会

续表

成员	机构
Jerome Kim	国际疫苗研究所
Maureen Luba	AVAC（global advocacy for HIV prevention）
Michael Makanga	欧洲和发展中国家临床试验组织
Nina Russell	比尔及梅琳达·盖茨基金会
Robin Shattock	英国伦敦帝国理工学院
Martin Friede	世界卫生组织
Julie Ake	美国军方艾滋病毒研究计划

第一，在拥有共同目标的研究联盟和中心之间建立联系，实现信息、试剂和工艺的共享，以便对不同来源的数据进行比较，并在可能的情况下将各组数据进行合并分析，这有助于解决 GHAVE 中存在的许多科学障碍。GHAVE 的成功取决于以下因素：是否能够吸引最优秀的研究人员，建立这些研究人员之间的合作关系，并促使其将大部分精力投入到 HIV 疫苗研究中；能否有效地解决知识产权保护问题；研究人员所在机构能否对计划相关研究工作提供支持；研究人员之间建立的研究小组能否专注于特定的、明确的问题。

第二，与卫星实验室相连的全球中心实验室系统将提供一系列的标准化分析策略，以确保临床研究质量，并便于对不同试验的数据进行比较（图 3-21）。该系统可以开展

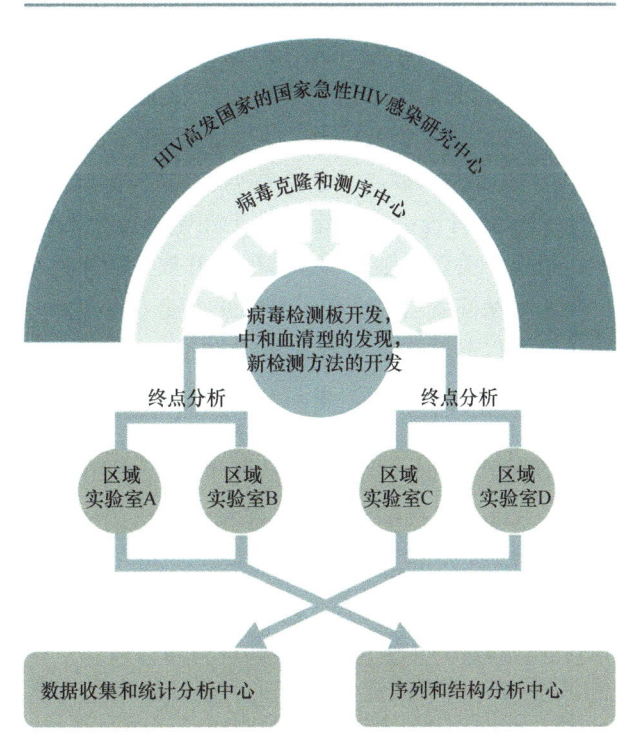

图 3-21 拟用于体液免疫反应标准化评估的全球综合实验室网络模型

临床前或临床分析,尤其是需要标准化或验证的关键终点分析;开发、优化和验证新的分析方法和平台;将分析工作从中心实验室转移到卫星实验室;制订和实施全球质量控制/质量保证计划,并对中心实验室和卫星实验室的分析能力进行测试;实施需要使用经过验证的分析方法、并依赖全球实验室紧密配合协作的疫苗相关研究;促进发展中国家技术基础设施的发展。

第三,维持一定数量的合同式实验室,专门开展通用试剂的开发、获取、储存和分发,对于合作研发项目能否成功以及试剂质量的保证至关重要。通用试剂包括用于免疫分析的多肽、抗血清/抗体和病毒分离物,以及其他广谱中和单克隆抗体等。

第四,在发展中国家中建立临床研究培训中心网络,提高各国临床试验机构的研究能力。

第五,在具有疫苗制造经验(尤其是工艺开发专业知识)的个人和公司之间建立协同网络,并与HIV疫苗开发相关的联盟、中心及其他机构建立联系,共同提供疫苗开发和制造方面的专业知识,促进HIV候选疫苗的改进与发展。

(四)GHAVE的管理政策

由于GHAVE不是一个单一的组织,因此,为确保GHAVE的特性和顺利运作,GHAVE设置了一套明确的"工作原则"。

对于GHAVE而言,工作原则涵盖以下要点:①核心目标是规划和实施一项科学战略规划,该规划要具有一定的规模并兼顾不同活动的平衡性及优先级,以及构建实施该规划的组织架构;②GHAVE侧重于解决HIV疫苗研发的关键障碍,通过全球合作加速这些关键问题的解决,同时促进个人、小团队和个体网络的持续研发;③通过一系列激励措施,维持该计划的运作,包括构建协作体系,为参与者提供资源、集中设施、通用试剂、分析方法、技术和数据等;④所有活动都要体现这样一种承诺,即制造一个最大限度的共享环境提高参与者分享数据和生物材料的能力,如使用通用测量标准,进行适当的知识产权管理;⑤承诺致力于在全球范围内迅速普及成功疫苗。

对于参与者和参与组织,关键原则在于:展现出开放、合作的精神,乐于共享数据和试剂,在竞争和合作之间保持适当的平衡;愿意并有能力将大部分时间用于攻关疫苗研发面临的共性问题,全力以赴解决当前研发遇到的困难。

(五)GHAVE的影响力

2009年,全球艾滋病疫苗企业计划理事会从两个层面对2005年科学战略规划的总体影响进行了评估:一是2005年科学战略规划愿景中的资源承诺和规划进展情况,二是6个优先事项的实施情况。

(1)2005年战略规划愿景的进展

2005年战略规划鼓励资助者和科学家之间进行对话和合作,有力地推动了在HIV疫苗研发这一关键领域增加合作倡议资金的落实。该规划为个体研究员所开展的重要工作提供了有益的补充。总体来说,GHAVE为构建一个更具协作性的全球HIV疫苗研发环境做了极大的贡献(表3-38)。

表 3-38　全球艾滋病疫苗企业计划 2005 年科学战略规划愿景的进展

愿景	进展
鼓励资助者之间相互协作,并为吸引新的资助者提供准则	• 加强资助者之间的对话与合作:2005 年的战略规划鼓励资助者通过共同研讨,制定更加高层面的规划;在战略规划的实施过程中,资助者共同发布了几项联合倡议,为现有合作伙伴之间以及未来与新资助者之间的沟通与协调提供了先例和机制 • 吸引新的资金:美国 NIH 和 BMGF 为 CHAVI 和 CAVD 的建立提供了新的资金;加拿大政府与 BMGF 合作,承诺为计划的优先事项提供新资源;瑞士的 SVRI 成立;中国启动了 CAVI;CHAVI 的合作伙伴均开展了与计划优先事项一致的项目
建立全球协作环境	• 促进合作:大型财团内部和财团之间的合作逐步加快(CAVD 涵盖了 20 个国家的 103 个机构,CHAVI 涵盖了 9 个国家的 43 个机构),在整个 HIV 疫苗领域的合作也越来越多。加拿大 CHVI、IAVI、HVTN、欧盟委员会以及世界卫生组织-联合国艾滋病规划署共同采取措施共享资源和促进合作。尽管该领域的协作性得到提升,但与北美和欧洲以外地区,特别是中低收入国家,以及新兴的科学和经济大国之间的联系仍然需要进一步加强 • 培养人员能力:通过法国 ANRS、加拿大 CIHR、美国 NIAID 的联合项目 HVTN-CHAVI 和英国维康信托基金会等,为疫苗研发人员提供了越来越多的培训和资助机会,提高了吸引人才的力度,并为新引进人才强化了职业道路的规划。未来仍需进一步采取举措,确保低收入和中等收入国家的科学家的新想法也能够纳入到该领域,并得到支持
计划的各参与方就 HIV 疫苗研发面临的主要障碍及最佳实践路径达成共识	• 科学家和资助者之间的沟通:在 2005 年科学战略规划的制定过程中,建立了科学家和资助者之间的对话体系,并将这种精神始终贯穿于计划组织结构的建设和研究中。此外,科学家和资助者对未发表的成果和计划中的研究内容有了更广泛的认识,减少了不必要的重复研究并创造了新的合作机会。未来仍有更多对话空间,将推动最佳实践的传播更顺畅,快速共享数据,以及高效地使用资源和基础设施 • 认可 GHAVE 在引领全球努力开发有效 HIV 疫苗上的重要作用:2005 年战略规划帮助全球对 HIV 疫苗研发优先发展方向达成共识,并召集了不同的利益相关者进行更集中的对话;未来及时向非专业公众传达信息和支持宣传工作仍至关重要

(2)优先事项

第 1 个优先事项强调了继续投资 HIV 疫苗基础研究的重要性。2005 年科学战略规划提高了对病毒与宿主相互作用的理解,开展了针对新感染患者体内病毒的表征和对 HIV 感染早期的细胞和体液免疫反应的分析,分离获得了新的广泛中和抗体,同时也对 HIV 包膜蛋白的结构模体、黏膜免疫和先天免疫有了新见解。

第 2 个优先事项强调了实验室研究标准化的必要性。2005 年的规划在实验室标准化方面也取得了进展,包括获得了更多用于免疫分析的临床试验样本、用于疫苗反应研究的常用试剂和经过验证的分析方法。这些进展在很大程度上得益于 CHAVI、CAVD 以及其他的关键合作研究计划。

第 3 个优先事项强调提升产品开发和生产能力,以支持 HIV 疫苗试验,但该建议未得到落实。即使如此,全球现有的疫苗生产水平也能够满足 HIV 疫苗的需求。

第 4 个优先事项要求增加可持续的临床研究设施数量,提高临床研究质量,并扩大高风险未感染人群的可招募。总体而言,低收入和中等收入国家进行 HIV 疫苗试验的能力有所改善,获得更多 HIV 疫苗临床研究机构的支持。然而,留住 HIV 疫苗相关临床试验的工作人员、保持临床试验机构工作的吸引力,以及加强中低收入国家的研究能力仍然存在诸多挑战。

第 5 个优先事项呼吁加强监管能力建设和信息交流,以提升监管决策的科学性并解决伦理问题。例如,非洲疫苗监管论坛的成立,提高了非洲国家监管机构评估临床试验申请和监督临床试验实施。

第 6 个优先事项呼吁建立一个知识产权框架，通过鼓励科学自由、促进数据和试剂的共享，激励 HIV 疫苗的研发工作。在这方面，美国 NIAID、IAVI 和其他机构在支持 HIV 疫苗开发的公私伙伴关系方面取得了进展。

综上所述，虽然 2005 年科学战略规划对全球 HIV 疫苗研发领域产生了积极的推动作用，但有 3 个关键目标仍没有完全实现。首先，在吸引新的资助机构方面收效甚微。其次，需要进一步努力促进临床研究工作与产品开发的同步发展，从而充分利用 GHAVE 的合作伙伴在临床试验基础设施、监管创新、知识产权、科研工作中取得的进展，以及私营部门在资源方面的贡献。最后，得益于 GHAVE 实施过程中各参与方的成功合作，基础研究和临床研究之间，以及 HIV 疫苗研究领域与生物医学的其他领域之间的差距进一步缩小。

七、国际动物健康研究联盟

（一）概述

动物疾病不仅会破坏环境，还会造成严重的社会和经济负担，并威胁人类健康。畜牧业在动物疾病负面影响下产生的相关问题在全球范围内普遍存在。欧盟意识到防治动物疾病的关键是充分利用有限资源，通过国际合作协调研究工作，推进相关领域的信息共享和协同研究。2005 年，欧盟农业研究常设委员会（SCAR）动物健康与福利研究合作工作组（Collaborative Working Group on Animal Health and Welfare，CWG AHW）成立，2008 年，欧洲牲畜新发和重大传染病研究协调项目（Coordination of European Research on Emerging and Major Infectious Diseases of Livestock，EMIDA ERA-NET）启动，一系列养殖动物健康、主要和新发传染病防控相关举措纷纷落地开展，推进多国联合开发应对动物疾病和解决相关公共卫生的新技术和措施，也为更大规模的国际合作打下基础。

2011 年 2 月，动物与人畜共患主要传染疾病研究统筹协调全球战略联盟（Global Strategic Alliances for the Coordination of Research on the Major Infectious Diseases of Animals and Zoonoses，STAR-IDAZ）在欧盟委员会资助下成立。该联盟通过一系列涵盖信息共享、区域和行业部门优先事项及其相关研究任务包，旨在加强全球相关领域研究的协同，减少重复研究，优化专业知识和资源配置，进而加快推进疾病防控方法开发等方面的研究进展。STAR-IDAZ 的成员主要包括来自 16 个国家/地区的合作伙伴，还有其他 30 多个国家的组织机构通过美洲、亚洲和大洋洲以及非洲和中东的区域网络参与，与现有的欧盟农业研究常设委员会研究合作网络形成互补。

STAR-IDAZ 不仅建立了动物疾病与人畜共患病研究出版物数据库和研究组织数据库，还统一了跨区域和行业的研究标准，为国际合作、建立集群和伙伴关系提供了工具。2015 年，STAR-IDAZ 成员在布鲁塞尔研讨会上提出在 STAR-IDAZ 的基础上，将 STAR-IDAZ 扩大至全球，并协商确定了该计划的管理模式。2016 年，STAR-IDAZ 国际动物健康研究联盟（STAR-IDAZ International Research Consortium on Animal Health，STAR-IDAZ IRC）正式成立，标志着欧盟资助的 STAR-IDAZ 联盟转变为一个可持续的合作网络，最终共有 19 个成员方、28 个研究机构和资助机构及 50 多个关联国家加入，共同承诺在5年内（2016～2021年）投资25亿美元，用于资助STAR-IDAZ IRC科研项目的开展。

STAR-IDAZ IRC 计划为至少30项动物健康相关的重点疾病/问题，包括传染病等，提供改善策略，推进疫苗、诊断试剂、疾病治疗和控制干预方法的开发。同时，该联盟研究涵盖基础研究、数据模型开发、疾病分类、信息化建设4类，从而通过国际合作简化操作流程，提升工作效率，并促进研究的可持续发展。STAR-IDAZ IRC 由联盟成员和支撑机构组成。在管理方面，执行委员会是其核心管理机构，由每个资助方或资助者团体以及利益相关者和咨询机构的代表构成，科学委员会则基于科学角度就研究重点和研究取得的进展向执行委员会提供建议；秘书处作为中心支撑机构负责为工作组提供专业的研究需求分析、差距分析，同时协调研究计划和资金分配。

在STAR-IDAZ的工作基础上，STAR-IDAZ IRC 进一步从良好研究实践、数据管理与共享、知识产权与专利、研究发表与开放获取4个方面对成员的工作进行了规范，同时对研究者权益给予了相应的保障与支持。截至2022年9月14日，STAR-IDAZ IRC 在20个优先研究领域发表197篇高质量学术论文。

（二）STAR-IDAZ IRC 的酝酿和发起

1. STAR-IDAZ IRC 的科技基础

由于气候变化加剧、疾病全球化以及病原体持续变异，过去几十年，动物疾病对畜牧业的威胁也在不断加大。动物应对疾病威胁的能力在很大程度上依赖于科学研究的突破，相关研究的水平直接影响疾病控制政策的制定和成果的转化，以及动物健康改善措施的落地实施。尽管支撑疾病控制政策的立法是在欧盟一级实施的，但政策制定和实施的相关研究主要在欧盟各成员国间展开，而且不同国家的研究水平和进度不同，这严重影响了动物疾病管理政策的统一化。因此，充分利用稀缺资源、协调各国的研究工作，成为动物疾病防控的关键。

针对这一问题，欧盟早期通过多国合作网络协调资源，启动了一系列合作项目，推动各国共同制定研究议程，协调开展动物疾病研究工作和信息共享，为STAR-IDAZ的成立奠定了坚实基础。2005年，应欧盟农业研究常设委员会（SCAR）的倡议，动物健康与福利研究合作工作组成立，其目的是构建一个持续性的专项网络，关注养殖动物（包括鱼类和蜜蜂等）健康与福利的相关研究和创新，通过加强优先领域研究，创造群聚效应，以满足政策制定者和欧洲畜牧业在动物健康和福利研究方面的需求。2008年，欧洲牲畜新发和重大传染病研究协调项目（EMIDA ERA-NET）启动，该项目加速和巩固了动物健康与福利研究合作工作组的工作，同时进一步明确了养殖动物新发和重大传染病，将对人类健康构成威胁的疾病纳入研究范畴。在为期3年实施中，该项目吸引了19个国家（15个欧盟成员国，以及挪威、瑞士、以色列和土耳其）的29个科研机构的参与，研发出应对畜牧业疾病威胁的防控技术工具，推动了欧盟相关政策的制定，并促进运用动物疾病联合研究计划解决公共卫生问题。

2011年2月1日，在欧盟CWG AHW、EMIDA ERA-NET 等项目基础上，为协调牲畜传染病和人畜共患病相关研究活动，加快研制疾病控制方法和措施，欧盟出资100万欧元成立了动物与人畜共患主要传染疾病研究统筹协调全球战略联盟（STAR-IDAZ），由英国环境、食品和农村事务部（DEFRA）负责协调管理。

STAR-IDAZ 是一项为期4年的国际合作项目，汇聚了来自全球16个国家/地区的合作伙伴，包括墨西哥、巴西、阿根廷、俄罗斯、中国、澳大利亚、新西兰、印度、德国、丹麦、荷兰、法国、西班牙、意大利、英国和非洲联盟。同时，由巴西国家农业研究公司（EMBRAPA）领导的美洲网络、由澳大利亚农渔林业部（DAFF）领导的亚洲和大洋洲网络以及由非盟非洲动物资源局领导的非洲和中东网络共同构成了区域研究网络。此外，还有30多个非成员国的组织机构参与了区域研究网络，使 STAR-IDAZ 具有更加完整的全球性视角。STAR-IDAZ 还吸引了辉瑞动物保健品有限公司（Pfizer Animal Health）、梅里亚（MERIAL）和国际动物保护联盟（IFAH）三家行业代表加入，以及美国农业部农业科学研究院（USDA-ARS），加拿大食品检验局，世界动物卫生组织（World Organization for Animal Health，OIE），欧洲食品安全局（EFSA），法国国家食品、环境及劳动卫生署（ANSES），英国维康信托基金会，日本农业部和英国比尔及梅琳达·盖茨基金会8个国际组织成员，每个组织都有其独特的战略议程和优先事项，包括资助从基础科学到战略/应用科学等不同研究领域。

STAR-IDAZ 在全球、区域和重点疾病三个层面，构建了研究资助者和科学家网络，进而促进动物疾病研究工作的沟通和协调，以提高研究效率。STAR-IDAZ 确定的优先研究事项包括9种重点疾病和感染源：流感、分枝杆菌病、口蹄疫（FMD）、沙门氏菌、蠕虫寄生虫、猪繁殖和呼吸综合征病毒（PRRSV）、布鲁氏菌病、非洲猪瘟（ASF）、狂犬病，以及3个交叉问题：抗生素替代品、疫苗学、牲畜疾病在温室气体排放中扮演的角色。

STAR-IDAZ 通过协调全球合作，提高了合作国家对畜牧业新发/重大传染病等公共卫生问题的应对能力，同时汇集了各国资金、技术等资源，促进了成员国集群合作，减少了重复性工作，构建的研究出版物数据库为动物疾病及畜牧业重大疾病问题相关研究者提供了专业的知识资源和多种学科方法。同时，其制定的全球、区域和行业层面的研究需求和战略性跨国动物健康研究议程，为未来全球战略研究政策的开发和议程制定提供指导。

2. STAR-IDAZ IRC 的发起过程

为了将研究提升到全球化高度，欧盟委员会农业总局（European Commission's Agriculture Directorate）和 STAR-IDAZ 成员国提出建立国际研究联盟，以实现动物疾病研究工作在国际层面的协同和互补。

2015年10月1~2日，STAR-IDAZ 成员国在布鲁塞尔举行研讨会，共同讨论了创建一个国际性联盟的构想，并针对其管理模式和2022年预期目标进行了初步商定。2016年1月，STAR-IDAZ 资助方欧洲农业和农村发展专员 Phil Hogan、管理方 DEFRA 的首席科学顾问 Ian Boyd 教授和联合合作伙伴 OIE 总干事 Monique Eloit 在布鲁塞尔研讨会上决定，在欧盟资助的 STAR-IDAZ 项目成功的基础上，正式启动一项全球动物健康研究协调倡议，并签署了谅解备忘录。该倡议汇聚了来自欧洲、亚洲、大洋洲、美洲、非洲和中东的研究资助者和项目所有者，以及国际组织和兽药公司的代表。他们共同承诺在 5 年内（2016～2021 年）投资 25 亿美元。这项新举措标志着国际动物健康研究联盟正式成立，同时也代表 STAR-IDAZ 正式转型为一个可自行持续的网络（self-sustainable network）。

（三）STAR-IDAZ IRC 的组织实施

1. STAR-IDAZ IRC 的目标设定

STAR-IDAZ IRC 旨在协调全球动物健康研究，以加快疾病控制工具和策略的开发。STAR-IDAZ IRC 的整体发展目标是通过全球性的协作，优先开展至少 30 种疾病/传染源研究，制定新的动物健康改进战略，具体目标如下。

1）深化基础研究

支持高质量的基础研究，以增进对宿主与病原体之间的相互作用的了解，包括基础免疫学研究以及免疫学在疫苗研发中的应用。

2）数学模型开发

支持开发疾病干预策略的数学模型。

3）疾病分类

倡导开发实用的疾病分类体系，并加强其在解析多种因素作用下临床结果差异中的应用。

4）数据公开共享

加速科学数据的公开，并尽可能减少访问限制；共同加强通用生物信息学工具的开发，并简化数据中心网络的标准化工作流程。

5）组织架构建设

构建一个高效运行的组织架构以协调工作，以保障个人参与者、民间组织/协会、资助机构以及各国的利益，确保优先项的推进进程。

6）全球协调

尽可能减少全球不同项目之间的重复性工作。

为了实现上述目标，STAR-IDAZ IRC 计划强化现有资源的协同作用，鼓励成果转化，以平衡和加速基础研究和应用研究的协同发展。同时还将加强学术界和产业界之间的联系，确保学术研究成果能够高效转化为实际应用，如新型诊断工具、疫苗、治疗方案和疾病控制策略。为此，STAR-IDAZ IRC 明确了实现这些成果产出所需的具体研究内容。

1）加速疫苗开发

联盟旨在制定促进动物疾病疫苗开发的措施和政策，特别是鼓励研究人员在原型疫苗（prototype vaccine）开发早期与制药行业合作，以推动知识和技术转化。通过针对每种疾病现状的差距分析，确定项目的关键科学需求。

2）促进诊断试剂研发

利用组学或其他方法识别动物疾病感染生物标志物，如亚临床感染生物标志物，并通过多渠道与产业界建立联系，大力推动动物疾病诊断试剂的研发（包括床旁诊断试剂）。

3）推进治疗方法研究

明确治疗的目标，开展治疗方法的研究，如抗生素替代品的研发。

4）优化疾病控制策略

研究耐药性的遗传标记、疾病传播的数学模型和干预策略，并为决策者提供风险分析和疾病控制的关键信息。

2. STAR-IDAZ IRC 成员

STAR-IDAZ IRC 汇集了来自欧洲、亚洲、大洋洲、美洲、非洲和中东的研究资助成员和项目研究成员，以及国际组织和兽药公司的代表。截至 2020 年，联盟共吸引了 28 个研究机构和资助机构参与项目的实施，共同承诺在未来 5 年（2016~2021 年）投资 25 亿美元，用于推进 STAR-IDAZ IRC 的实施。

从成员承担的任务与职责的角度来看，STAR-IDAZ IRC 成员可以分为资助成员和研究成员两类。

（1）STAR-IDAZ IRC 资助成员

STAR-IDAZ IRC 资助成员的条件是承诺未来 5 年至少资助 1000 万美元用于相关研究，为实现 STAR-IDAZ IRC 目标做贡献。

为 STAR-IDAZ IRC 发展做贡献但未满足最低资助要求的资助方，如来自特定地区较小国家的资助团体，或仅为单一重点疾病、问题或部分重点疾病、问题研究提供资金资助的资助方，可以组成区域联盟实现联合资助，以达到成员准入标准（即 5 年内至少资助 1000 万美元）。

（2）STAR-IDAZ IRC 研究成员

STAR-IDAZ IRC 要求研究成员具备支持 STAR-IDAZ IRC 发展和推进研究开展的能力。研究成员通常由成员国中从事动物疾病、生命科学、卫生健康、农业等领域研究的专业学者或民间研究团体组成。截至 2020 年，STAR-IDAZ IRC 共有 28 个研究机构和资助机构（表 3-39）。

表 3-39 STAR-IDAZ IRC 研究成员机构列表

国家/地区	机构名称
美国	美国农业部农业科学研究院（Agriculture Research Services, United States Department of Agriculture）
英国	比尔及梅琳达·盖茨基金会（Bill and Melinda Gates Foundation）
英国	英国生物技术与生物科学研究理事会（Biotechnology and Biological Science Research Council）
加拿大	加拿大食品检验局（Canadian Food Inspection Agency）
澳大利亚	澳大利亚疾病预防中心（Australian Centre for Disease Preparedness）
丹麦	丹麦科技大学国家兽医研究所（Danish National Veterinary Institute）
英国	英国环境、食品和农村事务部（Department for the Environment, Food and Rural Affairs, UK, DEFRA）

续表

国家/地区	机构名称
法国	兽医诊断制造商（Veterinary Diagnostics Manufacturers）
欧洲	欧盟委员会
国际	全球动物药品协会（Global Animal Medicines Association），全球兽药行业协会（HealthforAnimals）
肯尼亚	国际畜牧研究所（International Livestock Research Institute）
以色列	以色列 Kimron 兽医研究所（Kimron Veterinary Institute）
中国	中国农业科学院兰州兽医研究所
荷兰	经济事务部（Ministry of Economic Affairs）
意大利	意大利卫生部（Ministry of Health, Italy）
阿根廷	科学、技术和生产创新部（Ministry of Science, Technology and Productive Innovation）
墨西哥	国家动物健康咨询委员会（National Advisory Council on Animal Health），墨西哥国立自治大学兽医动物技术学院（National Automous University of Mexico, Faculty of Veterinary Medicine and Zootechnics）
西班牙	国家农业和食品技术研究院（National Institute for Agriculture and Food Research and Technology）
法国	法国农业科学研究院（National Institute of Agricultural Research）
阿根廷	国家农业技术研究院（National Institute of Agriculture Technology）
日本	国家动物卫生研究所国家农业和食品研究组织（National Institute of Animal Health, National Agriculture and Food Research Organization）
瑞典	瑞典国家兽医研究所（National Veterinary Institute of Sweden）
区域联盟	尼日利亚国家兽医研究所领导的动物健康研究网络（Nigerian Animal Health Research Network led by National Veterinary Research Institute Vom）
区域联盟	比利时根特大学（Ghent University），比利时列日大学（Université de Liège），比利时联邦公共服务卫生、食品链安全与环境（合同研究服务）[Federal Public Service of Health, Food Chain Safety and Environment（unit Contractual Research）]，比利时联邦兽医与农用化学品研究中心（CODA-CERVA, Veterinary and Agrochemical Research Centre）
坦桑尼亚	坦桑尼亚兽医实验室（Tanzania Veterinary Laboratory Agency）
法国	法国国家食品、环境及劳动卫生署（French Agency for Food, Environmental and Occupational Health and Safety）
国际	世界动物卫生组织（World Organization for Animal Health）
美国	美国硕腾公司（Zoetis）

3. STAR-IDAZ IRC 计划组织管理架构

STAR-IDAZ IRC 由执行委员会、科学委员会和一系列工作组协同管理。执行委员会包括个体或团体资助成员、研究成员、利益相关者及相关咨询机构代表，负责项目的综合管理。科学委员会则由执行委员会提名，包括学术、行业、产业以及风险评估等方面的专家，负责针对项目进程、发展方向提出科学性建议，并直接向执行委员会汇报。工作组由研究人员组成，作为项目的实施者，工作组成员关注全球领域内最新动态和前沿研究进展，发现问题、制定具体研究路线。秘书处作为支持机构，负责协助开展文献调研并组织筹备相关会议（图 3-22）。

（1）执行委员会

执行委员会由世界动物卫生组织科学委员会主席、STAR-IDAZ 主席，以及每个资助方或资助团体（包含公共资助机构、慈善机构和动物保健产业界资助机构）的一名代表组成（表 3-40）。

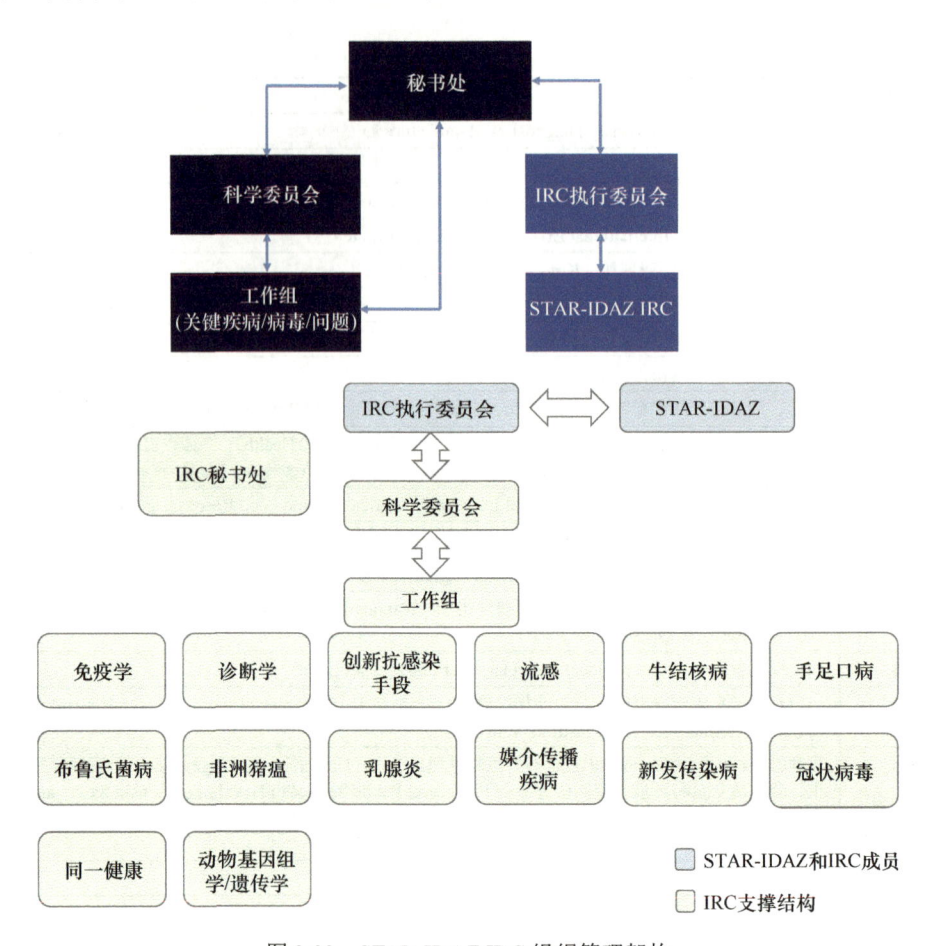

图 3-22　STAR-IDAZ IRC 组织管理架构

表 3-40　STAR-IDAZ IRC 现行执行委员会成员

成员	所属机构
Kristian Moller	丹麦科技大学国家兽医研究所诊断中心
Jennifer Richardson	法国农业科学研究院动物健康部
Bruno Garin-Bastuji	法国国家食品、环境及劳动卫生署战略与计划部
Marina Bagni	意大利卫生部研究部
Francoise Divinach	荷兰农业、自然和食品品质部经济事务部
Marta Garcia Lopez	西班牙国家农业与食品技术研究院
Alex Morrow	英国环境、食品和农村事务部
Sadhana Sharma	英国生物技术和生物科学研究理事会
Hein Imberechts	比利时根特大学，比利时列日大学，比利时联邦公共服务卫生、食品链安全与环境（合同研究服务），比利时联邦兽医与农用化学品研究中心
Michel Bellaiche	以色列 Kimron 兽医研究所
Vish Nene	肯尼亚国际畜牧研究所
Gregorio Jo sé Torres Penalver	世界动物卫生组织科学部
Mramba Furaha	坦桑尼亚兽医实验室
Yoshihiro Shimoji	日本国家动物卫生研究所

续表

成员	所属机构
Scott A. Brown	美国硕腾公司外部创新部
Nick Juleff	英国比尔及梅琳达·盖茨基金会
Cyril Gay	美国农业部农业科学研究院国家项目
Ariel Pereda	阿根廷国家农业技术研究院
	阿根廷科学、技术和生产创新部
Alexander Rinkus	全球兽药行业协会
Primal Silva	加拿大食品检验局
Stephen Hennart	欧洲兽医诊断制造商（兽医诊断试剂制造商，European Manufacturers of Veterinary Diagnostics，EMVD）
Jean-Charles Cavitte	欧盟委员会 AGRI B2
Maryam Muhammad	尼日利亚国家兽医研究所领导的动物健康研究网络（Nigerian Animal Health Research Network Led by National Veterinary Research Institute）
Francisco Suarez	国家动物健康咨询委员会和墨西哥国立自治大学兽医动物技术学院
Trevor Drew	澳大利亚疾病预防中心（原澳大利亚动物健康实验室）
Hong Yin	中国农业科学院兰州兽医研究所外寄生虫与虫媒疫病团队
Dolores Gavier-Widén	瑞典国家兽医研究所病理学和野生动物疾病系

1）个人资助成员

每个资助机构和资助者团体都可以提名一名代表作为执行委员会成员。STAR-IDAZ IRC 要求每个资助机构公示自 2015 年 1 月 1 日以来为实现 STAR-IDAZ IRC 目标做出的投资，并以这些机构建立当前活跃的研究团队网络。为了控制执行委员会的规模，拥有多个项目的资助成员国可以考虑指定一名代表作为多个项目的共同代表。所有执行委员会成员的申请必须以书面申请的形式提交给执行委员会主席，以获得批准。

2）团体资助成员

满足团体资助成员标准（5 年内资助至少 1000 万美元）的资助者团体可以向执行委员会提名一名代表。

3）利益相关者和咨询机构

执行委员会还可以邀请畜牧业、动物保健行业协会和其他相关国际组织的代表作为非投票成员。这些组织应广泛代表各个行业利益和不同地理区域。执行委员会可以邀请额外的观察员或咨询性组织（如监管机构）作为代表参加执行委员会内部会议，执行委员会主席与成员协商后可以做出此类邀请。

执行委员会负责计划的综合管理，其具体职责包括：审核并采纳 STAR-IDAZ IRC 管理条例、政策和指南，成立或解散工作组；确定科研资助策略，推进科学委员会确定的优先研究事项实施；推动牲畜/动物健康产业界等更多资助团体为实现 STAR-IDAZ IRC 的目标提供更多支持；实时监测研究进展，并及时向资助方汇报研究结果；审查科学委员会成员提名，批准新成员加入；讨论并制定宣传和交流策略，确保 STAR-IDAZ IRC 的目标和成果得到及时、正确的传播；提供论坛平台用于解决计划的内部矛盾。

(2) 科学委员会

科学委员会由约 15 名来自学术界、牲畜/动物健康产业界以及风险评估/监管机构的代表组成。执行委员会成员可以提名科学委员会成员，并经由执行委员会内部审核通过。

科学委员会的主要职责是从科学角度就研究重点和研究取得的进展向执行委员会提供建议。科学委员会的具体职责包括：评估执行委员会提案的科学价值及其可行性；作为科学协调机构提出优先研究事项，供执行委员会审议（优先事项评估）；提出政策和指南供执行委员会审核与采纳；识别成立或解散工作组的必要性，并提出相关建议；为工作组制定工作任务；与秘书处共同支持工作组工作，包括组织研究差距分析及研究优先级分析；评估工作组取得的进展，并向执行委员会报告；解决研究过程中出现的科学性问题；组织制定 STAR-IDAZ IRC 内部科学性会议的方案；鼓励交流，并共同制定标准操作流程、良好研究实践和技术路线图，促进 STAR-IDAZ IRC 科学目标的实现；促进工作组之间的互动交流。

(3) 工作组

工作组由相关科学领域的专家组成，包括为 STAR-IDAZ IRC 贡献卓著的项目代表、经由执行委员会或科学委员会提名的畜牧业界的专家和代表以及其他利益相关者，同时兼顾地域多样性。工作组成员提名一名协调员（即主席），负责规划工作组的运作方式。每个工作组还包含一名或多名科学委员会成员，以促进双向交流。

工作组的任务和职责包括：收集当前各国、区域或全球正在开展的一些重大计划、举措的信息，尽可能提高全球科学界对相关领域研究的关注；剖析本工作组研究进程中面临的关键问题和困难，包括开发新型诊疗技术、评估风险以及控制疾病的工具，同时研究制约其发展的关键因素；列举优先研究目标、行动计划或解决方案，以填补研究范围内的知识空白；通过成果展示、知识共享和经验交流，以及信息交流，确保相关研究项目能够相互协同；统一制定动物健康研究的最佳实践标准（如标准操作流程、绩效指标）；推动科学发展与科技进步，创造有利研究的环境，包括人力资源配置和人员能力建设等；适时与其他工作组联络；反馈本工作组贯彻执行 STAR-IDAZ IRC 政策和指南的情况，并提出必要的修改方案；每年向科学委员会提交至少两次报告；工作组可以与 IRC 秘书处合作组织相关领域的科学研讨会。

工作组的日常会议由 IRC 秘书处组织，并定期向科学委员会汇报工作。工作组会议形式灵活多样，如电话会议、视频会议及网络直播，通常每 3 个月召开一次，同时计划每年至少举办 11 次线下交流会，并可根据实际需求自行决定增加会议频次。

(4) 秘书处

秘书处由欧盟委员会通过地平线 2020（Horizon 2020）计划资助组建，由 DEFRA、OIE、BBSRC、国际应用生物科学中心（CABI）和国际动物保护联盟欧洲分会（International Federation for Animal Health Europe，IFAH-Europe）等机构合作运营。

秘书处的职责是支持 STAR-IDAZ IRC 工作，工作内容包括：组织执行委员会、科学委员会和工作组会议；维护和更新 STAR-IDAZ 网站和数据库；承担 STAR-IDAZ IRC 的文秘工作；协助科学委员会和工作组组织研究差距分析会议，并定期开展预见性研究；

根据要求准备委员会和工作组所需文件，如协助文献检索、文献综述等；收集整理并向 STAR-IDAZ IRC 资助的研究人员传达相关研究和成果信息；使用多样化的宣传方式，如通过网站、简讯、通讯稿、会议等渠道，传播 STAR-IDAZ IRC 项目的结果。

（四）STAR-IDAZ IRC 的管理政策

1. 良好研究实践

在研究实践方面，STAR-IDAZ IRC 提出了 3 项政策。
- 数据保护和伦理审批需要遵守国际、国家、地区和地方立法/法规。
- 研究项目应遵守 STAR-IDAZ IRC 认可的标准操作规程。
- 研究成果应及时在经同行评审的科学期刊上发表，最好是以开放获取的形式。

STAR-IDAZ IRC 还制定了关于科研诚信、数据开放性、专业意见、原始数据/样本、伦理实践、出版多个方面的指南。

（1）科研诚信

STAR-IDAZ IRC 提出研究人员应在实验设计、数据产生和分析、资助申请、结果发表的全过程中秉持诚信原则，并认同同事、合作者以及他人对课题直接和间接的贡献；禁止抄袭、欺骗或捏造/伪造结果等行为；鼓励研究人员负责任地举报潜在学术不端行为；研究人员应公开声明和管理一切实际或潜在的利益冲突。

（2）数据开放性

STAR-IDAZ IRC 在认同科学家保护自己研究成果和利益的同时，期望其以尽可能开放的态度与其他科学家和公众进行学术交流；成果发表后，在符合相关伦理审批和知情同意以及知识产权保护原则的前提下，STAR-IDAZ IRC 鼓励研究人员根据需求向其他研究人员提供相关数据和成果材料；在研究产生的知识产权受到保护前，尽量缩短发表相关成果的时间周期。

（3）专业意见

STAR-IDAZ IRC 希望研究人员能够尽可能遵守科学委员会以及其他相关专业机构发布的指南中的研究实践标准；所有研究人员应了解开展相关研究需遵循的法律规定并严格遵守；专业团体应尽量促使公共决策者对新技术持开放态度。

（4）原始数据/样本

STAR-IDAZ IRC 提出，在研究计划开始时应明确研究中使用或创建的数据和样本以及研究结果的所有权；研究人员应清晰准确记录研究过程；研究过程中产生的数据应酌情通过纸质或电子格式进行妥善储存，且至少存储 10 年；应始终为计算机上存储的数据保留备份记录；研究机构应制定指南，说明存储和处理数据/样本的责任和规程。

（5）伦理实践

STAR-IDAZ IRC 提出涉及动物的研究应经过伦理审查并获得批准，同时也要考虑各国和资助机构的要求；在研究设计初期，研究人员应遵循减少、替代和优化动物实验（3R）的准则，同时尽可能完善实验策略，以得出有显著意义和价值的研究结果。研究人员应充分考虑其研究结果被滥用的风险，采取积极措施将风险降至最低；研究机构应当建立管理机制，以确保能够识别和管理滥用研究成果等相关风险，并提供建议。

（6）出版

STAR-IDAZ IRC 提出研究成果应以合适的形式发表，通常选择在有同行评审的期刊发表论文；论文所有作者都应承担相应责任，确保其了解论文的内容，并确认自己对论文的贡献；不认可名誉作者的做法，应承认合作者和其他提供直接或间接帮助的研究人员的贡献。

2. 数据管理和共享

在数据管理和共享方面，STAR-IDAZ 成员致力于使项目成果能够实现公共利益最大化，因此将这些项目成果或者研究数据对外公开。STAR-IDAZ IRC 遵循 STAR-IDAZ 采用的数据共享声明，并在制定数据管理与共享政策中反映了《经合组织公共资助获取研究数据的原则和指南》《劳德代尔堡协定》等数据管理相关国际共识中制定的原则。具体政策声明如下。

> STAR-IDAZ IRC 希望所有受资助的研究人员能够最大限度地享受本项目研究数据开放获取的服务。
> STAR-IDAZ IRC 的相关研究项目应在研究提案阶段确定数据管理和共享方案，对可能产生高价值数据的研究，制定数据管理和共享方案。资助方应审查数据管理和共享方案，以及方案实施成本，作为资助决策的重要依据，同时与项目负责人持续合作，共同促进数据资源的长期价值最大化。
> STAR-IDAZ IRC 强调，数据使用者需要明确数据来源并遵守访问原始数据的条款和条件。
> STAR-IDAZ 合作伙伴应为研究人员营造一个良好的科研环境，最大限度地发挥数据的价值，确保关键数据资源能够被合理地开发利用，并得到持续维护，以便学术界能够充分利用这些数据资源；对致力于生成、保存、共享关键研究数据集做出贡献的研究人员给予肯定；充分认识不同数据类型所具有的问题、挑战的特殊性，建立跨领域数据共享的最佳实践。

3. 知识产权和专利

STAR-IDAZ IRC 通过专利保护和知识产权声明为研究者提供标准化政策和支持。声明强调研究成果必须满足专利保护的法律标准才有资格获得知识产权保护。这意味着研究成果必须是一项发明才具有专利性，专利性需要满足 3 个特性：新颖性、创新性和实用性。具体政策如下。

> STAR-IDAZ IRC 支持合理地保护和使用知识产权，促进控制动物疾病相关研究的利益最大化，并促进动物疾病研究蓬勃发展。
> STAR-IDAZ IRC 支持对符合专利申请标准的研究成果进行保护。
> STAR-IDAZ IRC 认为，应尽快在公共数据库中公开畜禽和其他生物的 DNA 元序列，不设置任何费用、专利、许可或使用限制，向所有人提供免费和平等的访问权限。在此基础上，当有特定 DNA 序列展现出明确的实用性并满足专利

申请条件时，STAR-IDAZ IRC 支持对基因及其产品提出专利申请。
- ➢ STAR-IDAZ IRC 提出应正当使用专利，以防止不当使用给科学研究和动物疾病控制工具及策略的开发带来负面影响。

4. 成果发表和开放获取

STAR-IDAZ IRC 期望研究人员将研究核心成果，即新想法和新知识发表在经同行评审的高质量期刊上。STAR-IDAZ IRC 认为，通过对公众开放在线免费访问能够提升研究成果的传播度。因此，在促进研究发表和开放获取方面，STAR-IDAZ IRC 倡导研究论文、专著和章节的作者最大限度地免费公开研究成果；期望 STAR-IDAZ IRC 资助的研究人员选择合适的出版路径，使相关研究成果能够迅速发表；建议向项目负责人提供额外资金，用于成果发表费用的支出；鼓励作者和出版商使用知识共享署名许可协议（CC 协议），使研究论文在满足特定条件的情况下可以被自由复制和重复使用（如用于文本和数据挖掘或创建翻译）；申明在做出资助决定时，应该充分考虑研究成果的内在价值，而非期刊声望或出版商的品牌。

（五）STAR-IDAZ IRC 的影响力

截至 2022 年 9 月 14 日，STAR-IDAZ IRC 官网公布，其共计产出了 197 篇论文，涉及多个关键领域，如非洲猪瘟 17 篇、抗生素耐药和抗生素的创新替代品 9 篇、动物健康的动物基因组学/遗传学 7 篇、牛结核病（bTB）9 篇、布鲁氏菌病 11 篇、冠状病毒 14 篇、诊断工具和技术 7 篇、新发疾病 10 篇、病媒与控制 10 篇、口蹄疫 11 篇、预见性论文 6 篇、寄生虫 13 篇、流感 7 篇、乳腺炎 12 篇、支原体 7 篇、同一健康（One Health）11 篇、猪繁殖与呼吸综合征 9 篇、猪呼吸道疾病 8 篇、痘病毒 14 篇和疫苗学 5 篇，分别刊登于 *Nature*、*BMJ*、*Vaccine*、*Virus Research*、*Veterinary Microbiology* 等国际刊物。

基于重点研究方向，论文主要分为五大类。第一类为综述性论文，对疾病传播、疾病负担、技术研发、基础性研究成果进行系统性回顾，综合领域内研究现状和观点并加以评析；第二类为现状调查类论文，此类论文运用联盟实时数据并结合特定动物疾病背景开展病毒生态学分析，为动物疾病和人畜共患病监测方法、预防设施建设等提供第一手数据；第三类为案例分析类文章，以某个国家/地区的防控策略、技术手段为中心，分析该策略的防控成效和疾病发展态势，为其他国家制定防控策略提供依据；第四类论文聚焦基础性研究，包含病毒学、免疫学、流行病学；第五类论文面向新型动物病毒或新发威胁的防治新技术、新方法，以及这些技术的前景预测等。

八、国际罕见病研究联盟

（一）概述

全球现有 6000～8000 种罕见病，影响了全球 6%～8%的人口，这一数量还在以每年新发现 250～280 种的速度不断增长，给医疗保健系统带来了前所未有的挑战。提升对这些疾病的认识将有助于改善诊断技术和优化治疗方法，从而减轻社会经济负担。近几十年，研究人员一直致力于罕见病研究，但由于不同罕见病之间的差异巨大，相关研究成果较为分散。为集中研究力量推进相关研究，创立国际罕见病研究联盟（International Rare Diseases Research Consortium，IRDiRC）的想法首次于 2009 年由欧盟委员会和美国 NIH 的科学家提出，希望通过构建一个研究资助者网络，加速罕见病相关研究的进程。2011 年 4 月，IRDiRC 正式成立，提出到 2020 年，推动开展 200 种罕见病新疗法的开发，并实现大多数罕见病的有效诊断。该联盟成立后开展了卓有成效的工作，这一目标在 2017 年便提前达成。此后，IRDiRC 进一步制定了 2017～2027 年全球罕见病研究的新愿景，提出了 3 个新目标：确保所有就医的疑似罕见病（有医学文献记载的罕见病类型）患者在一年内得到诊断；研发 1000 种罕见病的新疗法，重点针对尚未有疗法获批的疾病；建立评估体系，科学地评价新型诊断和治疗方案的效果。

IRDiRC 成员主要包括资助组织和患者权益维护组织，其中资助组织中的资助机构、资助者团体和公司均承诺 5 年内至少投资 1000 万美元用于罕见病研究。该联盟认为对罕见病的研究资助不应孤立地进行，因此构建了资助者网络，以最大限度地发挥资助者投资的影响力。在组织管理方面，IRDiRC 设立了一个联盟大会、一个运营委员会、3 个科学委员会和 3 个成员委员会，另设有特别工作组协助管理。联盟大会负责协调联盟的各项工作；运营委员会则负责整个联盟的运营管理；科学委员会主要负责在科学领域开展活动来推进罕见病研究；成员委员会包括企业委员会、资助者委员会、患者权益组织委员会，负责协调对应领域委员会内的共同障碍、技术差距和重点发展方向，并通过开展相关活动推动 IRDiRC 目标的实现。为了推动政策变化，科学委员会和成员委员会提出并成立了特别工作组，为优先研究事项提供解决方案。

为识别和满足所有利益相关者的需求，并确保他们的参与，IRDiRC 制定了一系列联盟成员必须遵守的管理政策和指南，涉及数据共享、本体构建和协调、诊断方法开发、生物标志物评估标准、患者登记系统、生物样本库建设、疾病自然史研究、疗法开发、模型构建、出版和知识产权、宣传交流 11 个方面。

2017 年和 2022 年，IRDiRC 分别发文回顾了其第一和第二阶段的目标达成情况，包括项目实施情况、研究进展、获得"IRDiRC 认可资源"标签的资源及特别工作组的工作成果等。相关数据表明，截至 2022 年，该联盟已资助了 56,873 个研究项目和 1380 个罕见病临床试验，其中，罕见肿瘤和神经系统罕见病为基础研究和临床试验的主要方向。在该联盟的推动下，罕见病的诊断和治疗也取得进展。诊断方面，与罕见病相关的基因数量从 2010 年的 2364 个增加至 2020 年的 4211 个。2010～2020 年，新发罕见病数量累计从 34 种增至 886 种。根据欧洲药品管理局（EMA）和美国食品药品监督管理局（FDA）的数据统计，2010～2022 年，已有 438 种罕见病新药进入市场，且孤儿药数量也在增加，为罕见病的治疗带来巨大希望。截至 2022 年，已有 26 个平台、工具、指南、数据库及标准等资源获得了"IRDiRC 认可资源"标签，多个特别工作组也已经完成联盟设置的优先研究事项，为推动国际罕见病的研究和治疗发挥了重要作用。在宣传交流方面，2010～2022 年的 12 年间 IRDiRC 以同行评审文章及 IRDiRC 报告形式发表多篇成果，并被广泛引用。

（二）IRDiRC 的酝酿和发起

1. IRDiRC 成立的科技基础

大多数罕见病是遗传性疾病，明确这些疾病的遗传变异致病因素是诊断和治疗罕见病的前提。经过几十年的研究，研究人员成功发现了许多基因突变和罕见病之间的关系。然而，一系列发展瓶颈阻碍了领域的进一步突破。首先，确立罕见病致病因素需要比较分析具有共同遗传变异及相似临床表型特征的多个个体，然而，由于学术机制上的竞争性，以及在获得研究参与者同意方面受到限制，研究相同疾病的研究小组之间通常较少或无法进行有效的数据共享。其次，由于缺乏表型描述的标准化词汇，使得鉴定出具有相似症状的患者更加复杂。再者，尽管下一代测序技术的出现，大大提高了测序效率，降低了成本，但同时也带来了海量数据在存储、分析、发送和比较方面的技术挑战。最后，罕见病治疗方法的开发还面临着许多具体挑战，包括临床研究的患者基数较小、治疗结果评价指标和治疗终点难以界定，以及对自然病史认知不足等问题（Dawkins et al.，2018）。

在推动罕见病研究及信息共享方面，美国和欧盟等已经付出了大量努力。1993年，美国 NIH 成立罕见病研究办公室（Office of Rare Diseases Research，ORDR）以推动美国国内罕见病的研究，并向公众开放各类信息。欧盟通过框架计划广泛支持罕见病的研究，为国际罕见病临床前和临床研究合作提供资金，还鼓励国家资助组织在 E-Rare（ERA-Net for Research Programmes on Rare Diseases）计划中进行合作，促进对相对较小和重点研究联盟的合作资助，与通常由欧盟资助的大型跨国集团形成互补。由法国国家健康与医学研究院（Institut national de la santé et de la recherche médicale，INSERM）于1997年成立的罕见病数据库 Orphanet，致力于收集和为所有利益相关者提供有关罕见病的高质量信息，进而提高罕见病患者的诊断、护理和治疗水平。Orphanet 网站自 2000 年开始得到了欧盟委员会的赠款支持，是目前地理和领域覆盖范围最全面的全球罕见病信息来源。

此外，由于科研瓶颈及行业投资回报有限，制药企业在罕见病疗法开发投资上大都持谨慎态度。美国是全球范围内最早对罕见病药物研发创新提供政策保障的国家，1983年美国《孤儿药法案》（Orphan Drug Act，ODA）出台后，逐渐形成一套针对罕见病药物的系统化、差异化的新药注册体系。作为药品监管机构，美国食品药品监督管理局专门设立了孤儿药研发办公室（Office of Orphan Products Development，OOPD）来负责孤儿药的评估及认证工作。随着全球对罕见病的关注逐渐提升，欧盟、澳大利亚、日本等地也纷纷出台了明确的监管措施，并出台了市场独占权、费用豁免及协议援助等一系列经济激励措施，成功地吸引了一批生物制药企业投资罕见病疗法的开发。孤儿药等相关政策的出台，极大地推动了罕见病药物的开发。

2. IRDiRC 的发起过程

为集中研究力量推进罕见病研究，2009 年欧盟委员会的 Ruxandra Draghia-Akli 博士和美国 NIH 的 Francis Collins 博士在一次会议上提出了创立 IRDiRC 的想法，希望通过构建一个研究资助者网络，加速罕见病相关研究的进程。2010年10月，欧盟委员会和NIH在冰岛雷克雅未克举行的IRDiRC第一次筹备研讨会上宣布，将联合开展罕见病研究。双方承诺在未来几年内，两个机构将协调其研究资金，对罕见病领域进行大规模投资。2011年4月，欧盟委员会和NIH在美国贝塞斯达举办了第二次筹备研讨会，并宣布IRDiRC正式成立。同年10月，IRDiRC第三次筹备研讨会在加拿大蒙特利尔举行，吸引了来自公共和私人资助机构、科学界、监管机构、产业界和患者群体的约100位代表参加。此次研讨会的重点是制定联盟的科学和政策发展框架，以指导IRDiRC成员的活动。自2012年起，IRDiRC开始招募新成员，并持续至今，不断吸纳合作伙伴。

（三）IRDiRC的组织实施

1. IRDiRC的目标设定

IRDiRC在启动之初设定了两个主要目标：一是到2020年，推动200种罕见病新疗法的开发；二是能诊断大多数罕见病。2017年初，首个目标比预期提前三年实现，而罕见病诊断的目标也即将实现。借此发展势头，IRDiRC制定了未来10年全球罕见病研究的新愿景（2017～2027年），即让所有罕见病患者在就医一年内得到准确的诊断、护理和可及的治疗（Austin et al.，2018）。为了促进这一愿景的实现，IRDiRC还制定了3个具体的发展目标。

第一，所有就医的疑似罕见病患者，如果其所患疾病在医学文献中有记载，确保其在一年内得到诊断；而对于目前无法确诊的罕见病，将通过全球协同研究，尽力实现诊断。为此，IRDiRC计划推进对非编码区变异和结构变异的研究，并提高基因变异的解析能力，增进对罕见病致病机制的认识；缩短患者的诊断等候时间，降低诊断成本，并探索商业保险报销的途径，使罕见病患者得到及时有效的诊断；构建覆盖临床和研究实验室的全球网络，协同推进对疑难罕见病的诊断；对医生进行罕见病相关新诊断方法的培训，并鼓励患者参与到罕见病研究和临床网络中，共同促进罕见病诊断目标的实现。

第二，研发获得1000种罕见病新疗法，特别是针对尚未有疗法获批的疾病。IRDiRC将着重加强疗法的研发能力，并促进临床试验设计、数据和标本的收集、药物的重新利用、疾病自然史等的深入研究，以加速罕见病疗法开发。

第三，建立评估体系，科学地评价新型诊断和治疗方案的效果。

2. IRDiRC的成员结构

从成员类型上看，IRDiRC成员主要分资助组织和患者权益组织两类（表3-41）。其中，资助组织主要包括政府和非营利性资助机构、资助者团体及公司，每个机构需承诺在5年内至少资助1000万美元用于罕见病研究。对于愿意为IRDiRC做贡献，但自身无法达到最低投资要求的，或只为单一罕见病或一小部分罕见病提供资金的资助者，可以组成一个资助者团体，共同达到成员的门槛（即5年内至少资助1000万美元）。患者权益组织则要求代表至少一个国家或更大地区所有罕见病患者广泛利益，并能够对罕见病研究做一定贡献，推动IRDiRC的愿景和目标实现。

2011年IRDiRC启动时仅有5位成员，且均为公共研究资助者。随着时间推移，成员队伍迅速壮大,至 2011 年底,已有 18 位公共资助成员及 3 个国际大型患者团体。2012年,首批私人资助机构即公司加入该联盟,成员更加多样化。截至 2017 年,成员机构达到 48 个,2022 年进一步增加到 59 个(图 3-23),这些成员机构主要来自北美、欧洲、非洲、亚洲、澳大利亚等地区。

表 3-41 不同类型的 IRDiRC 成员机构

成员类型	国家/地区	机构名称	区域
资助组织:政府和非营利性资助机构	美国	美国国家人类基因组研究所、美国 FDA、美国国家癌症研究所、美国国家关节炎和肌肉骨骼及皮肤病研究所、美国国家转化科学促进中心、美国国家神经系统疾病与卒中研究所、美国国家牙科和颅面研究所、美国国家儿童健康和人类发展研究所、美国国家眼科研究所、陈·扎克伯格基金会、桑福德研究所	北美
	欧洲	欧盟委员会	欧洲
	加拿大	加拿大卫生研究院、加拿大基因组计划	北美
	英国	英国国家健康研究所、英国 Loulou 基金会	欧洲
	德国	德国联邦教育与研究部	欧洲
	澳大利亚	西澳大利亚卫生部	大洋洲
	法国	法国 INSERM、法国国家科研署、法国罕见病基金会、法国肌肉萎缩症协会	欧洲
	意大利	意大利国家卫生研究院、意大利 Telethon 基金会	欧洲
	韩国	韩国疾病控制和预防机构	亚洲
	中国	中国国家罕见病注册系统	亚洲
	日本	日本医疗研究开发机构	亚洲
	西班牙	卡洛斯三世健康研究所	欧洲
	荷兰	荷兰卫生研究与发展组织	欧洲
	格鲁吉亚	格鲁吉亚遗传和罕见疾病基金会	欧洲
资助组织:资助者团体及公司	中国	中国华大生命科学研究院	亚洲
	美国	美国辉瑞公司、美国 Ultragenyx 制药公司、美国 Illumina 公司、赛诺菲健赞公司、递归制药公司	北美
	瑞士	瑞士罗氏公司	欧洲
	意大利	意大利凯西制药集团	欧洲
	日本	日本武田制药公司	亚洲
	法国	法国 Lysogene 公司、法国 InnoSkel 公司	欧洲
	英国	英国康剑尼科公司	欧洲
患者权益组织	国际	国际罕见病组织	全球
	美国	美国罕见疾病组织、全球基因组织、美国遗传联盟	北美
	欧洲	欧洲罕见病保护伞组织	欧洲
	加拿大	加拿大罕见病组织、加拿大基因组计划	北美
	中国	中国蔻德罕见病中心	亚洲
	日本	日本罕见和难治性疾病多方利益相关者宣传服务	亚洲
	南非	南非罕见病组织	非洲
	亚太地区	亚太罕见病组织联盟	亚洲

续表

成员类型	国家/地区	机构名称	区域
患者权益组织	博茨瓦纳	博茨瓦纳罕见病组织	非洲
	加纳	加纳罕见病倡议	非洲
	印度	印度罕见病组织 1（Organization for Rare Diseases India，ORDI）、印度罕见病组织 2（Indian Organization for Rare Diseases，IORD）	亚洲
	拉丁美洲	伊比利亚美洲罕见病联盟	拉丁美洲

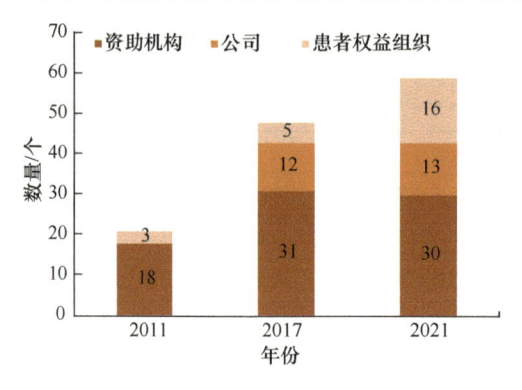

图 3-23　2011 年、2017 年和 2021 年不同类型的 IRDiRC 成员机构数量

3. IRDiRC 的经费管理

IRDiRC 通过建立资助者网络，对罕见病相关的经费进行适当的协调，旨在减少重复研究，提高对研究较少的罕见病的认识，并构建统一研究框架和基础设施，以促进数据和患者样本的共享，并推动基础研究向临床前和临床研究转化，最终最大化经费应用的成效。

IRDiRC 本身没有资金来支持罕见病研究。基于 IRDiRC 的共同目标和原则，所有资助机构成员间协同合作，通过合同、赠款或合作协议等形式，支持罕见病的基础、临床和转化研究等项目。这些项目都需遵循统一的研究框架和原则（Cutillo et al.，2017）。

2017 年，IRDiRC 发文对 2010～2016 年的资助情况进行了回顾。来自 IRDiRC 的公共研究资助机构的数据表明，全球对罕见病的研究投资越来越多，合作趋势也在不断增强。2010～2015 年，欧盟委员会作为 IRDiRC 的联合发起者之一，通过其第七框架计划（2007～2013 年）和地平线 2020 计划（2014～2020 年），为 135 个罕见病项目投资了约 7.62 亿欧元，并有望在未来几年为更多项目提供资金。2011～2016 年，IRDiRC 的另一个联合发起者——美国 NIH，向属于 IRDiRC 的 7 个研究所和中心投资了约 100 亿美元，其中仅美国国家促进转化科学中心的 ORDR 在 2010～2015 年就向约 180 个罕见病项目投资了超 1 亿美元。E-Rare 是一个联合跨国融资网络，作为 IRDiRC 的成员，E-Rare 在 2011～2016 年以 6750 万欧元的预算资助了 77 个罕见病项目，其中规模最大的是在 2015 年对 19 个项目实现了高达 1920 万欧元的投资。国家层面的资助机构在资助罕见病研究方面发挥着同样重要的作用。例如，西班牙卡洛斯三世卫生研究院每年资助 45～60 个项目，2010～2016 年共投入 4340 万欧元，同时每年平均拨款 500 万欧元用于支持罕见病生物医学研究网络中心（Biomedical Research Networking Center on Rare Diseases，

CIBERER）。日本医疗研究开发机构（Japan Agency for Medical Research and Development，AMED）自 2015 年 4 月成立以来，设立了专门的罕见/难治性疾病研究部门，2 年内已投入 200 亿日元（1.53 亿欧元或 1.76 亿美元），资助了 350 多个研究项目。2011~2016 年，加拿大卫生研究院遗传学研究所也投资超过 1.1 亿加元用来支持相关研究。近年来，患者权益组织在罕见病研究方面也进行大规模的投资，如意大利 Telethon Italia 在 2010~2016 年资助了 337 个研究项目，同时还资助了一系列机构内部的研究活动和支持计划，总预算接近 2.35 亿欧元。

4. IRDiRC 的组织管理架构

IRDiRC 的管理机构设立一个联盟大会、一个运营委员会、3 个成员委员会和 3 个科学委员会，同时设置了特别工作组协助计划的管理，以及科学秘书处负责提供活动组织和沟通联络（图 3-24）。

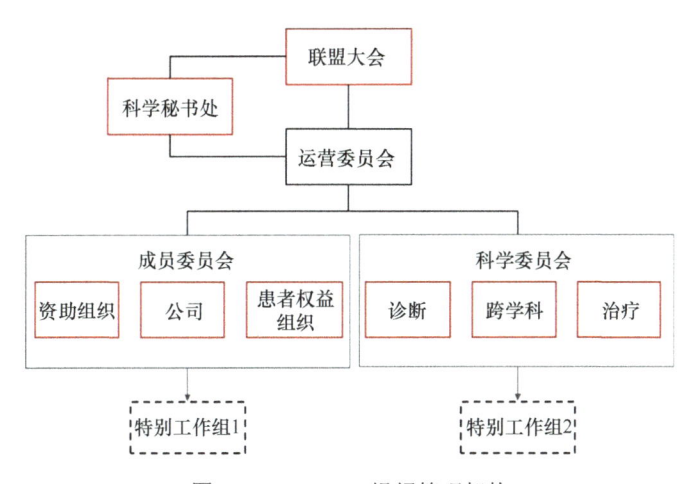

图 3-24 IRDiRC 组织管理架构

（1）联盟大会

联盟大会负责整体协调 IRDiRC 的各项工作，统筹协调成员委员会和科学委员会提出的优先研究事项，审查和批准新的科学委员会成员以及特别工作组等。联盟大会由每个联盟成员（包括资助组织、小型资助者组成的资助者团体、公司、患者权益组织）的一名代表，以及 3 名科学委员会的主席和副主席构成。联盟大会的主席和副主席在其成员中选出，任期 3 年，可连任一次。

联盟大会主要通过联盟大会成员协商的方式进行决策，因此，需要每年至少组织召开两次现场会议和多次电话会议，以促进联盟大会成员就特定问题进行表决。会议上的所有决策事项都要至少提前 14 天告知联盟大会成员。联盟大会、成员委员会、科学委员会和特别工作组的成员可随时向科学秘书处发送拟议的议题，供联盟大会审议和讨论。

在不存在利益冲突的情况下，科学秘书处将派代表出席联盟大会会议，但没有投票权。此外，根据成员的提议，联盟大会可以决定邀请监管机构或学术团体的代表作为观察员，以临时顾问的身份参加会议，但同样不具有投票权。此类邀请由联盟大会主席与运营委员会成员协商发出。

联盟大会主席负责召集会议，并根据联盟大会成员的意见准备会议议程。若因故无法出席，可由该成员机构指定一名参会人，但这种情况必须提前以书面形式通知联盟大会主席和科学秘书处；或者通过电子邮件预先发表对会议文件的意见，此方式亦视为有效参会。

在会议中，如果与会人员无法就特定问题达成共识，则在确保达到会议法定出席人数（50%的联盟大会投票成员出席）的前提下，以多数票的方式进行决策。如果未达到法定人数，联盟大会主席可以通过书面程序（如电子邮件、在线调查）召集其成员进行投票或意见征询。

（2）运营委员会

运营委员会由联盟大会的主席和副主席、成员委员会和科学委员会的主席以及科学秘书处组成，负责联盟的整体运营工作，包括通过定期召开会议，准备和推进 IRDiRC 的各项活动、整合各方信息等。

运营委员会定期举行电话会议，并计划每月召开一次现场会议。联盟大会、成员委员会、科学委员会和特别工作组的成员也可以随时向科学秘书处发送拟议的议题，供运营委员会审议和讨论。

（3）成员委员会

IRDiRC 设立了 3 个成员委员会，即企业委员会、资助者委员会、患者权益组织委员会。每个成员委员会均由对应领域的 IRDiRC 成员的代表组成（如 IRDiRC 企业成员代表进入企业成员委员会）。各成员委员会作为其对应领域成员的协调机构，在确定成员面临的共同障碍、技术差距和重点发展方向后，向联盟大会汇报科研计划需求，并通过开展相关活动推动 IRDiRC 目标的实现。各成员委员会的主席和副主席的任期为 3 年，可连任一次。

每个成员委员会在联盟大会现场分组会议期间举行现场会议。每个成员委员会主席还会不定期召集举行电话会议。

（4）科学委员会

IRDiRC 设置了 3 个科学委员会，即诊断科学委员会、跨学科科学委员会、治疗科学委员会。科学委员会的职责包括发现科学问题，并提出切实可行的项目来推进罕见病研究，从科学的角度报告特别工作组的活动进展，向联盟大会提出优先研究事项和资金需求的建议，以及在科学领域开展相关活动以推动 IRDiRC 目标的达成。

每个科学委员会都由约 15 名来自学术界、患者群体、诊断行业、制药业和监管机构的专家组成。科学委员会成员由联盟大会批准，每个科学委员会的主席和副主席由其成员选举产生并经运营委员会批准，所有成员初始任期为 3 年，可连任一次。如果科学委员会成员出现空缺，科学委员会主席与运营委员会协商，根据专业领域需求提名新成员。所有提名都将以书面形式发给各科学委员会主席和科学秘书处。各科学委员会主席从收到的提名中提出合适的委员会成员组成名单，最终交由联盟大会批准。

每个科学委员会每年至少召开一次现场会议，并灵活安排电话会议以应对日常需求。

（5）特别工作组

为推动实施由各成员委员会或科学委员会提出并经联盟大会和运营委员会确定的优先研究事项，IRDiRC 成立了针对罕见病特定主题的特别工作组。

每个特别工作组可以为应对 IRDiRC 一个研究计划的相关问题而成立，也可以与拥有共同目标的合作的伙伴团体共同成立并运作管理。每个工作组会对罕见病研究中存在的问题进行回顾，并提出政策建议和/或技术应用（包括平台、工具、标准和指南）等解决方案。

特别工作组的成员除了来自 IRDiRC 的代表外，还主要由联盟外部与主题相关的专家组成，后者由联盟大会和联盟委员会根据其专业背景提名。特别工作组需要具有不同知识背景的专家加入（如学术界、工业界、监管和咨询），以确保能够综合多学科的观点来推动研究的创新和新方法的开发。对于跨国界合作的特别工作组，除了由 IRDiRC 的联盟大会和委员会提名成员外，还可以吸纳合作伙伴的计划提名成员。

（6）科学秘书处

科学秘书处主要负责 IRDiRC 的日常事项，确保 IRDiRC 及其成员得到有效的组织和管理。科学秘书处的职责广泛，主要包括：为 IRDiRC 委员会、特别工作组等提供支持；组织、协调会议（包括电话会议）和活动的开展；编制和提供各类必需的文件；促进联盟内外各组织/计划的协调和合作；提供日常事务支持；参与交流和宣传活动。

科学秘书处定期向联盟大会和运营委员会提交工作计划和活动报告，接受联盟大会主席的监督与指导。

（四）IRDiRC 的管理政策

罕见病研究中面临诸多挑战。科研中存在成果分散、研究整合不足、工作重复，以及缺乏群聚效应（critical mass）、存在思维"孤岛"和资源浪费等问题；临床试验中主要是病人数量过少，结果评估指标不明确等。这些问题与现有罕见病研究团队之间缺乏合作关系很大。尽管罕见病种类繁多，但不同罕见病之间仍然存在一系列共同点。例如，许多罕见病都具有共同的致病途径，通过合作研究可以更快地了解其发病机制并确定治疗靶点；模型系统（如动物和细胞系模型）可适用于阐明多种罕见病的机制以及测试各种罕见病新疗法；基于分子生物学的治疗策略（如基因治疗或外显子跳跃技术），可推广用于多种罕见病的治疗。因此，目前迫切需要整合罕见病研究，特别是推进信息共享，以促进罕见病的诊断和治疗。

IRDiRC 旨在通过整合全球的罕见病研究资源，提高工作效率，避免资金和其他资源的浪费，以促进罕见病诊断和治疗方法的发展。为此，IRDiRC 就总体研究政策达成了以下共识。首先，罕见病研究应该是合作性的，资源、数据和研究结果应在 IRDiRC 研究项目之间共享，并向更广泛的研究群体公开。其次，应让患者和/或其代表参与到罕见病研究的各个环节中去。最后，在数据保护和伦理规范方面，需要遵守国际、国家、区域和地方的相关法律法规。IRDiRC 还制定了相应的实践指南，明确指出，每个项目在实施过程中都应充分考虑对罕见病患者可能造成的影响，应采用最佳的伦理道德规范来维护患者的利益；应向罕见病患者群体和公众大力宣传关于 IRDiRC 及其相关研究项目的信息；IRDiRC 应鼓励对利益相关者展开教育、培训和宣传。

1. 数据共享

为了实现既定目标，IRDiRC 在项目的实施过程中会生成多种类型的资源和数据。其中，资源包括但不限于：患者和家属的样本（如提取的 DNA、细胞系、病理样本等）、技术方案、信息学基础设施和分析工具。数据集包括但不限于：表型、基因组变异、转录组、代谢组、生物标志物、疾病自然史和临床试验等的数据。如果能整合不同项目中依靠不同方法或技术获得的数据集，直接进行对比分析，则能加速罕见病基因的研究发展和疗法的开发，同时确保资源的有效利用。

因此，IRDiRC 要求，研究项目都要遵循 IRDiRC 认证的数据标准。数据生产者有义务快速发布数据，并应及时发表初步分析结果。同时，IRDiRC 还制定了相关实践指南，指出研究项目产生的数据（包括源数据），应存放在开放或受控访问的公共数据库中。

2. 本体构建和协调

本体是知识结构化、自动化的表达形式，为计算机提供了可识别的实体分类和关系信息。在罕见病研究领域，存在两种最重要的本体类型，即表型特征的本体（包括疾病的体征、症状和结论），以及疾病或疾病群（disease group）的本体（疾病分类学）。在罕见病临床研究中，想要实现明确的诊断，往往依赖于结构化的临床信息、智能搜索系统和对多源数据的综合分析。如果不同的数据库能够使用统一标准（包括相同的本体、数据库构建方案和网络协议等）来收集、存储、注释和交流数据，无疑将极大提升信息检索和分析的速度，从而加速罕见病研究的进程，也为患者带来更为精准的诊断与更优质的护理服务。

因此，IRDiRC 提出，其成员要促进数据库、患者登记库和生物样本库中本体的协作，提高其互操作性和开放获取水平。同时，IRDiRC 发布的相关实践指南指出罕见病研究项目使用的本体应建立在最佳实践的基础上，不同本体之间能实现整合和互操作。本体应包括罕见病分类本体、全面覆盖罕见病临床表征的表型本体，以及支持生物样本库、临床试验和临床研究的本体。

3. 诊断方法开发

精准的分子诊断对于患者知情同意管理和家庭咨询，以及疾病自然史研究、生物标志物鉴定和临床试验都至关重要。截至 2013 年初，在已知的约 7000 种罕见病中，仅有约一半具有明确的分子发病机制，而这部分罕见病的患者中仍有很大一部分无法获得分子诊断。在第一阶段目标中，为了到 2020 年实现对大多数罕见病的诊断，IRDiRC 计划专注于目前尚无明确致病基因的 3500 种罕见病，揭示这些疾病表型的基因。为实现这一目标，IRDiRC 强调要提高对基因组变异解读的能力。具体措施一方面，应构建一个罕见病相关基因型-表型信息数据库，收集导致罕见病表型的基因变异信息；另一方面，应联合国际力量制定基因组测序临床报告指南，加速高通量检测和高性价比的诊断方案在整个罕见病患者群体中普及。

因此，IRDiRC 提出，其成员应大力促进所有罕见病致病基因的发现，以及大多数罕见疾病诊断测试方法的开发；此外，开展的研究项目不仅要聚焦于诊断技术的创新，还应该支撑罕见病诊断检测标准和临床报告标准的制定和完善。同时，IRDiRC 还发布了相关实践指南，指出联盟中的研究项目应与各方力量合作，编制具有互操作性的罕见病清单。

4. 生物标志物评估标准制定

生物标志物是可测量的生物学特征，能够指示生理学和病理学过程，可用于监测患者对医疗干预的应答情况，也能够用于确定对特定治疗产生反应的目标人群。因此，了解生物标志物的变化与临床结果的关系非常重要。有专家曾指出，使用适当的生物标志物可降低罕见病等疾病创新疗法研发成本，同时还有助于提高新疗法的疗效和安全性，为罕见病疗法开发提供更合理的途径。因此，IRDiRC 提出，应在生物标志物开发的早期，即与监管机构建立沟通，促进对生物标志物的成功认证和有效监管，以便在更短的时间内将经过临床实践验证的生物标志物应用于产品开发、临床试验和监管审查等环节。联盟内的研究项目应为生物标志物的评估、认证和验证建立准则和标准。同时，相关实践指南明确指出，生物标志物在罕见病治疗开发中的使用应遵循既定程序，与监管机构进行讨论和商定。

5. 患者登记系统建设

患者登记系统是对与患者的家庭成员、医疗和家族史信息进行收集和存储，并可进行标准化检索的数据库。患者登记系统被认为是罕见病研究中的一种重要工具。在罕见病研究中，一个机构乃至一个国家往往难以独立招募到足够的患者数量，这严重制约了临床和转化研究的推进。而识别出具有特定基因型和表型的患者是罕见病研究和临床试验中患者招募的主要限制因素。因此，建立患者登记体系的国际合作显得至关重要。这一举措，不仅有助于确定罕见基因型的致病性，促进罕见病表型数据的统一收集与自然史研究，还能为确定合适的临床评估指标或生物标志物、筛选实验室和临床试验参与者，以及潜在疗法的安全性和有效性评估提供支撑。此外，患者登记系统也通常是监管决策和上市后监管要求的一部分，同时为患者提供参考信息和专家网络，促进罕见病医疗保健体系的优化。

尽管患者登记系统是罕见病研究的重要工具，但在其应用中仍面临诸多挑战。由于罕见病编码系统、地理覆盖范围和收集的数据类型不同，患者登记数据库间存在很大差异；患者登记系统与其他数据库、生物库或专业中心仅共享少数数据；由于缺少数据提供者的承诺、缺乏资金或研究中断，罕见病患者登记系统会因过期而缺乏可持续性，导致数据丢失和投资损失；由于缺乏质量标准、标准化数据元素和遗传数据，患者登记系统缺乏研究的实用性。

IRDiRC 提出，罕见病患者登记系统应致力于实现全球不同地域之间的协同；强化罕见病患者登记数据库之间的互操作性和协调性；建立患者登记数据库之间的链接，并将数据之间的链接和传输视为"最佳实践"。患者登记数据库的信息涵盖范围应该广泛，而不是仅围绕单一的治疗措施或产品。同时，IRDiRC 也制定了相关实践指南，指出罕见病患者登记数据库应与生物样本库、自然史研究、临床试验中的数据和生物样本关联起来，并开发数据更新和质量控制机制。此外，患者或患者群体的代表也应参与到罕见病登记系统的管理中。

6. 生物样本库建设

生物样本库作为支撑基础研究和转化研究的重要工具，为科学家提供了高质量人类生物材料和数据。对于罕见病来说，遗留样本、样本的小集合甚至单个样本都极为宝贵，因为其可能成为解答重要研究问题的关键。罕见病及其相关生物材料的稀有性和多样性，使得实现罕见病样本库的跨国合作和协调显得尤为重要。但目前实现这一目标仍面临诸多挑战，包括缺乏统一的存储政策和信息处理技术、生物材料和数据的共享不足、样本库缺乏可持续性，以及在研究中生物样本库的实用性不足。

因此，IRDiRC 提出，罕见病生物样本库应致力于实现全球不同地域之间的协同，并实现实践工作的全球合作；应始终如一地追求罕见病生物样本库之间的互操作性和协调性；将数据之间的链接，或将数据传输到现有平台应视为"最佳实践"；鼓励在疾病生物样本库间共享和分发生物材料。同时，IRDiRC 制定了相关实践指南，指出罕见病生物样本库是必不可少的资源，应具有可持续性。联盟内开展研究时应利用生物样本库来处理和储存生物材料，同时还应开发生物样本更新和质量控制的方法。此外，患者或患者群体的代表也应参与到罕见病生物样本库的管理中。

7. 罕见病自然史研究

了解疾病的自然史和演变过程，不仅是相关药物开发的一个重要环节，还是了解患者需求和改善护理的重要一步。目前，科学家对许多罕见病的发病机制、临床表现、自然演变过程和预后情况仍然了解较少，因此，开展疾病自然史研究将助力科学家提高对罕见病特征的识别能力，进而促进罕见病疗法的研发；同时罕见病自然史的信息也能帮助科研人员确定试验的目标人群、开发用于监测疾病进展和治疗反应的生物标志物、确定临床终点指标，以及决定研究的持续时间。理想情况下，自然史研究应涉及全球范围内所有年龄段的患者，尤其是年轻患者。此外，虽然前瞻性或回顾性研究都可以用于自然史数据收集，但设置适当随访观察期的前瞻性自然史研究能够产生更可靠的数据。

因此，IRDiRC 提出，联盟内的研究项目应助力开发一套罕见病自然史研究的标准，而且在临床研究的设计中应考虑自然史研究的结果。同时，IRDiRC 也制定了相关实践指南，指出患者或患者群体的代表应参与到临床研究和自然史研究的目标定义、设计、推广和分析中。

8. 疗法开发

在罕见病疗法开发中，孤儿药认定程序已经推动了大量科研成果进入研发管线，而与孤儿药认定相关的激励措施，也推动了孤儿药的研发，并促进了企业资助的临床研究的开展。尤为关键的是，监管机构支持研究方案并提出科学发展建议，为指导开展产品上市后的利益和风险分析发挥了关键作用。然而，与常见病相比，罕见病的临床研究和产品研发仍然面临一系列独特的挑战，包括：患者群体数量较少且地理位置较分散等因素增加了临床试验设计和执行的复杂性；许多罕见病患者仍无法及时获得遗传和临床诊断；对罕见病自然史认知的有限，特别是流行病学与医学知识的匮乏，进一步阻碍了研究进程。因此，在罕见病疗法开发中，科研人员、产业界人士、患者代表、科研机构和监管机构仍需共同努力，突破这些发展瓶颈。

在开展罕见病疗法研发和临床试验时，研究的方案设计和方法学需要所有相关合作伙伴进行深入讨论。同时，专门从事罕见病研究的专业中心应该在构建临床研究网络和基础设施，以及促进研究成果传播和共享方面发挥重要作用。此外，加强对研究人员和患者代表的培训，助力其更好地理解监管政策、方法流程和伦理要求。同样，还应该对现有的临床研究基础设施给予充分的支持，并制定通用的协调方案，来提交、监测和报告跨中心或跨国临床试验的进展。

IRDiRC 提出，在尊重每个资助机构战略研究议程的前提下，鼓励联盟成员开发有望在 2020 年之前获得批准的罕见病疗法，包括已获孤儿药认定的产品，已上市药物的再利用，旨在获得概念验证的临床前孤儿产品开发。同时，IRDiRC 也制定了相关实践指南，指出资助成员支持的临床研究应符合监管机构的规定；鼓励研究人员应就有关临床研究的科学和监管信息进行充分交流；IRDiRC 成员应共同制定标准的研究程序，以及统一的监管和伦理政策，以推动跨国研究合作。

9. 模型

细胞模型促进了对基因功能和罕见病致病机制的深入认识，模式生物长期以来也一直是揭示生命基本分子机制的关键工具。同时，鉴于伦理考量和技术限制，细胞系统和模式生物相较人类更易进行实验操作，从而有助于解决在患者中无法研究的重要问题。在模式生物中可通过实验干预探索疾病基因作用的因果机制，同时也可以人为对模式生物的基因进行操纵，探索可疑突变的致病性，进而促进靶向疗法的发展。此外，治疗策略的安全性和疗效评估也需要模式生物的支撑。

因此，IRDiRC 提出，联盟成员应促进罕见病研究中人类和模式生物研究之间的协调。同时，制定的相关实践指南也指出，在临床试验之前开展的试验应该确保结果的稳定性和可重复性，从而为临床试验的开展提供有力证据。

10. 出版和知识产权

IRDiRC 意识到应尽快宣传、分享 IRDiRC 的研究成果，以便获得科学界、医疗界、制药界和患者的高度关注。要清楚地证明这些研究成果的实用性，包括负面成果，并让潜在用户有机会接受与新技术、新工具相关的培训，进而促进这些成果的推广。此外，IRDiRC 研究项目应通过成果出版扩大其科学影响力，在充分尊重《国际版权法》的前提下，将经同行评审后的研究成果发表到网络上。同时，鼓励成果以开放获取的方式发表，确保所有人都能免费获取相关研究成果，为了最大限度地吸引人们对罕见病的关注，也可在非专业期刊上发表相关文章。

同时，IRDiRC 也制定了相关实践指南，提出研究成果出版时应在致谢中明确列出研究经费的资助信息、生物样本库等基础设施的使用情况，以及患者及患者群体代表的贡献；需要在知识产权保护与信息共享之间找到平衡点；即使罕见病研究的结果（包括临床试验）是负面的，或没有得出令人信服的结果，也应该将相关成果发表出来，以推动整个领域向更加全面、深入的方向发展。

11. 宣传交流

IRDiRC 对外宣传策略是在开放、可及、透明、包容和及时的原则上，利用电子通信、互联网及纸媒介等促进全球罕见病学术界和产业界的交流，并向其他研究项目、科学界、企业团体、政府机构、政策制定者和公众（包括患者）提供有关 IRDiRC 研究的信息。

联盟成员要选择合适的形式（如 IRDiRC 网站）及时公布其研究项目的相关信息。IRDiRC 制定的相关实践指南指出，联盟成员应公布其使命宣言、成员名单、相关项目名单，发布非保密公报以及执行委员会、科学委员会和工作组的会议记录与批准文件；IRDiRC 相关项目和成员要在其机构的网站、信息材料和相关报告中提及 IRDiRC；IRDiRC 也将着力推进利益相关者（包括患者权益组织）之间开展交流和活动。

（五）IRDiRC 的影响力

IRDiRC 在正式启动 6 年后，于 2017 年发文对第一阶段目标的实现情况进行了回顾（Dawkins et al.，2018），又于 2022 年对前 10 年的研究成果进行了总结，包括项目实施情况、研究进展、获得"IRDiRC 认可资源"标签的资源情况及特别工作组的研究成果等。

1. 研究项目实施情况

IRDiRC 的公共研究数据显示，自 2010 年以来，该联盟的资助成员已资助了 3000 多个项目（不包括 NIH 国家癌症研究所的数据）。其中，87%为基础研究和临床前研究项目，临床研究（包括观察性研究和临床试验）占资助总数的 8%，流行病学、卫生经济学、社会科学和公共卫生研究占资助总数的 4%（图 3-25）。基础研究和临床前研究项目涵盖了近 1200 种罕见病，而临床研究项目涵盖了约 220 种罕见病。基础研究主要集中于神经系统罕见病（包括神经肌肉疾病）和罕见先天发育缺陷（包括与畸形和先天性异常相关的疾病），而临床研究主要针对罕见肿瘤和神经系统罕见病（图 3-26，图 3-27）。药物临床研究占临床研究的绝大多数（图 3-28），其中一半以上为早期开发阶段（Ⅰ～Ⅱ期），31%为 Ⅲ 期，5%为 Ⅳ 期（图 3-29）。大约一半的临床研究由企业资助（48%），其他由公共机构支持。

截至 2022 年 1 月 4 日，37 个 IRDiRC 组织成员对 56,873 个研究项目和 1380 个罕见病临床试验进行了资助支持，其中，罕见肿瘤和神经系统罕见病为基础研究和临床研究的主要方向（表 3-42）。

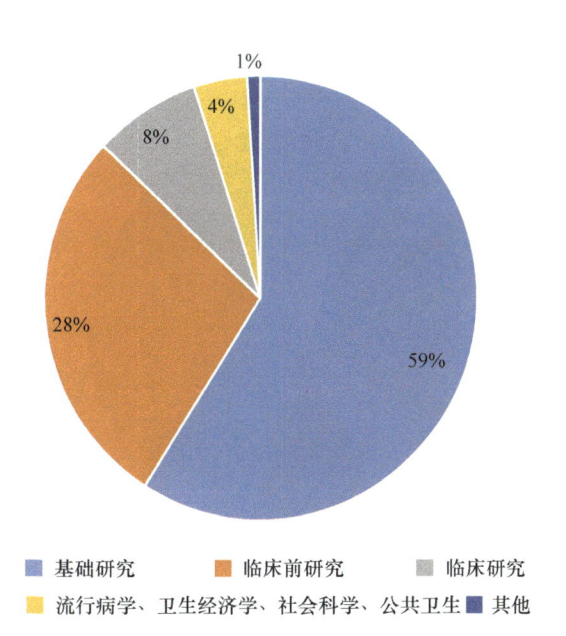

图 3-25 不同研究类型的资助项目和试验分布

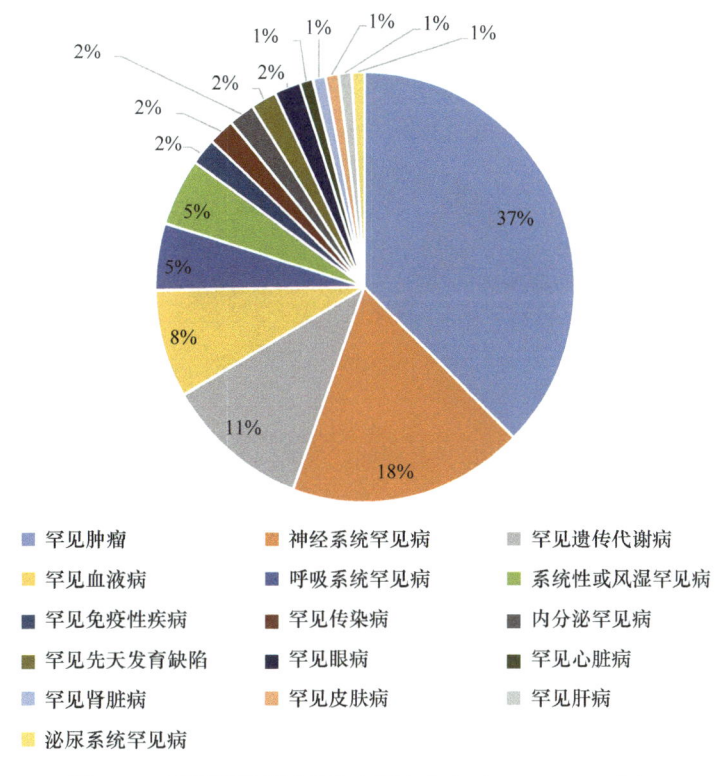

图 3-26 不同医学领域的临床研究分布（2010~2016 年）

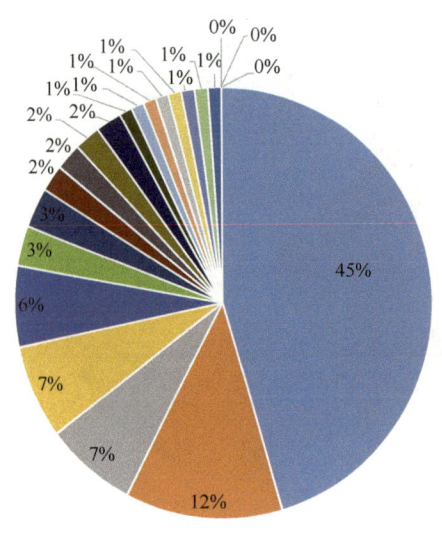

图 3-27　不同医学领域的基础研究分布（2010～2016 年）

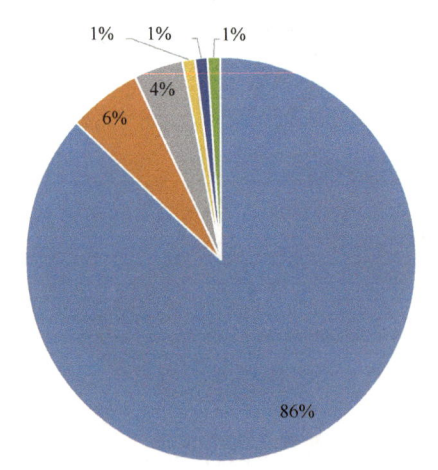

图 3-28　不同类型的临床研究分布（2010～2016 年）

2. 诊断和治疗技术研究进展

IRDiRC 的成立显著推动了罕见病诊断和治疗技术的发展，为量化 2010～2016 年罕见病领域诊断和治疗技术开发取得的进展，IRDiRC 对多项指标进行了监测（图 3-30）。

罕见病诊断领域的进展依赖于对罕见病及其潜在病因（通常是遗传因素）的鉴定，以及相关分析测试方法的准确性和可用性。为此，IRDiRC 诊断和跨学科科学委员会与

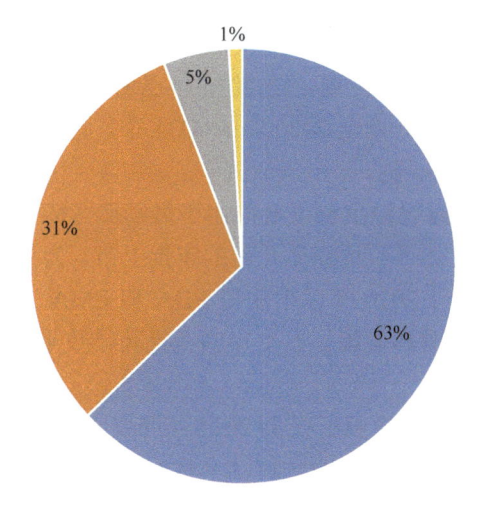

图 3-29　不同阶段的临床研究分布

表 3-42　不同医学领域的基础研究和临床研究（2010～2022 年）

医学领域	基础研究/%	临床研究/%
罕见肿瘤	37.2	45.4
神经系统罕见病	22.5	13.3
罕见先天发育缺陷	9.4	2.7
罕见遗传代谢病	6.6	6.4
罕见眼病	3.7	1.9
罕见免疫性疾病	3.4	2.5
罕见传染病	2.9	2.4
系统性或风湿罕见病	2.7	4.8
皮肤罕见病	2.4	1.8
罕见血液病	2.2	7.5
呼吸系统罕见病	1.5	5.2
罕见骨病	1.5	1.0
内分泌罕见病	1.0	1.6
罕见心脏病	0.0	1.3
其他疾病	3.0	2.2

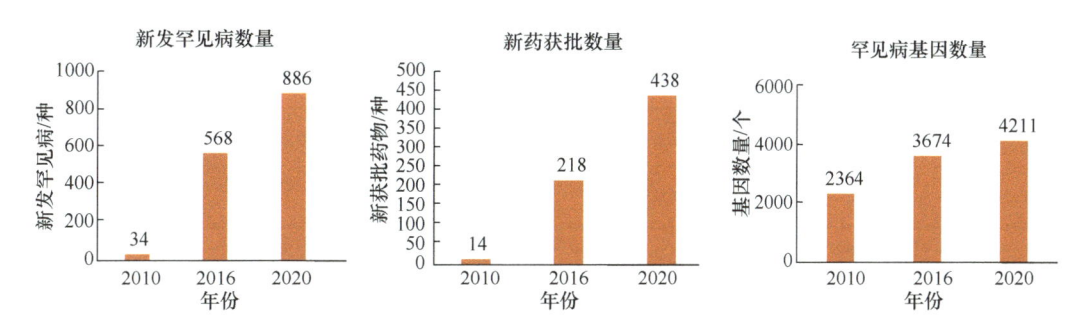

图 3-30　2010 年、2016 年及 2020 年罕见病新发数量、新药获批数量及基因数量

罕见病数据库Orphanet合作，对可进行临床试验疾病的数量进行了分析。结果显示，2010年仅有2200种罕见病可进行基因检测，至2016年已增加至约3600种，与罕见病相关的基因数量从2010年的2364个增至2020年的4211个。此外，2010~2020年，新发罕见病数量累计从34种增至886种。

在过去20年，一些国家已经出台了专门用于鼓励孤儿药开发的政策，其他国家也纷纷效仿制定具体政策，促进了罕见病孤儿药的审批上市。为更好地掌握罕见病患者可用疗法的情况，IRDiRC对自2010年以来获得FDA和EMA上市批准的孤儿药的累计数量进行了跟踪统计。在欧盟和美国，已上市的获批药物数量有所增加，至2020年，已有438种新药进入市场。

2017年，IRDiRC确定第二个目标是到2027年开发1000种罕见病新疗法。通过对新疗法的数量进行线性回归分析，粗略预计这个目标将在2029~2030年实现。造成推迟的因素包括：复杂或超罕见疾病新药开发的困难性，对某些疾病缺乏生物学认知、自然史研究和定性数据（qualitative data），以及优先事项的调整（如药物计划的启动、资金限制、利益相关者的战略调整及意外事件）等。然而，尽管这些因素不可避免，IRDiRC仍然致力于实现其制定的目标。

3. IRDiRC认可资源

IRDiRC的成立是为了促进罕见病研究的国际合作和资源协调。平台、工具、标准、指南等都是对国际罕见病研究和发展起重要作用的资源。罕见病的研究人员同罕见病患者一样，数量很少且分布广泛。因此，他们无法快速及时了解并获得可用于进一步开展工作的资源和工具。为合理配置这些关键资源，加快研究成果向临床应用转化，IRDiRC于2015年3月提出了一项名为"IRDiRC推荐"的质量评价指标，该指标于2016年初更名为"IRDiRC认可资源"（IRDiRC recognized resource）。IRDiRC滚动接受"认可资源"标签的申请，并由IRDiRC科学委员会成员以及相关领域的专家通过同行评议程序进行评估。任何符合标准的资源都可以申请该标签。

截至2022年4月，已有26个数据库、平台、指南、标准等资源获得了该标签，包括4个数据库、4个工具、7个指南、6个平台、3个标准、1个参考资源和1个咨询委员会（表3-43）。

表3-43 IRDiRC认可资源

资源名称	类型	描述
Cellosaurus	数据库	该数据库旨在收集生物医学研究中使用的细胞系数据，其中25%的细胞系来自罕见病患者
Human Pluripotent Stem Cell Registry（hPSCreg）	数据库	该数据库收集了可用于研究的人类多能干细胞系数据
LOVD	数据库	该数据库为以基因为中心的DNA变异数据的收集和展示提供了一个免费的平台
Online Mendelian Inheritance in Man（OMIM）	数据库	该数据库是一个人类基因和基因表型知识库，包含超过23,000个结构化的自由文本条目
NCATS Toolkit for Patient-Focused Therapy Development	工具	该工具包是现有在线资源的集合，可以帮助患者群体推动疗法开发，并为他们提供推进医学研究所需的工具

续表

资源名称	类型	描述
MARRVEL（Model Organism Aggregated Resources for Rare Variant ExpLoration）	工具	该工具是一个搜索引擎，可从多个人类基因组和模式生物遗传数据库中搜索数据，并进行全面展示，旨在促进公众遗传资源的利用，以便在模式生物中优先研究罕见的人类基因变异
Exomiser	工具	该工具是一个Java程序，可在全外显子组或全基因组测序数据中寻找潜在的致病变异
Mutalyzer	工具	该工具是一个程序插件，可根据人类基因组变异协会的指南，检查基因突变描述是否符合序列变异命名法，从而能够对不符合要求的描述进行改进
Orphanet Rare Disease Ontology（ORDO）	平台	该平台为罕见疾病提供了结构化词表，助力探索疾病、基因和其他相关特征三者之间的关系
The DECIPHER Project	平台	该平台能够对罕见遗传病患者表型相关的合理致病变异进行收集、分析和共享
TREAT-NMD Patient Registries	平台	该平台是全球罕见病患者登记网络，为获取全球罕见神经肌肉疾病患者信息提供了一个入口
Care and Trial Site Registry（CTSR）	平台	该平台旨在帮助制药行业和临床研究人员选择试验地点，并帮助即将开展的研究项目确定潜在的合作伙伴
PhenomeCentral	平台	该平台是在罕见病社区中用于共享安全数据的存储库
RD-Connect Genome-Phenome Analysis Platform	平台	该平台能够助力识别罕见病患者的致病突变，并将这些突变与患者的表型数据联系起来
Standard Operating Procedures（SOPs）for Preclinical Efficacy Studies	指南	该指南由一系列常见实验方案组成，用于指导常见的结果测量，以评估神经肌肉疾病模型中的药物疗效
The FAIR Guiding Principles for Scientific Data Management and Stewardship	指南	该指南提供了可供人和计算机查找、访问、互操作和再利用（FAIR）的基本指南
Guidelines for Diagnostic Next-Generation Sequencing	指南	该指南为下一代遗传病诊断测序技术（NGS）提供了评估和验证方案
Improving the Informed Consent Process in International Collaborative Rare Disease Research: Effective Consent for Effective Research	指南	该指南为生物库存储样本和数据，以及观察性研究和罕见病国际合作研究的知情同意文件都给出了明确的指导
Framework for Responsible Sharing of Genomic and Health-Related Data	指南	该指南为基因组和健康相关数据共享提供了一个原则性和实用性框架
Gene/Disease Specific Variant Database Quality Parameter guidelines	指南	该指南详细介绍了遗传变异数据库的数据质量评估参数
International Charter of Principles for Sharing Bio-Specimens and Data	指南	该指南为在遵守法律和伦理的前提下，如何进行生物样本和数据的有效共享提供了指导
HGVS Nomenclature	标准	该命名法是通用的基因突变命名方法，旨在确保基因组分析的报告和信息交流的一致性表述
International Consortium of Human Phenotype Terminologies（ICHPT）	标准	该标准规范了表型特征的描述术语，旨在实现数据库之间的互操作性，特别是罕见病的表型和基因型关联数据库
Human Phenotype Ontology（HPO）	标准	该标准提供了人类疾病中异常表型的标准化词汇表
TREAT-NMD Advisory Committee for Therapeutics（TACT）	咨询委员会	该委员会是一个由科学家、药物开发人员、患者代表和政府代表组成的多学科国际团体，为罕见神经肌肉疾病治疗的转化和发展路径提供指导
Orphanet	参考资源	该数据库可查询罕见病的临床体征、基因、分类，罕见病的药物数据集，以及最新发现的罕见病和与之对应的研究报道、研究机构和专家信息等

4. 特别工作组

特别工作组是为完成被联盟大会和运营委员选为优先事项的罕见病研究任务而成立的。截至 2022 年 5 月，已有 14 个工作组完成任务，11 个工作组的研究任务正在进行中（表 3-44）。从内容上看，这些研究任务主要针对缩短罕见病诊断流程、开发新疗法、促进临床研究、促进多方利益相关者参与以及获得护理和影响评估的方法（图 3-31）。

表 3-44　特别工作组及其介绍

工作组名称	完成情况	介绍
药物再利用指南（Drug Repurposing Guidebook）	即将推出	该指南的目标是帮助（各类）开发人员了解罕见病领域的发展状况，并确定与其相关的特定工具和实践，侧重于药物再利用的方法，即针对药物再利用现有或缺失的激励措施、监管工具、举措、开发工具（"构建块"）进行探索
冥王星计划——被忽视的罕见病（Pluto Project – Disregarded Rare Diseases）	即将推出	该计划旨在使用综合数据库搜索方法，对目前学术研究和工业发展等方面关注较少的罕见病进行识别和分类，确定它们的共同特征，并通过这种分析来了解有效治疗方法中的障碍
罕见病医疗技术工作组（Working Group on MedTech for Rare Diseases）	正在进行	该工作组旨在更好地理解设备开发人员的需求，通过标准化的结果来定义用户对设备的需求，并为制定解决方案奠定基础，以改善罕见病患者对医疗技术的使用情况
实现和加强全球罕见病的远程医疗（Enabling and Enhancing Telehealth for Rare Diseases Across the Globe）	正在进行	该工作组旨在对现有的远程医疗模式进行调查和系统审查，确定其使用的障碍和面临的机遇，并制定最佳实践方案，将远程医疗服务引入社区
初级保健（Primary Care）	正在进行	该工作组旨在汇集来自不同利益相关者的代表，以确定初级保健中罕见病研究的优先研究领域、挑战和机遇
整合罕见病诊断新技术（2021年第一季度）（Integrating New Technologies for the Diagnosis of Rare Disease）	正在进行	该工作组旨在确定正在开发或实验中使用的可能会提高罕见病患者诊断率的新技术，识别能够实现其临床应用的机遇，并制定临床框架和指南，以促进代谢组学/基因组学/人工智能组合诊断方法的实施
多种罕见病的共同分子病因（Shared Molecular Etiologies Underlying Multiple Rare Diseases）	正在进行	通过关注多种罕见病共同的潜在分子病因，扩大患者获得罕见病临床试验的机会
药物再利用的可持续经济模式（Sustainable Economic Models in Drug Repurposing）	正在进行	该项目的主要目的是为实现孤儿药开发和商业化，针对可持续经济模式的适用性和关键重复要素，为罕见病社区确定关键要点并提供潜在建议
蛹计划（Chrysalis Project）	正在进行	该项目的目标是确定关键标准，使罕见病研究对工业研发更具吸引力
罕见病治疗获取工作组（Rare Disease Treatment Access Working Group）	已完成	该工作组的目标是不遗余力地为低收入和中等收入国家无法获得治疗的罕见病患者提供治疗
机器可读的同意和使用条件（Machine Readable Consent and Use Conditions）	正在进行	该工作组的主要目标是围绕数据工具、数据知情同意和使用条件的数字化管理标准，探索和了解当前的需求、活动和差距范围
罕见病临床研究网络（Clinical Research Networks for Rare Diseases）	已完成	绘制和分析国家和超国家组织临床研究网络的现有生态系统，针对这些网络的国际合作框架指导原则提出政策建议

续表

工作组名称	完成情况	介绍
原住民（Indigenous Population）	已完成	召集罕见病研究社区，解决原住民罕见病诊断面临的障碍，以提高他们获得罕见病诊断的机会
IRDiRC 目标 3 工作组（Working Group on Goal 3）	已完成	工作组的成立是为了确定数据收集和方法开发相关的需求、指标和工具，以解决 IRDiRC 的第三个目标：建立评估体系来评价新型诊断和治疗方案对罕见病患者的影响
孤儿药开发指南（Orphan Drug Development Guidebook）	已完成	为学术和药物开发人员制定一个简单的指南，针对罕见病开发的可用工具和计划以及如何最好地使用它们给出建议
罕见病研究同意条款范本（Model Consent Clauses for Rare Disease Research）	已完成	聚集罕见病研究政策专家，针对罕见病制定全面、协调、易于获取且具有国际适用性的知情同意条款，从而使招募全球罕见病研究参与者及获得同意成为可能
解决未解决的问题（Solving the Unsolved）	已完成	对于现有基于外显子组测序方法难以解决的罕见病，鉴定其遗传基础需要开发创新的方法
隐私保护下信息链接（Privacy-Preserving Record Linkage）	已完成	旨在制定一项指导政策，用于生成参与者特定的标识符，使来自同一个人的数据可在多个项目中链接，而不会直接泄露参与者的身份
数据挖掘和再利用（Data Mining and Repurposing）	已完成	这项工作收集了专业知识并确定了合作机会，以有效地利用数据挖掘工具来确定新的治疗靶点并重新利用药物
小规模人群临床试验（Small Population Clinical Trials）	已完成	在小群体临床试验中，合作开展适应性设计、统计方法和新方法的可接受性研究
以患者为中心的结果测量（Patient-Centered Outcome Measures）	已完成	制定和应用以患者为中心的结果指标，以加速针对罕见病的研究和开发
自动发现和访问（Automatable Discovery and Access）	已完成	获取患者对数据共享和研究参与的知情同意程度有助于充分利用全球临床资源数据
匹配器交换项目（Matchmaker Exchange）	已完成	该联合项目旨在提供数据共享工具，为无法确定与罕见病关联的基因组/外显子组序列找到匹配信息
国际人类表型术语联盟（International Consortium of Human Phenotype Terminologies）	已完成	制定数据库互操作性标准，并推广应用，特别是允许将罕见病的表型和基因型数据库联系起来的标准

5. 宣传交流

IRDiRC 积极与整个罕见病团体互动，实施了多项举措，包括与不同类型的利益相关者建立联系，展示其各项活动，搭建讨论交流的平台，并对全球罕见病研究方向产生积极影响，以确保这些举措与 IRDiRC 的愿景保持一致。

自 2011 年 IRDiRC 成立至 2021 年，IRDiRC 以同行评审文章及 IRDiRC 报告形式发表多篇成果，主要为工作组制定的建议、方法或指南以及对 IRDiRC 核心原则的综述和评论，其中多项已被广泛引用。2015~2020 年，26 篇出版物被引用 852 次，平均相对引用率为 2.17（iCite 分析，2022 年 1 月 4 日）。

	目标1：诊断	目标2：治疗	目标3：评估方法
缩短罕见病诊断历程			
	匹配器交换项目*A		
	国际人类表型术语联盟		
	解决未解决的问题		
	整合罕见病诊断新技术		
开发新疗法			
		孤儿药开发指南	
		数据挖掘和再利用	
		药物再利用的可持续经济模式	
		药物再利用指南	
		冥王星计划——被忽视的罕见病	
促进临床研究			
		小规模人群临床试验	
		以患者为中心的结果测量	
	隐私保护下信息链接*B		
	自动发现和访问*B		
	罕见病研究同意条款范本		
	机器可读的同意和使用条件*C		
		多种罕见病的共同分子病因	
促进多方利益相关者参与			
		蛹计划	
	罕见病临床研究网络		
	初级保健		
		罕见病医疗技术工作组*D	
获得护理及评估影响的方法			
	IRDiRC/RDI全球可及性工作组		
	原住民		
		罕见病治疗获取*E	
			影响评估方法
	远程医疗		

图 3-31　按 IRDiRC 目标以及主要主题分布的工作组

灰色：已完成；红色：正在进行/即将推出。*代表与以下机构合作：A. 临床基因组资源（Clinical Genome Resource）；B. 全球基因组学与健康联盟（Global Alliance for Genomics and Health）；C. 欧洲罕见病联合计划（European Joint Program for Rare Diseases）；D. 特温特大学（University of Twente）；E. 国际罕见病组织（WG 第二阶段）

IRDiRC 网站、时事通讯、社交媒体和会员/合作伙伴渠道也是有效的 IRDiRC 传播途径。IRDiRC 组织了 4 次国际会议，其中 3 次在都柏林（2013 年）、深圳（2014 年）、巴黎（2017 年）举行，还有 1 次是线上会议（2020 年）。会议主题的变化代表了罕见病研究前沿的演变和 IRDiRC 的成熟度，第一次会议介绍了 IRDiRC 的形成和管理体系，后来的会议则反映了科学委员会和特别工作组的成果。这些会议共吸引了来自各大洲的 300~600 名学者、研究人员、临床医生、患者权益组织、行业领袖代表和政策制定者等各方利益相关者参与。

第三节　项目竞标制大科学计划

一、人类细胞图谱计划

（一）概述

在过去 150 年里，科学家们按照结构、功能、位置对细胞进行了初步分类，而近年来，随着分子图谱技术的兴起又对细胞重新进行分类，但是对细胞类型和状态表征的认知依然非常有限。人类尚未完全了解自身的细胞，对细胞分子产物的功能机制，不同组织、系统和器官之间细胞的差异性，以及细胞对健康和疾病的影响等，均缺乏深入了解。这一知识空白不仅制约了生物学多个基础领域（如生理学、发育生物学和解剖学）的发展，以及对健康和疾病的认识，还阻碍了基础研究成果向疾病诊断和治疗的转化。

近年来，技术的不断突破使得对单个细胞进行全面解析成为可能。经过近两年多轮的公开讨论与筹备，2016 年，美国博德研究所、英国维康信托桑格研究所和英国维康信托基金会召集全球科学家召开了一次国际会议，共同发起人类细胞图谱（Human Cell Atlas，HCA）计划，确定了"从基因表达、生理状态、发育轨迹和空间位置等角度，识别人类所有类型细胞的特有模式"的发展目标。HCA 计划汇聚了多个国家科学家的力量，组建了 HCA 联盟。联盟对成员和科研项目的加入秉持开放包容的态度，不设门槛限制，只是根据加入的成员是否参与了 HCA 计划项目的实施，以及项目在 HCA 计划目标中的参与度和贡献度，将其认定为特定的成员类型和项目类型，使其与计划建立更加紧密的联系。

在管理方面，HCA 计划设置了组织委员会和执行委员会，总体负责计划的管理和事务性工作，并在英国、美国、欧盟和亚洲设置了 4 个执行办事处，负责这些区域的工作组织和协调。此外，组织委员会还成立了一系列工作组，负责计划实施过程中不同方面的工作。在经费方面，HCA 计划依赖于合作伙伴的支持，包括全球的政府机构、基金会、慈善机构、医药和生物科技行业组织等。不同于联盟成员制国际大科学计划以科研机构作为参与计划研究的主体，HCA 计划中提供经费的合作伙伴一般面向科研人员通过具体项目的形式进行资助，为 HCA 计划的目标做出贡献，如陈·扎克伯格基金会资助了 HCA 技术的首批项目，通过项目竞标的方式，从 500 个项目中评选出 38 个项目。同时还建立了资助者论坛，旨在建立与全球资助者的密切合作，也为资助者与潜在受资助者提供更多合作的机会。在科学组织方面，HCA 计划则建立了四大"支柱"体系，包括协作生物学网络（Collaborative Biological Networks）、技术论坛（Technical Forum）、数据协调平台（Data Coordination Platform）和分析中心（Analysis Center），以促进计划研究工作的顺利实施。在管理政策方面，HCA 计划创立了"透明与开放，质量，灵活性，协作，多样性、包容性和平等性，隐私，技术开发，计算卓越性"8 条基本原则，同时也根据这些原则制定了具体的政策，要求所有的计划参与者共同遵守。HCA 计划还构建了数据库和数据共享网站。截至 2022 年，数据库共收集了 2400 万个细胞的信息，涉及 2700 位样本提供者。在成果方面，截至 2022 年，HCA 计划共产出了 103 篇论文。

（二）HCA 计划的酝酿和发起

1. HCA 计划发起的科学基础

单细胞 RNA 测序技术、单细胞蛋白质分析技术以及染色质可及性分析技术等一系列新技术的出现，使得识别和理解人体组织和系统内的细胞及其分子状态、绘制高分辨率的单细胞图谱成为可能。同时，单细胞多组学联合分析技术、空间组学分析技术（包括原位分析、成像、空间编码和计算推理等技术）等还提供了细胞更多层面的信息，并使从二维或三维角度对大块组织进行单细胞层面的高分辨率分析成为可能。此外，新的计算方法在规模和精度方面不断优化，能够充分利用上述分析数据，更精准地确定细胞类型、状态和位置。上述所有技术的进步为 HCA 计划的发起奠定了科技基础。

2. HCA 计划发起的过程

2016 年，美国博德研究所、英国维康信托桑格研究所和英国维康信托基金会召集全球的科学家召开了一次国际会议，共同发起 HCA 计划。这次会议也确定了 HCA 计划的发展目标，即"从基因表达、生理状态、发育轨迹和空间位置等角度，识别人类所有类型细胞的特有模式"，同时也探讨了计划第一阶段试点项目。

为了实现 HCA 计划的目标，来自多个国家的科学家组建了 HCA 联盟。这个联盟的建立借鉴了功能基因组学（DNA 元件百科全书）、表观遗传学（国际人类表观基因组联盟）、转录组学（基因型-组织表达计划）和蛋白质组学（人类蛋白质组计划）等领域国际大科学计划的联盟模式。联盟吸引了来自多个国家高校和科研机构的科学家加入，包括英国维康信托桑格研究所、日本 RIKEN、斯德哥尔摩卡罗林斯卡学院、美国 MIT 与博德研究所等（Rozenblatt-Rosen et al.，2017）。

（三）HCA 计划的组织管理

1. HCA 计划目标设定

HCA 计划的最终目标是建立一个涵盖人类所有细胞类型和特征的参考图谱，助力解答人体相关的生物学问题，包括细胞结构、细胞发育、细胞命运和谱系、细胞生理、细胞内稳态等，进而增进对健康的理解，提高对健康状况的监测能力，并提升疾病的诊断和治疗水平。

为了实现上述目标，HCA 计划设置了 5 个主要研究方向，即将人体的所有细胞类型（如免疫细胞、脑细胞）和子类型进行分类；将细胞类型映射到组织的空间位置中；区分细胞状态（如对一个尚未遇到病原体的原始免疫细胞，与被细菌激活后的同一免疫细胞类型进行比较分析）；捕获细胞在激活和分化等转化过程中的关键特征（如干细胞）；通过谱系来追溯细胞的发育过程（如从骨髓中干细胞到功能性红细胞的转变过程）。HCA计划研究的人体组织和系统包括神经系统、免疫系统、泌尿系统、呼吸系统、肝胆系统、胃肠道、皮肤、心血管系统等，也计划对人体发育过程中不同状态的细胞、干细胞、儿童细胞开展研究，同时还利用类器官和模式生物作为研究工具，助力细胞图谱的构建。

HCA 计划的成功实施预计将促进相关领域的发展，包括：为比较细胞和识别新细胞类型提供参考图谱；识别基因在哪些细胞中发挥作用，助力解释遗传变异机制；辨识疾病和健康状态；识别可用于病理学研究、细胞分选和细胞分析的标志物；增进对于细胞类型、细胞状态和细胞转变过程的理解；将人体内的生物学组织模式直观地展示出来，消除细胞培养中存在的问题，促进遗留数据（legacy data）的分析；识别细胞分化、细胞之间相互作用、细胞状态维持的调节机制；发现疾病治疗干预的靶标；推动新技术和先进分析技术的发展。

2. HCA 计划的成员结构

（1）HCA 计划成员

HCA 联盟对全球的科研团体开放，任何认同 HCA 计划价值观的，同意遵守 HCA 计划在伦理、信息发布、知识产权等各方面的基本原则且年龄超过 16 岁的科研人员均可以申请加入，成为 HCA 联盟的成员。HCA 联盟成员能够获邀参与一系列 HCA 计划的大型会议和研讨会，被纳入邮件列表等。此外，如果一名 HCA 联盟成员参与了 HCA 计划项目的实施，或由组织委员会指定为 HCA 联盟工作组成员，该成员即成为 HCA 联盟协作成员。一些特定类型的科学会议和活动会专门面向 HCA 联盟协作成员开放。

（2）HCA 计划项目

任何遵守 HCA 计划信息发布等准则，且在单细胞水平上开展生物学系统表征的科学项目，都可以注册成为 HCA 计划项目。注册所需材料包括项目概况、实施方案以及研究人员等。这些项目根据在 HCA 计划目标实现中的参与度和贡献度分为三类，即参与项目、网络项目和旗舰项目。"参与项目"是只需通过基本注册就可以参与计划的项目，参与方向包括数据生成、实验方法开发或计算方法开发等。如果"参与项目"承诺与其他参与者保持联络，即可成为一项"网络项目"。如果"网络项目"的研究目标是交付人类细胞图谱草稿 1.0 版的一部分，同时承诺遵守计划的整体框架，并确保在其持续期内吸引至少 2000 万欧元的资金，即可成为一项 HCA 计划"旗舰项目"。

3. HCA 计划的经费管理

不同于联盟成员制的国际大科学计划主要由联盟成员自筹经费的形式来筹集资金，HCA 计划接受来自全球政府机构、基金会和慈善机构、科技与医药公司等在经费、技术、设备等方面的支持，并通过各合作伙伴面向科研人员以具体项目资助的形式来开展研究，这与联盟成员制国际大科学研究计划以研究机构为主体开展研究的模式有所不同。

（1）政府机构

HCA 研究人员所在国家的科学资助机构有一些资助机制，能够在 HCA 执行的不同阶段提供经费资助。例如，在美国，NIH 共同基金（Common Fund）、NIH 脑计划（BRAIN Intiative）、美国国家癌症研究所（National Cancer Institute）[包括癌症登月计划（Cancer Moonshot）]都能够为 HCA 提供经费支持。NIH 的多个下属研究所针对不同系统的图谱构建项目提供经费支持，如针对免疫系统的国家过敏和传染性疾病研究所（National Institute of Allergy and Infectious Diseases），再如针对肾脏的美国国家糖尿病、消化与肾脏疾病研究所（National Institute of Diabetes and Digestive and Kidney Diseases）等。此外，NIH 还通过之前已经开展的国家计划对几种人体组织的研究工作进行了早期拨款。同时，NIH 人类生物分子图谱计划（HubMap）和国家癌症研究所癌症登月计划（通过肿瘤细胞图谱网络计划开展）都是 HCA 重要的合作伙伴。除美国外，其他国家/地区和国际机构也有资助 HCA 的机制，如欧盟地平线 2020 计划、德国联邦教育和研究部，以及日本、澳大利亚和印度政府。

（2）慈善机构和基金会

在国家政府层面提供支持的同时，HCA 计划也获得了大量慈善基金的支持。在计划的规划过程中，一系列个人慈善家和慈善基金会均对 HCA 计划进行了资助，包括一名美国的匿名捐赠者、英国维康信托基金、美国陈·扎克伯格基金会、美国科维理基金会（Kavli Foundation）和美国赫尔姆斯利慈善信托基金（Helmsley Charitable Trust）。同时，数据协调平台（Data Coordination Platform，DCP）的初步开发工作也获得了陈·扎克伯格基金会的资助，后者目前已经为技术方法开发领域拨款 38 次。组织委员会的成员和 HCA 联盟的其他成员还将持续联络其他基金会，建立新的伙伴关系，为 HCA 计划吸引更多的经费支持。

（3）科技与医药公司

HCA 计划还为科技公司提供了独特的机会，与 HCA 计划共同获益：科技公司可以通过提供设备或材料对 HCA 计划中的数据采集工作提供支持，同时，这些公司则能够从设备或材料的广泛应用、技术的标准化和快速开发，以及技术配套的新型软件工具开发中受益。此外，医药公司也能从 HCA 计划所产生的数据中获益，利用这些数据将为开发疾病的新型诊断和治疗靶标奠定基础。

4. HCA 计划的组织管理架构

在组织管理方面，HCA 计划设置了组织委员会和执行委员会，总体负责计划的管理和事务性工作，同时还在英国、美国、欧盟和亚洲设置了 4 个执行办事处，负责相关区域工作的组织和协调。此外，组织委员会还成立了一系列工作组，负责具体领域的工作（图 3-32）。

（1）组织委员会

组织委员会（organizing committee，OC）是 HCA 的决策机构，总体负责计划的指导和管理，其职责主要包括：召集 HCA 联盟成员召开定期会议、研讨会和集会；协调和编写关键政策文件；明确科学原则和伦理准则；确定质量控制标准和分析标准等的制定过程，并提供支持；管理数据协调平台和共同协调框架（Common Coordinate Framework，CCF）；协调人类细胞图谱数据成果的存储和使用；代表 HCA 计划进行沟通交流；代表 HCA 计划与其他机构和组织进行谈判；针对特定问题，定期向 HCA 联盟进行民意调查，包括组织委员会的履职情况等。

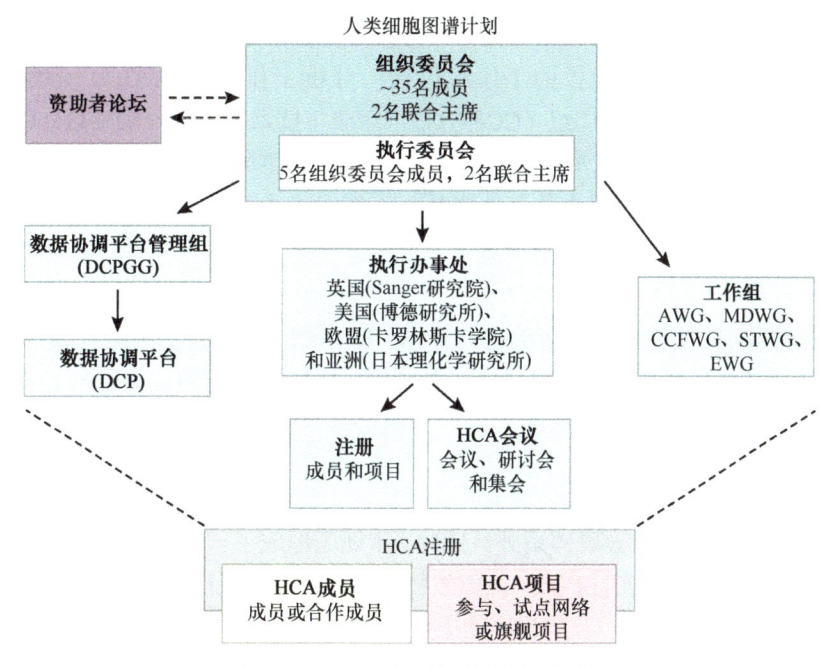

图 3-32　HCA 计划的组织管理架构

组织委员会的成员最多由 35 位科学家组成。初期的组织委员会成员包括来自 10 个国家的不同专业领域的 27 位科学家，其中设置了 2 名联合主席。组织委员会成员任期 5 年，任期届满时，经组织委员会多数成员同意，可以连任一次。新增组织委员会成员通过投票表决方式，在综合考虑其专业能力、地域代表性及其与现有成员的差异性的前提下任命。组织委员会定期从 HCA 联盟中获取关于组织委员会成员的科学视野、履职情况和潜在新成员等信息，从而对组织委员会成员进行调整。

（2）执行委员会

执行委员会（executive committee，EC）是组织委员会下设的执行机构，负责组织委员会会议筹备、制定会议议程以及为设在各国的执行办事处提供指导等。执行委员会共有 7 名成员，其中包括 2 名联合主席和 5 名来自组织委员会成员，任期 2 年，在任期结束时，经组织委员会多数成员同意，可以连任一次。

（3）执行办事处

执行办事处（executive office，EO）是组织委员会分设在全球不同区域的职责履行部门，组织委员会共设置了 4 个执行办事处，分别位于英国（Sanger 研究院）、美国（博德研究所)、欧盟(卡罗林斯卡学院)和亚洲(日本理化学研究所)。执行办事处的职责包括组织会议、促进联盟成员协作、协调联盟成果发表(如综述、评论、白皮书)、与参与计划的企业进行沟通协调、促进与资助者的沟通、对媒体询问进行分类、对联盟成员的询问进行分类、项目注册和跟踪、成员注册与跟踪等。同时，每个执行办事处也领导一些一般事务和地区活动。

(4) 工作组

组织委员针对特定关键领域组建了一系列工作组(working group)，负责具体领域的工作。在计划启动初期设置的工作组包括：分析工作组(AWG)、元数据工作组(MDWG)、共同协调框架工作组(CCFWG)、标准与技术工作组(STWG)和伦理工作组(EWG)。在成员组成上，每个工作组设置2名联合主席，其中一名是组织委员会成员，2名联合主席共同选择组内的其他成员。工作组成员任期3年，任期届满时，经组织委员会多数成员同意，可以连任一次。

(5) 资助者论坛

为了保持与HCA计划资助者的密切合作，HCA计划还设立了资助者论坛，使资助者有机会与潜在的受资助者拥有开放讨论的机会。资助者论坛的成员全部为资助机构的代表，会定期召开内部会议。

5. HCA计划的组织体系

除了构建完备的计划管理体系外，HCA计划还形成了一套完整的科学工作的组织体系。该体系由四大核心支柱构成：协作生物学网络(Collaborative Biological Network)、技术论坛(Technical Forum)、数据协调平台(DCP)和分析中心(Analysis Center)。

(1) 协作生物学网络

协作生物学网络汇集了专注于不同系统和器官领域的生物学专家，以及基因组学、计算学和工程学专家，协同开展不同组织、系统或器官的细胞图谱构建工作。

(2) 技术论坛

为了对比、测试和确定实验方法，标准与技术工作组与来自不同国家、不同专业领域的团队共同建立了技术论坛，旨在联合各个工作组和各个中心来对比和推广现有方法，同时通过将学术界与技术公司结合起来，确保新技术的开发和应用。各工作组还与计算领域的研究人员建立密切合作，在几个生物学系统的研究中启动技术试点项目。为了推动新技术的开发，标准与技术工作组和技术论坛首先要识别哪些关键领域最需要新技术，进而着重推进这些领域的工作。为满足开发新技术的需要，分析工作组将识别潜在的技术差距，并尽快提供反馈，以帮助定位问题点、加速优化和引导技术开发进程。标准与技术工作组和分析工作组还通过联合组织集会活动，推进分析工具或质量控制方法的开发，促进新技术的应用；同时通过整合整个HCA联盟的力量，开发广泛认可的比较指标和标准，促进技术的优化。

(3) 数据协调平台

数据协调平台通过开发数据接入、存储、处理、分析、可视化和访问控制所需的软件，实现"将研究人员带向数据"。组织委员会负责管理数据协调平台，包括制定数据协调平台的所有政策，批准数据协调平台的整体计划，确保相关政策的顺利执行等。同时，组织委员会还设立了一个数据协调平台管理组（DCP Governance Group，DCPGG），负责监管数据协调平台对政策的实施情况，提供指导工作，并针对特定关键主题做决策，包括对数据清单进行定义、确定正式分析管线、确定能够反映数据采集标准的元数据、制定通用协调框架、指导管理所有正式的数据"发布门户"。管理组由两名组织委员会成员领导，其成员包括至少各一名来自分析工作组、元数据工作组、共同协调框架工作组的成员，以及至少三名来自 HCA 联盟的其他专家。组织委员会每季度会召集一次数据协调平台协调会议，参与人员包括管理组成员、数据协调平台的主要开发者等，旨在对数据协调平台的工作进行进度评审，并协助组织委员会制定政策。

（4）分析中心

计算和分析方法是 HCA 计划实施的支柱，在数据收集方案设计、数据处理和标准化、数据组织和数据解释等环节中都需要相关技术。因此，HCA 计划建立了分析中心，其核心职责是设计新型算法、统计模型和可视化策略。任何研究团体所开发的计算方法和算法都能在这里得到发展，并在整个 HCA 计划团体内分享。分析中心建立了由计算生物学家组成的分析工作组，这些计算生物学家会定期开会沟通，以促进对计算和分析技术的开发和评价。分析工作组针对 HCA 计划从数据采集到数据协调平台运行等不同环节和需求，组建了一系列子工作组和数据分析团队，并组织召开相关会议、举办活动，从而为研究人员推荐实验设计方案、分析框架和最佳实践策略等。

（四）HCA 计划的管理政策

在管理政策方面，HCA 计划在吸取以往大科学计划所取得的经验教训基础上，结合科技发展现状，建立了一套指导原则，旨在保障计划的顺利实施，同时确保研究成果能够得到最大化、高效益的应用。在此基础上，针对计划实施的不同环节，HCA 计划制定了具体的政策规范。

1. HCA 计划指导原则

（1）数据透明与开放共享

在数据采集之后，应尽快发布以方便使用。

（2）数据质量控制

致力于生产最高质量的数据，建立严格的数据质量标准。开放和广泛地分享数据，并定期更新数据。

（3）知识与技术的灵活性

维持知识与技术方面的灵活性，以便随着新见解、新数据和新技术的出现，能够灵活调整人类细胞图谱的设计。

（4）全球协作

保持全球性、开放性和协作性，对所有感兴趣并承诺遵守 HCA 计划原则的参与者保持开放。

（5）多样性、包容性和平等性

组织样本的选择将反映地域、性别、年龄和种族多样性。同样，类似的多样性也要体现在参与的研究人员、机构和国家的分布上。

（6）隐私保护

承诺按照研究参与者的知情同意条款，确保每位研究样本捐献者的隐私。

（7）技术创新

开发、采用和分享新工具，为其他组织和研究人员提供帮助。

（8）算法创新

开发新的计算方法，促进对新算法的利用，并推动算法的不断进步，同时通过大规模的开源软件进行共享。

2. 数据共享

（1）数据共享政策制定的依据

实施快速、国际化和开放的数据共享是 HCA 计划的一个关键宗旨。前人采用过的原则包括《百慕大原则》、《劳德代尔堡协定》和《多伦多声明》(2009 年版)，这些原则能够确保全球资助机构、数据生产者和数据使用者之间实现有序的合作。这些框架不仅加速了数据的获取与利用进程，还通过合理激励机制促进了数据生产的积极性，同时尊重并保护了所有参与者的权益。全球基因组学与健康联盟（GA4GH）构建的基因组和健康相关数据负责任共享框架（Framework for Responsible Sharing of Genomic and Health Related Data）为实现数据共享提供了指导方案。GA4GH 是一个以推动数据共享和改善人类健康为使命的国际联盟，其共享框架强调了最大化数据可获得性和再利用性的重要意义，患者可以从科学进步中获益，同时又能使参与者的隐私暴露风险最小化，并高度认可研究人员的贡献。

（2）数据发布

参考上述共享框架指导方案条款，HCA 计划要求所有计划内项目都要对数据发布做出承诺，确保项目所开发的或者为项目开发的数据定期上传至数据协调平台中，并在伦理原则允许的最大限度内，以开放访问方式提供给公众（有些元数据可能会受到限制）。数据协调平台会对数据进行标记使数据可以被引用。此外，所有 HCA 计划项目还需承诺，公开发布数据产生和分析所用的全部实验方法和计算方法，以及项目所开发或者为项目开发的软件源代码。

（3）数据使用和隐私保护

确保对数据生产者进行引用的前提下，数据使用者可按照自己的意愿免费使用数据，仅有的限制是不得使用生物学家、数据科学家和公众参与成员的原创构思，同时严禁试图识别或者联系样本捐献者个人。为此，HCA 计划组织委员会针对样本和数据的采集、使用和国际共享，尤其是与可辨认个体相关的数据，协商制定了一系列监管约束条件。同时，组织委员会还与期刊合作，为关键数据采集和分析提供论文发表机会。

如果数据完全公开受限，HCA 计划则会采取措施移除可能导致个体身份信息泄露的数据。然而，对于高通量分子数据匿名化处理并不容易做到，因为可能需要长期追踪在世样本捐赠者以持续获取新数据。对于已故样本捐赠者，也应该考虑制定一套指南。敏感样本或数据会视需要隔离在数据协调平台的受控访问区或本地隔离区，同时非敏感数据可以共享。在需要安全措施的情况下，会采用精简的访问流程来确保满足条件的、值得信赖的研究人员快速获取数据，并确认其用于合法的研究目的，同时不会损害数据的安全性。

不同的样本处理方法或者分析平台会影响数据的互操作性，使用不同的伦理原则和法律条款也会使访问和使用条件出现令人困惑或相互矛盾的情况。因此，尽可能在 HCA 计划范围内统一知情同意、隐私保护和安全实践、访问政策及使用条款等规范，确保数据共享以一种有效和负责任的方式推进。

3. 公众参与

在 HCA 计划实施的全程中，确保公众参与是实现计划目标的基本条件。在公众的支持和参与下，将极大地促进研究推进与成果产出。因此，HCA 计划必须保证研究人员、资助者、患者和公众之间能够进行持续对话。

HCA 计划制定了一系列面向公众成员、公民科学家、学生、患者支持群体、教师与学生、潜在的研究参与者和捐赠者等不同对象的公众参与策略，并设置一系列针对多元化对象和对文化差异敏感的公众参与的活动。除了在媒体上发布计划咨询、召开 HCA 计划会议等方式外，还将创新性地推出以下活动形式：发起"公民-科学行动"让公众参与到研究中；利用开放访问、开源数据平台及其辅助门户来"游戏化"分析任务或者通过公开竞争"众包"软件解决方案；为普通公众构建一个数据探索门户以推动公众参与；在各种节日中宣传推广 HCA 计划；与创意行业的成员携手合作；开展科学博览会和项目让高中生参与到 HCA 计划中，尤其是参与到数据分析中。

（五）HCA 计划的影响力

1. HCA 计划产出数据

HCA 计划创建了数据库和数据共享网站，收集了计划相关的所有细胞数据、供体信息、实验室信息和研究项目信息，并实现了不同信息之间的关联。截至 2022 年 4 月，数据库共收集了 2460 万个细胞的信息，涉及 2900 位样本提供者、366 个实验室，以及 218 个研究项目。

2. HCA 计划产出文章

截至 2022 年，HCA 计划共产出了 103 篇论文，这些论文的研究主题既包括不同系统细胞图谱的构建，如视觉网络、肠道、心脏、免疫系统、肾脏、肝脏、肺、骨骼肌、神经系统、口腔、胰腺、生殖系统、模式生物和类器官，也包括数据分析和实验技术方法的研发。

第四节 国家（地区）联合制大科学计划

一、国际生物多样性计划

（一）概述

生物多样性是人类赖以生存和发展的基础，正面临严重的环境影响，以及由此引发的物种灭绝等严峻挑战。因此，国际生物科学联合会（International Union of Biological Sciences，IUBS）于 1991 年发起了"生物多样性的生态系统功能"研究项目，并通过与环境问题科学委员会（Scientific Committee On Problems of the Environment，SCOPE）和联合国教科文组织（United Nations Educational, Scientific and Cultural Organization，UNESCO）合作进一步将其发展为国际生物多样性计划（DIVERSITAS），旨在将全球生物学、生态学等领域的科学家们联合起来，共同确定生物多样性保护的关键科学问题，并通过国际合作推动这些科学问题的合作研究。随着研究的深入，科学家愈发意识到地球是一个复杂而敏感的系统，其运作受物理、化学和生物过程的调控，并且不可避免地受人类活动的影响，因此开展综合性的全球变化研究十分有必要。为此，DIVERSITAS 进一步与其他多个全球环境变化研究计划联合成立了科学联盟，这些计划进一步通过重组整合发展为未来地球（Future Earth）计划。

DIVERSITAS 是一个具有双重使命的科学计划：一方面，其将生物学、生态学和社会学联系起来，推动生物多样性科学研究系统开展；另一方面，其为地球上的各种生命的保护提供合理、科学的决策依据，助力提升人类福祉，消除贫困。其具体的科学目标和方向随着研究的深入不断扩展和更新，从启动初期确定的"从研究生物多样性的生态系统功能出发，使生物多样性问题在全球范围内获得关注"，逐渐扩展到"围绕生物多样性和相关生态系统服务的总体科学问题，建立生物多样性科学研究的国际框架"，再到进一步提出"促进地球的可持续发展"的目标。

在组织管理方面，DIVERSITAS 的目标是构建一个支持生物多样性科学研究的全球网络，强化各国家/地区之间的联系。DIVERSITAS 分为正式成员和附属成员，区别在于是否缴纳会费，正式成员能够参与 DIVERSITAS 科学发展的讨论。同时，由于 DIVERSITAS 的主要目标是促进、协调和整合全球的生物多样性研究项目，这些项目均由不同国家/地区的资金独立资助，因而 DIVERSITAS 每年能够协调的经费仅 100 万欧元左右，主要来源于成员缴纳的会费和一些科研或资助机构针对特定项目的资助经费。

DIVERSITAS 旨在为全球生物多样性合作研究制定共同的国际框架，由科学委员会和秘书处分别负责指导和协调计划的实施。此外，为了协调各成员有关部门，推进各成员生物多样性研究工作的开展，建立各自生物多样性计划和国际框架计划之间的紧密联系，各成员均建立了 DIVERSITAS 委员会或联络点，并下设科学委员会和科学咨询委员会。

在影响力方面，DIVERSITAS 产出成果形式多样，不仅推动了生物多样性和生态系统服务领域科学与政策的连通，还加速了生物多样性科学研究的全球化。

（二）DIVERSITAS 的酝酿和发起

生物多样性是支撑地球生命系统的基础。然而，受人类活动在内等诸多因素的叠加影响，全球生态环境不断恶化，进而导致物种灭绝的风险急剧上升。由于生态环境恶化是一个全球性、整体性的问题，所以仅依靠个别科学家、个别国家的独立研究无法解决，需要全球生物学、生态学等领域的科学家们联合起来共同攻克。在此背景下，1991 年，国际生物科学联合会（IUBS）在其第 24 次全体会议上，发起了"生物多样性的生态系统功能"项目。此后，该项目在 1992 年得到了进一步发展，IUBS 与 SCOPE 以及 UNESCO 建立合作，将该项目升级为国际生物多样性计划（DIVERSITAS），并将"确定生物多样性保护的关键科学问题，并通过国际合作促进这些科学问题的研究"确立为研究目标（钱迎倩和马克平，1996）。1994 年后，随着国际微生物学会联盟（International Union of Microbiology Societies，IUMS）、国际科学理事会（International Council of Science Unions，ICSU）等组织的加入，DIVERSITAS 研究主题方向得到进一步丰富和扩展。

随着研究的推进，科学家意识到地球是一个复杂敏感的系统，其运作受物理、化学和生物过程的调控，并且不可避免地受人类活动的影响，因此开展综合性的全球变化研究十分有必要。2001 年，全球变化开放科学会议"变化的地球面临挑战"召开之后，DIVERSITAS 与国际全球环境变化人文因素计划（International Human Dimensions Programme on Global Environmental Change，IHDP）、国际地圈-生物圈计划（International Geosphere - Biosphere Programme，IGBP）和世界气候研究计划（World Climate Research Programme，WCRP）共 4 个全球环境变化研究计划共同建立了地球系统科学联盟（Earth System Science Partnership，ESSP）。该联盟以上述 4 个研究计划为主体，汇聚不同学科和不同国家/地区的科学理念、方法、研究设施和人员，重点关注地球系统的结构和功能、地球系统发生的变化，以及这些变化对全球可持续发展的影响，以增进对复杂、敏感、脆弱的地球系统的整体认识，以促进全球可持续发展。然而，由于 ESSP 是一个缺乏有效约束力的松散型科学协调组织，一直存在组织体系不健全、缺乏足够号召力、研究工作推动乏力等问题，影响了既定目标实现（未来地球计划过渡小组，2015）。针对这一问题，在 2012 年 6 月举行的"里约+20"峰会上，将现有 4 个国际全球变化计划（DIVERSITAS、IGBP、IHDP 和 WCRP）整合形成未来地球（Future Earth）计划并正式启动，旨在促进这些计划获得更多的资金，实现从更全面的角度开展合作，并为全球变化研究构建一个综合的新框架。2012 年以后，DIVERSITAS 的科学委员会便开始将工作重点转向助力未来地球计划过渡战略的制定。到 2014 年，DIVERSITAS 的项目和网络逐步转型和合并，陆续融入未来地球计划中。这一阶段，所有项目和网络都保持了两个计划的双重标签（DIVERSITAS 和 Future Earth）。此后，随着 Future Earth 合作备忘录的签署以及 DIVERSITAS 的结束（2014 年 12 月 31 日），DIVERSITAS 项目的管理权限被完全移交给 Future Earth 秘书处。

(三) DIVERSITAS 的组织实施

1. DIVERSITAS 的目标设定

DIVERSITAS 是一个具有双重使命的科学计划：一方面，其将生物学、生态学和社会学联系起来，推动生物多样性科学研究系统开展；另一方面，其为地球上的各种生命的保护提供合理、科学的决策依据，助力提升人类福祉，消除贫困。

自 1991 年启动以来，DIVERSITAS 的发展主要经历了 3 个阶段，研究主题和目标也随着研究的推进进行了扩展和更新。

DIVERSITAS 第一阶段（1991~2001 年）的目标是从研究生物多样性的生态系统功能出发，加速生物多样性起源、组成、功能、保持和保护等方面的科学研究，并关注土壤和沉积物、海洋、淡水中微生物的多样性等未获得足够重视的重要领域（陈灵芝和钱迎倩，1997），使生物多样性问题在全球范围内获得关注。1991 年，DIVERSITAS 将研究的核心主题确定为生物多样性的生态系统功能。到 1992 年，研究主题拓展为生物多样性的生态系统功能、生物多样性的起源和保持、生物多样性的编目和监测、家养生物的野生近缘种的生物多样性 4 个方面，进一步推动对生物多样性起源、组成、功能、保持和保护的全面研究。之后，随着 IUMS、ICSU 等组织的加入，DIVERSITAS 的研究主题进一步扩展到 10 个，包括 5 个核心主题（生物多样性起源、保持和变化，对生态系统功能的作用，编目、分类和相互关系，评估与监测，保育、恢复与持续利用）和 5 个交叉主题（生物多样性的人类影响范围、土壤和沉积物的生物多样性、海洋生物多样性、微生物生物多样性、淡水生物多样性）。

DIVERSITAS 第二阶段（2002~2011 年）的目标是围绕生物多样性和相关生态系统服务的总体科学问题，建立生物多样性科学研究的国际框架。2001 年，DIVERSITAS 组织了一次由计划发起方和各国科学家代表参加的国际磋商会，与会人员赞成启动 DIVERSITAS 第二阶段，且认为第二个阶段应该更具综合性和跨学科性，并应进一步加强与社会政策的对接。2002 年，新的 DIVERSITAS 科学计划公布，围绕生物多样性和相关生态系统服务的全部科学问题（包括发现、观察、分析和信息共享）设置了 7 个研究项目，包括生物基因、生物发现、生态服务、生物可持续性、农业生物多样性、生态健康、淡水生物多样性，同时还设置了全球入侵物种计划（Global Invasive Species Programme，GISP）、全球山区生物多样性评估（Global Mountain Biodiversity Assessment，GMBA）两项合作交叉网络项目。

DIVERSITAS 第三阶段（2012~2014 年）将重点放在通过生物多样性和生态系统服务研究促进地球的可持续发展上。自 2009 年以来，生物多样性科学政策环境发生了改变，包括建立了生物多样性观测网络（Group on Earth Observations-Biodiversity Observation Network，GEO BON）、生物多样性和生态系统服务政府间科学政策平台（Intergovernmental Science-Policy Platform on Biodiversity and Ecosystem Services，IPBES），启动了 ICSU 远景计划等。因此，DIVERSITAS 进一步修订了其 2002 年的科学计划，并于 2012 年 3 月 27 日发布了 2012~2020 年的新科学计划（图 3-33），提出了"通过生物多样性和生态系统服务研究，促进地球可持续发展"的目标。

图 3-33 DIVERSITAS 新计划：生物多样性和生态系统服务研究

2014 年之后，由于 DIVERSITAS 逐步过渡为 Future Earth 的一部分，DIVERSITAS 进一步在 Future Earth 概念框架范围内讨论了未来的研究重点，最终对 DIVERSITAS 计划之下开展的研究项目进行了审查和重组，其中将农业生物多样性、淡水生物多样性和生物可持续性项目的研究内容（除与城市有关的内容）融入生物基因、生物发现和生态服务项目中，在 Future Earth 中保留生物基因、生物发现、生态服务、生态健康和 GMBA 等项目。

2. DIVERSITAS 的成员结构

DIVERSITAS 的主要目标之一是构建一个支持生物多样性科学研究的全球网络，强化区域和国际层面各国家/地区之间的联系，促进生物多样性的跨学科研究以及相关科学与政策的融合。

DIVERSITAS 分为正式成员和附属成员。正式成员是指每年向 DIVERSITAS 提供财政捐赠的国家/地区，可以参与到 DIVERSITAS 的发展全程中，如参与 DIVERSITAS 未来科学优先事项和预算的讨论。附属成员是指已建立联络点或组建委员会的国家/地区，但不为该计划提供经费捐赠（表 3-45）。

表 3-45 DIVERSITAS 成员

成员类别	管理形式	参与方
正式成员	已成立委员会[①]	奥地利、比利时、法国、德国、墨西哥、挪威、西班牙、瑞典、瑞士、荷兰、英国、美国、斯洛伐克、中国台湾
	已建立联络点[②]	阿根廷、南非
附属成员	已成立委员会	澳大利亚、白俄罗斯、中国、印度尼西亚、爱尔兰、日本、菲律宾、葡萄牙
	已建立联络点	巴西、智利、爱沙尼亚、匈牙利、肯尼亚、马拉维、摩洛哥、俄罗斯、沙特阿拉伯

① 委员会是 DIVERSITAS 在该国家/地区的代表机构，具有三个基本要求：杰出的科学家、生物多样性计划的制定者和管理者。
② 联络点是建立 DIVERSITAS 委员会的过渡形式，可以由自愿代表 DIVERSITAS 在其所属的国家/地区担当发言人的科学家、政策制定者或管理者个人担任，直至该国/地区的 DIVERSITAS 委员会成立。

另外，许多与生物多样性有关的问题跨越了国界，因此一些国家还联合建立了一系列区域性网络，希望在科学研究和政策制定方面建立合作，并以区域性成员的身份加入到 DIVERSITAS 中。这些区域性成员包括亚太全球变化研究网络、美洲国家间全球变化研究所、西太平洋和亚洲 DIVERSITAS、欧洲全球变化研究委员会联盟等。通过这种合作的方式获得的知识和经验对整个 DIVERSITAS 网络来说非常宝贵。

3. DIVERSITAS 的经费管理

由于 DIVERSITAS 的核心目标是促进、协调和整合由国家/地区资金资助开展的研究项目，所以计划自身经费非常少，每年仅 100 万欧元左右。这些经费主要来源于成员的会费和一些科研机构、研究基金、联合国机构等对特定项目的资金支持（表 3-46）。其中，DIVERSITAS 的正式成员根据国家/地区生产总值的一定比例缴纳会费（表 3-47），通常占 DIVERSITAS 总经费的 60%~70%。在支出方面，总经费的 70%~85%用于科学活动（包括资助一小部分研究项目），约 10%用于支付秘书处的运营费用，约 5%用于支付成果出版和交流活动开支。

表 3-46　2014 年为 DIVERSITAS 提供资金的机构/组织

国家/地区	机构/组织
国际	热带生物学与保护协会
	生物多样性公约
欧洲	欧盟委员会第七框架计划
法国	法国国家科研署
	法国生物多样性研究基金会 CESAB 计划
	法国高等教育和研究部
	法国国家自然历史博物馆（实物支持）
美国	美国自然历史博物馆鸟类学部
	美国国家环境保护局
	美国国家航空航天局
	美国国立卫生研究院
	美国国家科学基金会
	火星基金会
	杨百翰大学
	加利福尼亚大学戴维斯分校
	生态健康联盟
日本	学术振兴会亚洲生态保护卓越中心
	环境研究与技术开发基金
阿根廷	阿根廷国家科学与技术研究理事会
巴西	巴西国家科学技术发展委员会
	圣保罗研究基金会

续表

国家/地区	机构/组织
德国	德国联邦教育和研究部
	德国综合生物多样性研究中心
	德国科学基金会
	德国生物多样性研究网络论坛
奥地利	奥地利联邦教育、科学与文化部
墨西哥	墨西哥国家科学技术委员会
荷兰	荷兰农业与环境部
	荷兰国家公共卫生和环境研究院
	荷兰科学研究组织
	荷兰皇家艺术与科学学院
南非	南非国家研究基金会
英国	英国自然环境研究理事会
	英国皇家学会
挪威	挪威研究理事会
斯洛伐克	斯洛伐克科学院
瑞典	斯德哥尔摩弹性研究中心
	瑞典国际生物多样性计划 Swedbio
	瑞典环境、农业科学和空间规划研究理事会
	瑞典环境地球系统科学秘书处
瑞士	瑞士国家科学基金会

表 3-47 DIVERSITAS 正式成员的年度会费表

级别	国家/地区生产总值/百万美元	DIVERSITAS 的年度会费/欧元
1 类	GDP ≤ 50,000	1,020
2 类	50,000 < GDP ≤ 100,000	5,100
3 类	100,000 < GDP ≤ 200,000	10,200
4 类	200,000 < GDP ≤ 1,000,000	25,000
5 类	1,000,000 < GDP ≤ 5,000,000	61,200
6 类	GDP > 5,000,000	306,000

资料来源：GDP 参考世界银行数据。

4. DIVERSITAS 组织管理架构

（1）国际层面

DIVERSITAS 由 ICSU、IUBS、SCOPE、UNESCO 等机构发起，管理架构简洁，能够提高各类活动的实施效率，并促进综合性、跨学科活动的开展。其核心管理机构是科学委员会，职责是为 DIVERSITAS 制定优先方向和指导计划的实施，并设置秘书处负责协调计划的实施。同时，由于 DIVERSITAS 的大部分科学活动都是围绕特定研究项目开展的，所以 DIVERSITAS 还成立了项目层面的科学委员会和国际项目办公室（与秘书处职能类似）。另外，DIVERSITAS 还设立了由世界各地杰出科学家组成的咨询委员会，为生物多样性研究部署提供科学咨询服务，提高了该计划的知名度。

1）科学委员会

DIVERSITAS 科学委员会的职责是指导 DIVERSITAS 各类活动的开展，包括为 DIVERSITAS 制定优先事项，指导计划的实施，并在相关科学和政策活动及论坛上宣传其成果。同时，科学委员会还负责联络、促进 DIVERSITAS 与其他全球环境变化相关的国际计划之间的合作。

DIVERSITAS 科学委员会的成员由来自各国的生物多样性领域的 12 名顶尖科学家组成，任期 3 年，可连任一次。成员的选举主要依据这些科学家在国际科学界的地位和对 DIVERSITAS 的贡献，并综合考虑区域、性别和学科的平衡。除了上述 12 名成员，科学委员会还包括以下多名当然委员，即 DIVERSITAS 中各项目的主席、发起方（ICSU、IUBS、SCOPE、UNESCO）的代表、《生物多样性公约》的代表、IPBES 的代表、GEO BON 的代表、全球环境变化研究计划的主席、DIVERSITAS 的执行董事。

由于 DIVERSITAS 的大部分科学活动都是以特定主题研究项目的形式开展的，DIVERSITAS 科学委员会还设立了项目科学委员会指导研究项目的实施。除了任命的委员外，一些项目科学委员会拥有当然委员，代表了一些与该项目密切合作的其他组织。

2）秘书处

DIVERSITAS 的秘书处负责实施科学委员会的计划和建议，负责与全球各界建立联系、建立网络、协调活动、监测各国和各区域 DIVERSITAS 实施进展情况、策划报告和出版物以及宣传 DIVERSITAS 的成果。另外，DIVERSITAS 在项目层级为每个项目设立了国际项目办公室，发挥与秘书处类似的作用，负责支持 DIVERSITAS 项目的活动。

（2）国家/地区层面

在国家/地区层面，各个成员均建立了 DIVERSITAS 的委员会或联络点（一种过渡形式），并下设科学委员会和科学咨询委员会，负责协调有关部门，推动各自生物多样性研究的实施,建立当地生物多样性计划与 DIVERSITAS 之间的紧密联系。DIVERSITAS 鼓励委员会采取多方面的行动，部署专门的计划，为实施 DIVERSITAS 项目服务，或启发 DIVERSITAS 开展新领域的研究，如有目的地创建生物多样性的科学计划，有计划地举办与 DIVERSITAS 相关的国内或国际座谈会或组建相关工作组，积极参与国际性的座谈会或者工作组活动来协助 DIVERSITAS 的执行，加强与其他国家/地区的合作等。同时，委员会也会帮助以前各自独立的研究团队建立合作，这样可能使一些特别的项目有机会获得 DIVERSITAS 经费的支持；同时，还会帮助提高当地生物多样性研究的知名度和加强与其他国家/地区的合作关系，以便将相关行动呈现在国际大舞台上（左闻韵和马克平，2004）。

（3）案例研究——认可项目的组织管理模式

DIVERSITAS 为了更好地推进其科学战略的实施，除了上述一系列既定主题的研究项目，DIVERSITAS 还将通过支持认可项目（endorsed project）来解决生物多样性领域的其他科学优先事项，并尽可能多地与各地科学家建立联系，以下就这个特殊形式的项目的管理政策进行概述。

1）申请过程

申请人需要准备一份执行摘要（最多 5 页），具体指出该项目将如何为 DIVERSITAS 或其项目做出贡献，摘要中要包括背景介绍、目标、计划开展的活动/研究内容、与 DIVERSITAS 科学优先事项的相关性、预期成果与产出、领导团队、研究小组、时间表、资助计划。

2）审核过程

在申请人将执行摘要提交至 DIVERSITAS 秘书处后，秘书处将所有符合条件的项目计划提交给 DIVERSITAS 科学委员会或相关项目科学委员会主席，以征求意见，并获得认可。如果项目通过认可，申请人将收到一封 DIVERSITAS 科学委员会（或相应项目的科学委员会）的认可信。其中，DIVERSITAS 将优先考虑那些以科学为导向，能解决重要全球性问题的国际合作项目，尤其鼓励涉及多个研究团队、应用多学科或跨学科方法以及应对社会挑战的项目，且提交的项目应对 DIVERSITAS 及其项目的科学研究有重大贡献。

3）认可项目遵循规则

获得 DIVERSITAS 认可的项目将被视为 DIVERSITAS 的一部分，DIVERSITAS 要求其提供一份适合在 DIVERSITAS 网站和出版物上发表的年度进展报告（最多 5 页），同时，在出版物和其他公开展示产品中鸣谢 DIVERSITAS 的支持（或认可）（如在科学出版物的致谢中明确提及"本文有助于实施 DIVERSITAS 核心项目的某科学计划中的某重点事项"），并允许 DIVERSITAS 使用该项目的成果。

（四）DIVERSITAS 的影响力

1. 产出多种类型的成果

以 DIVERSITAS 重要组成部分——全球入侵物种计划（GISP）为例，可以看到基于相关研究产出了多种形式的成果，包括政策（全球策略、决策指南）、措施（预警系统、管理与培训指南、检疫与消除措施）以及宣传产品（科普手册、网站、技术报告）等多种类型（马克平等，2002）。

2. 实现生物多样性和生态系统服务相关科学与政策的连通

在国际层面，实现生物多样性和生态系统服务在科学与政策之间的连通需要开展 4 个方面的研究，包括生物多样性的研究、观察、评估、政策制定，这 4 个方面互相补充。DIVERSITAS 的主要任务是推进生物多样性和生态系统服务相关科技的发展，因而它属于这 4 个方面中的"研究"部分。另外，DIVERSITAS 还在生物多样性观察、评估、政策制定等各个组成部分发挥了关键作用，进而推动实现生物多样性和生态系统服务相关科学与政策的连通。在生物多样性观察方面，DIVERSITAS 和国际地球观测组织于 2008 年宣布成立了收集、管理、共享和分析世界生物多样性现状和趋势的新机构——GEO

BON。GEO BON 主要致力于在全球、区域和国家尺度推动生物多样性观测资料的收集、整理和分析,以更好地为全球生物多样性保护提供技术支撑。在评估方面,DIVERSITAS 于 2005 年首次提出 IPBES 设想,之后促进并参与了与科学家和联合国环境规划署等机构的全球磋商,推进该设想的实现。2012 年 4 月,全球 90 多个国家的政府同意成立 IPBES 作为独立的政府间科学平台,回应各国政府和国际公约的请求,开展全球和区域等尺度的生物多样性和生态系统服务评估。在政策方面,DIVERSITAS 作为生物多样性科学的前沿计划,其相关科学研究为推进各缔约方履行《生物多样性公约》提供了服务,且 DIVERSITAS 还能提高对全球生物多样性现状的认识,促使政府/部门与科学家的合作,更好地发挥政府/部门在保护和改善生物多样性中的作用,从而促使更多国家/地区签署《生物多样性公约》(任毅等,2000)。

3. 推进生物多样性科学研究全球化

尽管热带地区拥有全球大部分的生物多样性,但绝大多数热带生物的丰度和分布仍然是未知的。与此同时,与热带地区巨大的自然财富相比,环境保护科学和政策方面的财政资源和人力资源处于严重缺乏状态。面对这些资源不平衡问题,DIVERSITAS 推出了一系列活动,包括发展国际多学科生物多样性研究网络;召开 DIVERSITAS 开放科学会议,让发展中国家和青年科学家参与国际科学论坛;对科学家和其他利益相关者进行能力培训,如开设短期课程培训、组织科学政策活动;推出教育科普产品,向非专业人士宣传国际科学成果等。

其中,DIVERSITAS 每 4 年在生物多样性丰富的发展中国家举行一次开放科学会议,并大力召集该地区和全球的科学家参会。第一届 DIVERSITAS 开放科学会议于 2005 年在墨西哥瓦哈卡举行,墨西哥是世界上文化和生物多样性最丰富的国家之一。此次会议有 37% 的与会者来自发展中国家,其中的三分之二来自拉丁美洲,他们中的大多数得到了 DIVERSITAS 的支持。第二届 DIVERSITAS 开放科学会议于 2009 年在南非开普敦举行,此次会议旨在提高非洲科学界在 DIVERSITAS 的参与度,会议吸引了来自约 70 个国家的 700 名科学家和政策制定者参会,其中 40% 的参会者来自发展中国家,30% 是青年科学家。

二、国际海洋生物普查计划

(一)概述

海洋蕴藏着丰富的资源,它不仅是人类重要的动物蛋白质产区,同时在调节气候、平衡生态方面起到不可或缺的作用,是地球上最大的维生系统(life supporting)。同时,海洋中丰富的生物资源也在医药、民生、保健、能源、旅游及仿生材料等领域具有无限的应用前景。然而,随着工业化进程的加速推进,过度开发与污染日益严重,海岸及海洋栖息地破坏加剧了海洋生态环境的恶化,全球生物多样性急剧下降,这些问题开始引起国际组织的关注。

20 世纪 90 年代,联合国教科文组织(UNESCO)、环境问题科学委员会(SCOPE)、国际生物科学联合会（IUBS）以及亚洲、欧洲、南美洲等接连开展区域计划或建立合作网络，以加强对海洋生态系统的了解和认知，这些计划为国际海洋生物普查计划的开展奠定了基础。1995 年，美国国家科学院发布了题为"Understanding Marine Biodiversity"（《了解海洋的生物多样性》）的报告。该报告指出全球人口的不断增长将对海洋生物物种多样性造成无法逆转的破坏，并呼吁研究人员关注海洋生物多样性领域存在的知识鸿沟。该报告引起了美国罗格斯大学海洋生物学领域专家 J. Frederic Grassle 教授的关注。在 Grassle 教授和美国斯隆基金会（Alfred P. Sloan foundation）主管 Jesse Ausubel 的联合推动下，1999 年，国际海洋生物普查（Census of Marine Life，CoML）计划在美国华盛顿海洋发展领导联盟（Consortium for Ocean Leadership，COL）建立国际秘书处，并于 2000 年正式启动。CoML 旨在解答"海洋生物的过去、现在和未来"这三个核心问题。通过海洋动物种群历史（History of Marine Animal Populations，HMAP）研究、海洋生物地理信息系统（Ocean Biodiversity Information System，OBIS）、海洋动物种群的未来（Future of Marine Animal Populations，FMAP）以及 14 个实地考察项目来调查海洋的历史、评估海洋的现状、预测海洋的未来，并将数据充分整合到一个信息系统中，以促进相关信息的共享和传播，并助力实现海洋生物的实时监测。

CoML 计划的成员主要包含研究成员和合作伙伴（赞助商），经费由美国斯隆基金会统一协调管理，具体研究项目由国家/区域研究资助计划提供。CoML 计划由秘书处协调，并由国际科学指导委员会直接管理，国家和区域执行委员会在国际科学指导委员会的指导下开展工作，信息整合团队和教育与宣传团队负责 CoML 计划的成果绘制、信息整合及宣传教育等工作。

2010 年，CoML 计划圆满落幕。同年 10 月 4~7 日，CoML 计划在伦敦大英皇家科学研究所、英国皇家学会和自然历史博物馆召开发布会，发布计划产生的丰硕成果，并讨论了这些成果所带来的影响。10 年间，该计划共耗资 6.5 亿美元，汇聚了 80 个国家和 670 家机构的 2700 多名科学家，共计完成了 540 多航次科学考察。计划完成了基于核心问题的 17 个项目、5 个附属项目，同时，还构建了 874 个数据库，生成了 3000 万条原始物种记录数据，发表了 2600 多篇科学论文，并产出了数千种其他类型的信息产品。CoML 也从种群、物种和基因三个层面，全面构建了海洋生物多样性的研究体系，为指导未来国际海洋生物合作研究奠定了坚实的基础，为开展大型普查类大科学计划树立了成功典范。

（二）CoML 的酝酿和发起

1. CoML 的发起基础

作为一项新的海洋生物多样性倡议，CoML 的开展得到了从地方到区域乃至全球科学界的广泛认可和支持。这一盛况，离不开先前在全球范围内开展的多项针对海洋和生物多样性的地方和区域性计划的深厚积淀。这些计划一方面为开展普查类的大科学计划提供了发展范式，另一方面极大地激发了全球不同地区对生物普查计划的参与热情和积极性。此外，在技术层面，20 世纪后期海洋生物技术、深海生物调查技术的快速发展则为 CoML 的实施提供了基础设施和技术基础。

(1) CoML 发起的范式和组织基础——国际/区域间海洋生物计划

面对生物多样性急剧下降带来的复杂问题，为了缓解新世纪人口、资源与环境之间日益突出的矛盾，国际组织和各国政府、研究机构纷纷制定开展包括海洋生物在内的生物监测、开发等计划。1991 年，联合国教科文组织、环境问题科学委员会和国际生物科学联合会联合发起了国际生物多样性计划（DIVERSITAS）。该计划不仅引起了国际科研机构和基金组织对生态系统功能和生物多样性问题的广泛关注和高度重视，更为包括 CoML 在内的相似模式的大科学计划的顺利启动铺平了道路。两年后，DIVERSITAS 的资助方成立了 DIVERSITAS 西太平洋和亚洲地区国际网络（DIVERSITAS in the Western Pacific and Asia，DIWPA）。该网络对沿海大型植物群落生物多样性监测的方法及相关成果，为 CoML 近岸水域自然地理普查项目提供了方法模式，也成为后者的雏形。

此外，一系列针对海洋开展的国际合作计划则成为 CoML 发起的直接基础。这些计划中构建的海洋研究的区域合作网络，为 CoML 更广泛合作体系的构建奠定了基础，部分计划及其成员还被直接纳入到 CoML 中。1999 年，由 12 个国家共同宣布成立全球海洋观测合作伙伴计划（Partnership for Observation of the Global Ocean，POGO），其在推进日本、印度洋和南美洲等国家/地区积极参与全球性海洋普查项目中发挥了巨大作用。同时，POGO 也使海洋生物领域的科学家和资助机构进一步认识到加强海洋生物观测在海洋长期监测和解决关键海洋科学问题中的重要性。随后，POGO 成为 CoML 珊瑚礁生态系统普查（CReefs）关联项目——全球环境基金珊瑚礁项目的重要合作伙伴。此外，POGO 和欧盟资助成立的卓越网络合作 MarBEF（Marine Biodiversity and Ecosystem Functioning，EU Network of Excellence）中的众多研究人员，也成为 CoML 项目科学指导委员会以及国家或区域执行委员会的核心领导者或成员。

(2) CoML 发起的技术基础——海洋生物技术与深海生物调查技术

20 世纪 80 年代海洋生物技术兴起，随着对海洋生态系统认知的深入，各国开始把海洋生物技术作为研究的重点。1997～2006 年，欧盟第五框架计划（FP5）和第六框架计划（FP6）共资助了近百项海洋生物技术相关项目（段黎萍，2007）。例如，法国国家科研中心和以色列、德国的科研机构共同成功研制了"监测水质的新兴赤潮预警系统——冷光藻青菌生物传感器"，凸显出以生物传感器为代表的海洋技术在海洋监测应用的优势。与此同时，深海生物调查技术也在 20 世纪后期有了跨越式的发展，深海生物调查技术包含了数据观测、样品采集与样品分析等环节，主要基于光学、声学、化学、生物学及环境 DNA/RNA 等技术手段，借助调查船、浮/潜标、水下机器人、深海潜水器、无人机、水色卫星等先进观测设备，结合 ESP、Mocness、MultiNet 等先进采样设备，实现了对海洋生物的综合科学调查。海洋生物技术和深海生物调查技术的快速发展和迭代更新使 CoML 计划的启动成为可能（王栽毅等，2022）。借助这些先进设备，研究人员在海洋动物体表固着、体内植入探测与发射装置，从而了解这些生物的洄游路线、分布范围和生活习性等，极大地提升了计划中生物跟踪、监测工作的效率。

2. CoML 的发起过程

1995 年，美国国家科学院国家研究委员会发表了题为"Understanding Marine

Biodiversity"报告，并为解决海洋生物多样性数据差距的研究提出概念框架。该报告指出全球人口不断增长将对海洋生物物种多样性造成无法逆转的破坏，但我们却对海洋生物多样性所知甚少，存在巨大知识鸿沟，并呼吁研究人员对海洋生物多样性进行综合分析。由于报告提出的建议和计划并没有得到美国政府的实质性回应，因此，海洋生物多样性领域的领军科学家、美国罗格斯大学海洋与海岸科学研究所所长 J. Frederic Grassle 教授又将该报告转交给斯隆基金会。基金会项目主管 Jesse Ausubel 随后决定与 J. Frederic Grassle 教授共同采取行动推进这项科学构想（Marine Biological Laboratory，2009）。

（1）阶段一（1997~1998 年）：资助计划"可行性"研讨会

1997 年，Ausubel 说服斯隆基金会资助方召开了一系列研讨会，旨在探讨、评估国际海洋生物普查计划的可行性。计划最初被定义为海洋鱼类普查计划，直到 1998 年初，参与研讨会的科学家提出，这一计划需要设立更宏大的研究目标，应该将整个海洋生态研究联合在一起，从而全面描绘和解析全球海洋生物的分布和丰度，并预测环境变化对海洋生态系统的影响（Bradley，1999）。在这一建议下，该计划的后续研讨逐渐转向实现更广泛的海洋生物普查目标。在 1997~1999 年举办的多次研讨会上，300 多名科学家针对国际海洋生物普查计划需要面对的重大挑战展开了研讨，内容涉及过去海洋里有哪些生物、目前海洋中有哪些生物、未来哪些生物将会生活在海洋中等。

（2）阶段二（1999 年）：联盟早期管理部门成立

斯隆基金会期望通过一个具有丰富科研管理经验，且能够在美国海洋生物研究方面获得广泛支持的机构来引领普查计划的顺利推进。海洋学研究与教育联盟（Consortium for Oceanographic Research and Education，CORE）由美国 66 个核心的海洋学学术机构、海洋馆、非营利研究机构和联邦研究实验室组成，具有深厚的海洋生物科研和项目管理经验，是能够综合代表该领域研究机构权威性和广泛性的联盟（Alexander et al.，2011）。1991 年，CORE 为普查计划设立了国际秘书处，国际秘书处的领导成员与其他海洋生物领域的国际同行共同组成了科学指导委员会（Scientific Steering Committee，SSC）的核心领导层，J. Frederic Grassle 教授作为 CORE 联盟成员代表担任科学指导委员会主席，SSC 的成立也标志着 CoML 的雏形建立。2007 年，海洋学研究与教育联盟和美国联合海洋研究所合并为海洋发展领导联盟，统一管理重大海洋科学研究与合作项目。

1999 年 6 月，SSC 在华盛顿特区召开了首次会议。会上，SSC 讨论了包括太平洋鲑的迁移、深海喷口的生物多样性、随深度变化的底栖生物多样性、密集捕捞前后海洋生态系统的状况等一系列科学问题，这些问题奠定了 CoML 后续海洋生物地理信息系统（OBIS）项目和实地考察项目的基础。同时，此次会议还确立了 SSC 在计划实施过程中的项目审查和批准、建议研究项目开展、实施方案制定，以及相关事务管理中的核心作用，并确定 SSC 对普查计划的规划和管理拥有最终发言权。

（3）阶段三（2000 年）：正式发起

2000 年，CoML 科学指导委员会在巴黎召开会议，提出了计划实施早期的三大普查目标：整合并集中现有知识到互联网数据库中，开发用于查询数据库的分析工具，确定如何在实地研究中实施新技术。同年 5 月，CoML 正式宣布，斯隆基金会、美国国家科学基金会、美国海军研究办公室和其他隶属于美国国家海洋伙伴计划的组织将为计划提供首笔 370 万美元的资金，旨在支持 8 个项目的开展。项目涉及海洋动物种群历史（HMAP）研究、海洋生物地理信息系统（OBIS）建设，以及 6 个聚焦 5 个类群（鱼类、头足类动物、胶质浮游动物、软体动物、珊瑚和海葵）的实地考察项目，共有 15 个国家 60 多个机构的研究人员获得资助开展项目。2000 年 9 月，资助方和初始受资助方在会议中就信息共享和信息系统管理达成共识。这些项目的正式启动标志着 CoML 进入实施阶段。

（三）CoML 的组织管理

1. CoML 的目标和实施

CoML 的初始目标是评估和解释海洋中生物的多样性、分布和丰度，并预测未来海洋中的生物，为"海洋生物的过去、现在和未来"这一关键命题找到答案，即回答"过去海洋里有哪些生物""目前海洋中有哪些生物""未来哪些生物将会生活在海洋中"三个问题，同时从遗传、物种、群落到生态系统的不同层面来构建海洋生物多样性的调查研究及知识体系，以期能达成海洋生物资源可持续利用的目的。CoML 提出，为了实现上述目标，亟须开展海洋生物的全球普查，以构建海洋生物多样性基线，以在未来必要时预测、监测海洋生物多样性，并降低环境变化对海洋生物产生的不利影响。为此，CoML 设立了三项科学框架以指导计划实施：①构建含有实地调研项目数据和信息的全球信息系统；②调研海洋动物种群的历史演化；③预测海洋动物种群和生态系统的未来走向。围绕这一科学框架，CoML 确定了 4 个主要研究任务。

（1）调查海洋的历史

CoML 的第一个研究任务为海洋动物种群历史（History of Marine Animal Populations，HMAP）。由渔业科学家、历史学家、经济学家和其他领域专家组成的团队在南非、澳大利亚的 10 多个地区开展案例研究，共同构建第一张可靠的人类开发海洋渔业之前的海洋生物图鉴。描绘更原始的海洋生态形态有助于制定海洋保护目标，同时，海洋种群变迁的长期历史纪录也有助于区分自然波动与人类活动对海洋环境的影响。

（2）评估海洋的现状

CoML 的第二个研究任务是通过 14 个实地调研项目考察目前生活在世界海洋中的生物（表 3-48）。实地调研项目将在全球六大海洋领域进行考察，并通过一系列技术对这些区域的重点生物群进行取样研究。这六大海洋领域包括人类活动的边缘、隐藏的边界、中央水域、活跃的地质带、冰冷的海洋和微生物。

（3）预测海洋的未来

CoML 第三个研究任务的主题为海洋动物种群的未来（Future of Marine Animal Populations，FMAP），需要用到数字模型和数字模拟技术，研究小组整合来自多种不同来源的数据，并开发新型统计和分析工具来预测海洋种群演进以及未来生态系统构成。

（4）提供"活遗产"

CoML 的第四个研究任务是构建海洋生物地理信息系统（OBIS），旨在为全球用户提供海洋地图和海洋生物普查数据。至 2010 年底，OBIS 收录了超过 3000 万条全球海洋物种位置记录，其在计划结束后也会继续作为联合国教科文组织政府间海洋学委员会（Intergovernmental Oceanographic Commission，IOC）国际海洋数据与情报交换系统（International Oceanographic Data and Information Exchange，IODE）的一个组成部分，确保其在未来能够持续地运行和维护。

表 3-48　国际海洋生物普查计划实地调查项目研究框架及内容（孙松和孙晓霞，2007）

领域	区域		实地调查项目	简介
人类活动的边缘	近岸水域		近岸水域自然地理（NaGISA）	开展国际合作项目，监测并记录深度在 20 m 内的全球海洋近岸地带的生物多样性
			全球珊瑚礁生态系统普查（CReefs）	开展国际合作项目，开发新技术，开展珊瑚礁多样性全球普查和研究，收集整合珊瑚礁生物生态学和分类学信息，并开展生物种群研究
	近海水域		区域生态系统研究（缅因湾计划，GoMA）	记录缅因湾生物多样性分布格局和形成过程，研究成果将用于该地区的生态系统管理
			近海迁移（太平洋大陆架跟踪项目，POST）	为北美西海岸太平洋的幼鲑和其他 10 g 以内的物种建立永久性声学跟踪系统，研究太平洋鲑鱼和其他海洋物种的迁徙路线和对生态系统影响
隐藏的边界	边缘海		陆架边缘生态系统普查（CoMargE）	在未经商业开发的区域构建生物多样性基线，收集陆架边缘广大区域因商业开发活动而发生变化的证据，了解陆坡在物种进化和分布中的作用
	深海平原		深海海洋生物多样性普查（CeDAMar）	描述深海平原物种多样性，了解引起沉积物内和沉积物上物种多样性时空变化的因子
中央水域	有光区	浮游生物	海洋浮游动物普查（CMarZ）	开展浮游动物分类学多样性全球评估，对 15 个门约 6800 种已发现物种进行综合评估和普查
		游泳生物	太平洋水域生物标记（TOPP）	使用新型电子标记技术研究北太平洋中大型远海动物迁徙模式，并研究控制这些模式的海洋因子
	无光区	中层水	中大西洋海脊生态系统（MAR-ECO）	研究大西洋中部的大型和巨型动物群的分布、丰度和营养关系，识别和模拟引起多样性格局变化的生态过程
活跃的地质带			深水化能合成生态系统生物地理学（ChEss）	研究深海化能合成生态系统的生物地理学及形成过程，旨在发现新的深海热液和冷泉出口，评价化能生态系统中特定动物区系的多样性、分布和数量丰度，解释全球尺度上的差异和相似性
			全球海山海洋生物普查（CenSeam）	针对海山生态系统的全球性研究，确定海山生物地理学、生物多样性、生产力特征，及其在海洋生物进化中的作用，评估人类开发对其的影响
冰冷的海洋			南极海洋生物普查（CAML）	一个 5 年期项目，聚焦于 2007~2008 年国际极地年期间海冰环绕的南极海洋，旨在收集目前国际上关于南大洋的生物学资料，研究南极水域生命的进化，确定其如何影响目前生物区系的多样性，并预测其可能如何响应未来的变化
			北冰洋生物多样性（ArcOD）	使用三步法对从浅海陆架到深海盆地的北极海冰、水体和海底的生物多样性进行调查，主要步骤为汇编现有数据—对现有样本进行分类学鉴定—收集新样本补充分类学和区域分布信息的不足
微生物			国际海洋微生物普查（ICoMM）	为海洋微生物构建高精度的生物多样性数据库，了解微生物种群如何在全球尺度上发展进化、相互作用和重新分布

2. CoML 的成员结构

CoML 成员主要包含研究成员、合作伙伴和赞助商，这些成员由来自 80 多个国家的科学、渔业和环境领域的政府机构，以及一些私人基金会和公司组成。

CoML 计划同时与多个跨政府国际组织建立了联系与合作，包括联合国政府间海洋学委员会、联合国粮食及农业组织、联合国环境规划署及其世界保护监测中心、全球生物多样性信息基金、国际海洋考察理事会、地球观测组织和北太平洋海洋科学组织。同时，该计划还获得了多家国际性非政府组织的支持，包括海洋研究科学委员会、全球海洋观测伙伴关系、国际科学理事会国际海洋生物学协会。此外，CoML 还与生命百科全书（Encyclopedia of Life，EOL）和国家地理学会等组织建立了合作伙伴关系，目的是向全球更广泛地传播计划成果。

3. CoML 的经费管理

CoML 的总实施经费约为 6.5 亿美元，主要分为两大来源。其中，斯隆基金会为 CoML 提供了约 7500 万美元，主要用于全球协调管理、项目监督及跨领域倡议，涵盖教育与宣传支持、团队建设以及信息整合团队的工作等。其余约 5.5 亿美元则源自全球多个国际组织、国家政府以及海事行业各界的支持，主要用于具体的研究项目。

4. CoML 的组织管理架构

CoML 设立了科学指导委员会（SSC）作为普查计划的核心管理部门，与秘书处相互协调，直接管理该计划的实施，负责制定普查计划的总体目标、把握该计划的发展方向。同时，CoML 还设立了 13 个国家和区域执行委员会（NRIC），这些执行委员会覆盖了大多数参与计划的国家，在 SSC 的统一指导下，每个 NRIC 在各自独立的管理体系下开展项目工作，使 CoML 广泛吸纳融合了全球各国学者、政府机构、民间组织等人才。此外，计划中的对外沟通、媒体宣传、教育活动等方面工作则由设在美国罗德岛大学海洋学研究生院海洋项目办的教育与宣传团队协调。美国杜克大学海洋地理空间生态实验室的制图和可视化团队则负责 CoML 计划成果的展示（图 3-34）。

（1）秘书处

秘书处设在美国华盛顿特区的海洋发展领导联盟（COL）中，总体负责 CoML 项目管理和协调工作。其主要职责包括发布年度报告，展示里程碑成果和收集信息，协助科学指导委员会评估计划的目标、数据、成果和研究项目的进展情况。

（2）科学指导委员会

科学指导委员会（SSC）的核心成员最初由国际海洋生物普查秘书处与海洋生物领域的国际同行与联盟成员共同组成。早期成员包括美国阿拉斯加大学费尔班克斯分校的 Vera Alexander、美国马里兰大学的 Donald Boesch、加拿大海洋科学研究所的 David Farmer、挪威海洋研究所 Olav Rune Godo 和日本京都大学的 Yoshihisa Shirayama（表 3-49）。

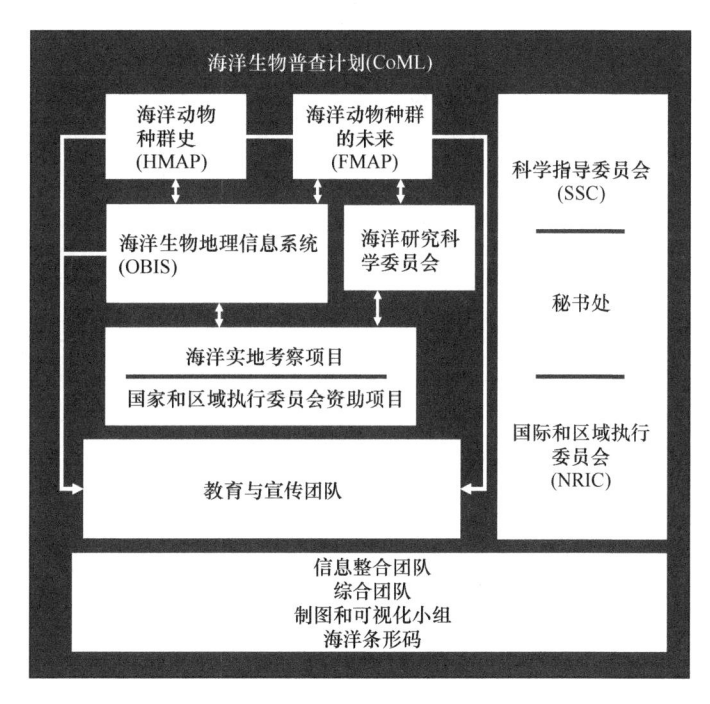

图 3-34 国际海洋生物普查计划管理结构图（Alexander et al., 2011）

表 3-49 科学指导委员会历届核心成员

核心成员	所属机构与职务	职务与任期
J. Frederick Grassle 博士	美国罗格斯大学海洋与海岸科学研究所所长	科学指导委员会首届主席、普查计划联合创始人（2000~2008 年）
Ian Poiner 博士	澳大利亚海洋科学研究所首席执行官	科学指导委员会主席（2008 年至今）
Victor A. Gallardo 博士	智利康塞普西翁大学教授	科学指导委员会副主席（2005 年至今）
Myriam Sibuet 博士	摩纳哥阿尔伯特 1 号基金会高级科学家，巴黎海洋研究所高级科学家	科学指导委员会副主席（2008 年至今）
Jesse Ausubel	美国斯隆基金会副总裁，美国伍兹霍尔海洋研究所兼职科学家	普查计划联合创始人

科学委员会总体负责计划相关的综合管理，并指导计划中科学目标和项目研究内容的确定，以及研究范围的规划等，同时也整体负责监督项目的进展和把握项目未来方向。

2011 年 6 月 27 日，国际海洋生物普查计划科学指导委员会被授予 2011 年（第十九届）考斯莫斯国际奖（International COSMOS Prize），该奖旨在表彰其为推动、领导和管理 CoML 实现目标做出的巨大贡献和 CoML 取得的卓越成果。

（3）国家和区域执行委员会

设立国家和区域执行委员会（NRIC）的想法源于科学指导委员会（SSC）早期组织的 KUU "已知、未知、不可知"研讨会（O'Dor et al., 2010）。2002~2007 年，CoML

共在全球 65 个国家/地区的 236 个机构举办研讨会进行了宣传，提高了这些国家对研究海洋生物多样性重要性的认识（表 3-50）。最终 CoML 在澳大利亚、加拿大、中国、日本、印度尼西亚、韩国、南非、美国、加勒比海区域、欧洲、南美、印度洋区域、非洲等地设立了 13 个国家和区域执行委员会。NRIC 在国际科学指导委员会的指导下开展工作，旨在加强普查工作的全球影响力和覆盖面，以更好地推进国际协同的海洋生物多样性研究。

表 3-50 参与 KUU 研讨会的国家/地区及相关机构

NRIC	参与方/个	参与机构/个	政府间组织/政府间项目
阿拉伯海/阿曼湾	9	18	政府间海洋学委员会（IOC）[①]
澳大利亚	1	8	—
加拿大	3	26	世界自然基金会（WWF）[②]
加勒比海	18	31	IOC，加勒比沿海海洋生产力计划（CARICOMP），加勒比海洋实验室协会，海洋追踪网络，大自然保护协会，保护国际基金会，雪佛龙能源公司，康菲石油公司，委内瑞拉国家石油公司，加勒比大型海洋生态系统
中国*	1	9	国家自然科学基金委员会
欧洲 CoML	11	18	国际生物海洋学协会/国际海洋物理科学协会，尼亚科斯基金会，国际海洋勘探理事会
印度洋	16	21	IOC，全球海洋观测合作伙伴计划（POGO）
印度尼西亚	2	5	全球环境基金阿拉弗拉海和东帝汶海洋生态系统的行动
日本*	2	11	IOC，POGO，日本财团（Nippon Foundation），DIVERSITAS
韩国	1	1	—
南非	15	26	POGO
非洲撒哈拉以南	17	25	WWF，全球入侵物种计划
美国	1	35	—
总计	65	236	22

*在国家级委员会成立之前，已经有设立在东南亚地区的初始的 KUU 研讨会，其中包括 13 个国家和 31 个地区的参与者，政府间海洋学委员会作为政府间组织参与了该活动。
[①] 联合国教科文组织政府间海洋学委员会及其地方附属组织。
[②] 世界自然基金会及其全球附属组织。

NRIC 由 360 多位来自各个国家、不同领域的知名学者组成。13 个国家和区域执行委员会每年举行 3 次会议，由 13 个委员会的成员分别召集各地区/各国的学者、政府机构、民间团体及管理者并负责收集、整理及评估当地海洋生物的现状以及已发表、未发表的资料。通过讨论，NRIC 成员及政府合作单位确定研究计划，开展研究与调查，解决海洋生物地理分布信息相关问题。

（4）信息整合团队

2003 年，美国罗德岛大学海洋项目办公室成立了教育与宣传团队，负责定期发布新闻稿，并通过产出书籍、电影等产品成果将海洋生物普查的调查结果传播给社会公众。2007 年，加拿大纽芬兰纪念大学和美国杜克大学海洋地理空间生态实验室分别成立了信息综合小组与制图和可视化小组。

2008年4月，CoML进入了"综合汇总"阶段，因此成立了信息整合团队（Synthesis Group）统筹管理教育与宣传小组、制图和可视化小组以及信息综合小组（图3-35）（Alexander et al., 2011），旨在组织、整合计划中收集的大量数据，以确保2010年计划结束时能够向社会各界提供全面的信息与成果。

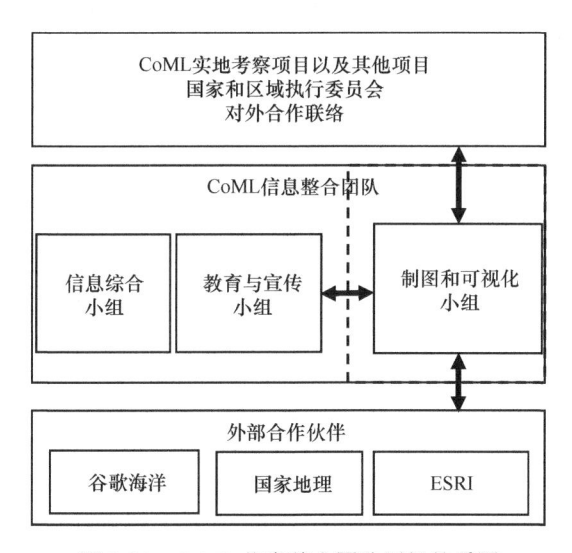

图 3-35　CoML 信息整合团队层级关系图

（四）CoML 的影响力

CoML计划历时10年，产生了有史以来最全面的海洋生物清单，其构建了海洋生物的多样性、分布和丰度的基线，通过解析"海洋生物的过去、现在和未来"，为预测、测量和了解全球海洋环境变化奠定基础，并为未来海洋资源的管理和保护提供参考。CoML在2010年发表了1200个新种及其数字信息，同时，CoML还构建了世界上最大的开放访问的海洋生物在线数据存储库，该数据库收录了普查前后的3000万条物种级记录。COML结束后，该数据库将继续在联合国教科文组织国际海洋学委员会国际海洋学数据和信息交换系统的支持下，协调13个国家或区域执行委员会跨越地理、文化和政治界限继续开展世界海洋研究。

CoML与多个生物多样性的大型项目建立了合作，包括生命百科全书、世界海洋物种名录、海洋生命条码和生命目录项目等，为这些项目提供了大量可参考数据。例如，CoML与生命百科全书（EOL）合作完成了约90,000个海洋物种信息体系的构建，成为全球生命大百科物种信息最主要的提供者。

此外，CoML的实施还提高了科研人员、科研机构、国家和区域开展分类学研究及生态调查研究的能力，计划中培养的青年学者，将在未来几十年中继续为海洋生物科学研究领域做贡献。

总体而言，CoML为指导未来的海洋生物多样性研究奠定了坚实的基础，为如何实施大科学计划树立了成功典范，并为海洋政策的制定提供了科学指导。

1. CoML 的项目成果

截至 2011 年 1 月，CoML 已完成收录于 OBIS 的 3000 万条物种级观测记录的汇编，并通过计划的实地考察项目增加了数百万条记录。截至 2010 年，CoML 在伦敦举办了成果发布会，共发表 1200 个新种，并透露尚有 5000 多个新种待描述（表 3-51）。

表 3-51　国际海洋生物普查计划研究数据及成果

项目		数据/成果产出
岸带环境：设立 3 个最重要的基本项目	近岸水域自然地理（NaGISA）	形成了全球首个近岸生物多样性编目； 在埃及、希腊、坦桑尼亚、美国、委内瑞拉和日本多处发现了新种和新纪录种以及未记录的栖息地
	全球珊瑚礁生态系统普查（CReefs）	在新地点发现数千个新种和熟知种，在死亡珊瑚样品中也发现了未鉴定种；项目开发了一种标准工具"珊瑚礁自动监测器"（ARMS）来比较礁上种的分布和监测，6,000 个 ARMS 将成为统一揭示全球珊瑚礁格局的标准数据来源
	区域生态系统研究（缅因湾计划，GoMA）	美国和加拿大科学家联合利用先进技术和监测系统进行了多学科综合研究，收集了 4,000 多种微生物的数量和多样性信息，利用新型声呐获得了种类分布即时和连续的图像
中央水域：3 项跟踪标记项目	近海迁移（太平洋大陆架跟踪项目，POST）	首次对海洋动物幼鲑进行从河流到大洋几千千米的洲际声学跟踪，预测了大洋洄游鲑鱼群的存活率，发现了鲟的跨国界洄游； 数据库已扩大收录 18 个种（从鲑到大鱿鱼），并建立了全球大洋跟踪网络的模型
	海洋浮游动物普查（CMarZ）	创建了浮游动物全生命周期全球多样性和分布图； 发现了超过 85 个新种、7 个新属和 2 个新科
	太平洋水域生物标记（TOPP）	利用卫星遥感技术，跟踪大型捕食者跨越整个太平洋的行动，使种类鉴定和生物热点取样成为现实，追踪了动物行动和生物生活环境的变化，并在大洋环境内预测了其丰度
深海生物（Deep Sea Life）：共计 5 项，普查计划的重要部分，在无光的深海，共发现 17,500 种生物	陆架边缘生态系统普查（CoMargE）	经过 60 多次实地探索完成全部陆缘斜坡考察，发现中坡具有最高的生物多样性；项目发现深水珊瑚在毛里塔尼亚附近延伸 400 km，大批微生物生活在海床甲烷区附近
	深海海洋生物多样性普查（CeDAMar）	从大西洋南部开始探索深渊盆地底栖生物，研究人类影响前的生物多样性模式； 考察了主要海盆的深渊平原，描述了 500 以上深渊新种，绘制了深海生物分布图； 编制了国家领海以外的深海底保护区数据，编制了气候变化、人类废弃物和深海采矿影响深海生物的报告
	中大西洋海脊生态系统（MAR-ECO）	在海底 4,500 m 处的世界最长山脉进行海洋生物调查，发现了约 1,000 个物种，其中至少 30 个新种； 在深海盆发现了中层动物，在陆坡发现了底栖动物
	深水化能合成生态系统生物地理学（ChEss）	使用先进的机器人，扩大了解北纬 72° 到南纬 60° 深达 4,900 m 地区的高温超过 407℃ 的生境； 发现和描述了约 200 个新种，同时描述了 1,000 多个生活在无光深处的种，利用化能合成作用来制造有机物
	全球海山海洋生物普查（CenSeam）	发现了新海山、新种和新群落； 由于生境隔离，地方性特有种多，且生长慢，海山生物能从捕鱼扰动中恢复其种群
两极海域（Polars）：共计 2 项，包括冰上、冰间、冰下海洋生态系统	南极海洋生物普查（CAML）	提供南大洋海洋生物普查的基线，实现对南极海洋生物变化情况的监测； 记录了 16,500 个生物分类单元，包括几百个新种
	北冰洋生物多样性（ArcOD）	构建了北极海区域海洋生物基线； 对北极区冰上、冰间、冰下、深海盆及沿陆架的 7,000 多个动物种和几千种微生物进行了编目，其中至少有 70 个新种
全球信息和分析（Global Information and Analysis）	国际海洋微生物普查（ICoMM）	25 个国家的微生物学家测定了大洋微生物的遗传多样性、分布与数量； 发现多样性至少是过去估计的 10~100 倍，1 L 海水约含有 38,000 种细菌

普查的成果以书籍、期刊论文、数据库、网络、影像与照片等方式记录和发表。CoML 计划共产生了 2600 多篇科学论文、17 册学术期刊专辑、10 本专著或图鉴，其中包括 3 本汇集普查结果的书籍。

2. CoML 的数据库

2002 年，CoML 在美国罗格斯大学建立了海洋生物地理信息系统（OBIS），用于计划中数据和信息的存储。OBIS 自创立之初整合了 8 个国际/区域级数据库的信息，提供超过 430,000 条基于物种的地理参考数据记录，包括鱼类记录数据库 FishBase、头足类生物数据库 CephBase、珊瑚生物地理信息学数据库 Hexacorals，以及印度太平洋软体动物数据库等。如今，该系统已经成为全球最大的海洋生物地理数据库之一。该数据库已收录普查前后的共计 874 个数据库、3000 万条物种原始分布数据，成为全球生物多样性信息机构（Global Biodiversity Information Facility，GBIF）最重要的信息提供者。在物种描述部分，OBIS 已收集 19 万种海洋生物的图文资料，成为生命百科全书（EOL）物种页面（taxon page）内容的主要提供者。

由于 OBIS 内容丰富而全面，联合国教科文组织政府间海洋学委员会（IOC）在 2009 年联合国大会上，正式将 OBIS 纳入国际海洋数据与情报交换系统（IODE），以确保 OBIS 在未来能够持续地运行和维护。

3. CoML 的研究成果效益

CoML 为全球海洋生物资源勘探和评估留下了丰硕的成果（邵广昭，2011）。

- 确立了目前海洋生物的多样性、分布和丰度的基线，为评估未来海洋的变化奠定了基础。
- 利用各种无线电收发器及卫星追踪装置，绘制了许多大型海洋动物洄游或迁徙的路线和繁殖区域，如鲸类、鲨类、鲔类、龟类等。这些数据可作为渔业管理或海洋保护区划设的重要参考。
- 了解了之前已充分调查和部分尚待勘测的海域范围。
- 对深海生态系统的影响从过去的以废弃物处理为主，转变为当前主要由渔业活动、石油勘探与开采，以及矿物提炼等多重因素共同作用。
- 构建了世界海洋物种名录（World Register of Marine Species，WoRMS）数据库。截至 2011 年 1 月，除微生物之外，已有 25 万种海洋物种被描述，并预测仍有超过 75 万种海洋生物尚待描述。
- 在全球范围内，提升了个人、机构、国家及地区在海洋生物分类及生态调查研究方面的能力，为今后数十年的海洋生物知识积累丰富的经验。

参 考 文 献

宝胜. 2008. 试论科技活动的组织形式和历史演变. 科技管理研究, 28(7): 451-452, 444.
常青. 1998. 关于我国大科学国际合作的政策思考. 研究与发展管理, (6): 14-17, 21.
陈灵芝, 钱迎倩. 1997. 生物多样性科学前沿. 生态学报, 17(6): 565-572.
邓颖. 2014. 水稻日本晴和93-11基因组参考序列的质量分析. 武汉: 华中农业大学博士学位论文.
段黎萍. 2007. 欧盟海洋生物技术研究热点. 生物技术通讯, 18(6): 1053-1056.
冯身洪, 刘瑞同. 2011. 重大科技计划组织管理模式分析及对我国国家科技重大专项的启示. 中国软科学, (11): 82-91.
郭华东. 2014. 大数据大科学大发现: 大数据与科学发现国际研讨会综述. 中国科学院院刊, 29(4): 500-506.
贺福初. 2004. 国家人类肝脏蛋白质组计划. 医学研究通讯, 33(7): 2.
贺福初. 2019. 大科学引领大发现时代. 国防, (1): 5-9.
胡学达, 杨焕明, 赫捷, 等. 2015. 肿瘤基因组学与全球肿瘤基因组计划. 科学通报, 60(9): 792-804.
黄振羽, 丁云龙. 2014. 小科学与大科学组织差异性界说: 资产专用性、治理结构与组织边界. 科学学研究, 32(5): 650-659.
江帆. 2014. 国际癌症基因组联盟公布逾1万个癌症基因组数据. [2022-08-22]. https://www.iiyi.com/d-26-195850.html.
姜颖, 张普民, 贺福初. 2020. 人类蛋白质组计划研究现状与趋势. 中国基础科学, 22(2): 21-27.
老墨. 2006. 回眸"大科学"之发展历程. 广东科技, (6): 2-3.
李建明, 曾华锋. 2011. "大科学工程"的语义结构分析. 科学学研究, 29(11): 1607-1612.
林侠. 2002. 人类基因组计划暨基因技术发展的科学与哲学解析. 北京: 中国社会科学院博士学位论文.
马克平, 米湘成, 魏伟, 等. 2002. 生物多样性研究中的几个热点问题 // 中国科学院生物多样性委员会, 国家环境保护总局自然生态保护司, 国家林业局野生动植物保护司, 等. 中国生物多样性保护与研究进展——第五届全国生物多样性保护与持续利用研讨会论文集. 北京: 气象出版社: 15-36.
马晓琨. 2007. 战争史上最大的合作研究开发机构: 美国MIT辐射实验室案例研究 // 中国自然辩证法研究会. 全球化视阈中的科技与社会: 全国科技与社会(STS)学术年会(2007)论文集: 266-279.
蒲慕明. 2005. 大科学与小科学. 世界科学, (1): 4-6.
钱迎倩, 马克平. 1996. 生物多样性研究的几个国际热点. 广西植物, 16(4): 295-299.
强伯勤. 2007. "大科学"与"小科学"的统一. 中国医学科学院学报, 29(3): 291-292.
任毅, 赵士洞, 李云. 2000. "国际生物多样性观察年"(IBOY)介绍. 生物多样性, 8(1): 126-129.
邵广昭. 2011. 十年有成的"海洋生物普查计划". 生物多样性, 19(6): 627-634.
申丹娜. 2009. 大科学与小科学的争论评述. 科学技术与辩证法, 26(1): 101-107.
申丹娜, 申丹虹. 2011. 分布式大科学项目组织与管理问题研究——以人类基因组计划为例. 自然辩证法研究, 27(7): 54-59.
沈律. 2006. 试论"超大科技"时代: 后D. 普赖斯时代科技发展新模式. 中国软科学, (10): 55-63.
沈律. 2021. 小科学, 大科学, 超大科学: 对科技发展三大模式及其增长规律的比较分析. 中国科技论坛, (6): 149-160.
孙松, 孙晓霞. 2007. 国际海洋生物普查计划. 地球科学进展, 22(10): 1081-1086.
王栽毅, 薛钊, 王云飞, 等. 2022. 2030世界深海科技创新能力格局. 青岛: 中国海洋大学出版社.

未来地球计划过渡小组. 2015. 未来地球计划初步设计. 曲建升, 曾静静, 王立伟, 等译. 北京: 科学出版社
吴家睿. 2004. 走向新的综合: 生命科学领域的小科学与大科学之关系. 科学, 56(6): 23-25.
吴涛, 石宝晨, 陈润生. 2007. 变人类基因组"天书"为"百科全书"的重要一步. 生物化学与生物物理进展, 34(7): 669-672.
项仁杰. 1984. 国际地球物理年. 地质地球化学, (5): 65-66.
杨炳忻. 2015. 香山科学会议第 522、S26、523~527 次学术讨论会简述. 中国基础科学, 17(6): 20-27.
杨焕明. 2017. 科学与科普: 从人类基因组计划谈起. 科普研究, 12(3): 5-7.
曾长青. 2010. HapMap 五周年回顾. 科学观察, 5(6): 61-66.
张义芳. 2012. 美国阿波罗计划组织管理经验及对我国的启示. 世界科技研究与发展, 34(6): 1046-1050.
中国科学院综合计划局, 基础科学局. 2004. 我国大科学装置发展战略研究和政策建议. 中国科学基金, 18(3): 166-171.
甄蓓, 曹巍. 2004. 蛋白质组: 蓄势十年始辉煌. 中学生物教学, (4): 62-63.
左闻韵, 马克平. 2004. 国际生物多样性计划(DIVERSITAS)的发展//中国科学院生物多样性委员会, 国家环保局自然保护司, 国家林业局野生动物和森林植物保护司, 等. 中国生物多样性保护与研究进展 VI——第六届全国生物多样性保护与持续利用研讨会论文集. 北京: 气象出版社: 9-16.
Lambright W H. 2009. 重大科学计划实施的关键: 管理与协调. 王小宁, 译. 北京: 科学出版社.
Adamson B J S, Fuchs J D, Sopher C J, et al. 2015. A new model for catalyzing translational science: The early stage investigator mentored research scholar program in HIV vaccines. Clinical and Translational Science, 8(2): 166-168.
Adhikari S, Nice E C, Deutsch E W, et al. 2020. A high-stringency blueprint of the human proteome. Nature Communications, 11(1): 5301.
Aebersold R, Bader G D, Edwards A M, et al. 2014. Highlights of B/D-HPP and HPP resource pillar workshops at 12th annual HUPO world congress of proteomics: September 14-18, 2013, Yokohama, Japan. Proteomics, 14(9): 975-988.
Alexander V, Miloslavich P, Yarincik K. 2011. The Census of Marine Life: Evolution of worldwide marine biodiversity research. Marine Biodiversity, 41(4): 545-554.
Aronova E, Baker K S, Oreskes N, et al. 2010. Big science and big data in biology: From the international geophysical year through the international biological program to the Long Term Ecological Research (LTER) network, 1957-present. Historical Studies in the Natural Sciences, 40(2): 183-224.
Austin C P, Cutillo C M, Lau L P L, et al. 2018. Future of rare diseases research 2017-2027: An IRDiRC perspective. Clinical and Translational Science, 11(1): 21-27.
Ayadi A, Birling M C, Bottomley J, et al. 2012. Mouse large-scale phenotyping initiatives: Overview of the European Mouse Disease Clinic (EUMODIC) and of the Wellcome Trust Sanger Institute Mouse Genetics Project. Mammalian Genome, 23(9): 600-610.
Boomsma J J, Brady S G, Dunn R R, et al. 2017. The global ant genomics alliance (GAGA). Myrmecological News, 25: 61-66.
Bradley D L. 1999. Assessing the global distribution and abundance of marine organisms. Oceanography, 12(3): 19-20.
Buell C R. 2002. Current status of the Sequence of the rice genome and Prospects for finishing the first monocot genome. Plant Physiology, 130(4): 1585-1586.
Burr B. 2002. Mapping and sequencing the rice enome. The Plant Cell, 14(3): 521-523.
Callaway E. 2018. 'Why not sequence everything?' A plan to decode every complex species on Earth. [2022-05-15]. https://www.nature.com/articles/d41586-018-07279-z.
Coordinating Committee of the Global HIV/AIDS Vaccine Enterprise. 2005. The Global HIV/AIDS Vaccine Enterprise: Scientific Strategic Plan. PLoS Medicine, 2(2): 111-121.
Crease R P, Westfall C. 2016. The New Big Science. Physics Today, 69(5): 30-36.
Cutillo C M, Austin C P, Groft S C. 2017. A global approach to rare diseases research and orphan products

development: The international rare diseases research consortium (IRDiRC). Advances in Experimental Medicine and Biology, 1031: 349-369.

Dawkins H J S, Draghia-Akli R, Lasko P, et al. 2018. Progress in rare diseases research 2010-2016: An IRDiRC perspective. Clinical and Translational Science, 11(1): 11-20.

Delseny M . 2003. Science, communication and policy: Sequencing the rice genome. Médecine Sciences, 19(4): 504-507.

Dickinson M E, Flenniken A M, Ji X, et al. 2016. High-throughput discovery of novel developmental phenotypes. Nature, 537(7621): 508-514.

Feinberg M B, Russell N D, Shattock R J, et al. 2021. The importance of partnerships in accelerating HIV vaccine research and development. Journal of the International AIDS Society, 24(Suppl 7): e25824.

Fruth U. 2009. Considerations regarding efficacy endpoints in HIV vaccine trials: Executive summary and recommendations of an expert consultation jointly organized by WHO, UNAIDS and ANRS in support of the Global HIV Vaccine Enterprise. Vaccine, 27(14): 1989-1996.

Gao L, Liu S, Gou L F, et al. 2022. Single-neuron projectome of mouse prefrontal cortex. Nature Neuroscience, 25(4): 515-529.

Gastrow M, Oppelt T. 2018. Big science and human development: What is the connection? South African Journal of Science, 114(11/12): 1-7

Genome 10K Community of Scientists. 2009. Genome 10K: A proposal to obtain whole-genome sequence for 10,000 vertebrate species. Journal of Heredity, 100(6): 659-674.

Haider S, Ballester B, Smedley D, et al. 2009. BioMart Central Portal: Unified access to biological data. Nucleic Acids Research, 37(suppl_2): W23-W27.

Hayden E C. 2009. 10,000 genomes to come. Nature, 462(7269): 21.

He F C. 2005. Human liver proteome project: Plan, progress, and perspectives. Molecular and Cellular Proteomics, 4(12): 1841-1848.

Heiss A. 2019. Big Data Challenges in Big Science. Computing and Software for Big Science, 3: 15.

Hood L, Rowen L. 2013. The Human Genome Project: Big science transforms biology and medicine. Genome Medicine, 5(9): 79.

Hu X D, Yang H M, He J, et al. 2015. The cancer genomics and global cancer genome collaboration (in Chinese). Science Bulletin, 60(1): 65-70.

India Project Team of the International Cancer Genome Consortium. 2013. Mutational landscape of gingivo-buccal oral squamous cell carcinoma reveals new recurrently-mutated genes and molecular subgroups. Nature Communications, 4: 2873.

Jones D T W, Hutter B, Jäger N, et al. 2013. Recurrent somatic alterations of FGFR1 and NTRK2 in pilocytic astrocytoma. Nature Genetics, 45(8): 927-932.

Kent S J, Cooper D A, Vun M C, et al. 2010. AIDS vaccine for Asia Network (AVAN): Expanding the regional role in developing HIV vaccines. PLoS Medicine, 7(9): e1000331.

Klausner R D, Fauci A S, Corey L, et al. 2003. Enhanced: The need for a global HIV vaccine enterprise. Science, 300(5628): 2036-2039.

Koepfli K P, Paten B, Genome 10K Community of Scientists, et al. 2015. The Genome 10K Project: A way forward. Annual Review of Animal Biosciences, 3: 57-111.

Lander E S, Linton L M, Birren B, et al. 2001. Initial sequencing and analysis of the human genome. Nature, 409(6822): 860-921.

Lawniczak M K N, Durbin R, Flicek P, et al. 2022. Standards recommendations for the earth BioGenome Project. The Proceedings of the National Academy of Sciences, 119(4): e2115639118.

Lewin H A, Richards S, Aiden E L, et al. 2022. The earth BioGenome Project 2020: Starting the clock. Proceedings of the National Academy of Sciences, 119(4): e2115635118.

Lewin H A, Robinson G E, Kress W J, et al. 2018. Earth BioGenome Project: Sequencing life for the future of life. The Proceedings of the National Academy of Sciences, 115(17): 4325-4333.

Li A A, Gong H, Zhang B, et al. 2010. Micro-optical sectioning tomography to obtain a high-resolution atlas of the mouse brain. Science, 330(6009): 1404-1408.

Light R P, Polley D E, Börner K. 2014. Open data and open code for big science of science studies. Scientometrics, 101(2): 1535-1551.
Marine Biological Laboratory. 2009. Creature Feature: Why Biodiversity Matters. MBL Catalyst, 4(2): 12-13.
Matsumoto T, Wing R A, Han B, et al. 2007. Rice genome sequence: The foundation for understanding the genetic systems // Upadhyaya N M. Rice Functional Genomics: Challenges, Progress and Prospects. New York: Springer: 5-20.
Myers F S. 1992. Big-science worries at the OECD. Physics World, 5(4): 5.
Nelson K E, Weinstock G M, Highlander S K, et al. 2010. A catalog of reference genomes from the human microbiome. Science, 328(5981): 994-999.
Nik-Zainal S, Alexandrov L B, Wedge D C, et al. 2012. Mutational processes molding the genomes of 21 breast cancers. Cell, 149(5): 979-993.
Nurakhov N. 2020. The Basic Processes of Creating a "Megascience" Project // Antipova T. Integrated Science in Digital Age (ICIS 2019). Gewerbestrasse: Springer Nature: 329-339.
O'Dor R, Miloslavich P, Yarincik K. 2010. Marine biodiversity and biogeography: Regional comparisons of global issues, an introduction. PLoS One, 5(8): e11871.
Papaemmanuil E, Cazzola M, Boultwood J, et al. 2011. Somatic SF3B1 mutation in myelodysplasia with ring sideroblasts. The New England Journal of Medicine, 365(15): 1384-1395.
Pennisi E. 2017. Sequencing all life captivates biologists. Science, 355: 894-895.
Pennisi E. 2018. Researchers reboot ambitious effort to sequence all vertebrate genomes, but challenges loom. [2022-05-15]. https://www.science.org/content/article/researchers-reboot-ambitious-effort-sequence-all-vertebrate-genomes-challenges-loom.
Ratti E. 2016. The end of "small biology"? Some thoughts about biomedicine and big science. Big Data & Society, 3(2): 1-6.
Rhie A, McCarthy S A, Fedrigo O, et al. 2021. Towards complete and error-free genome assemblies of all vertebrate species. Nature, 592(7856): 737-746.
Richards S. 2015. It's more than stamp collecting: how genome sequencing can unify biological research. Trends in Genetics, 31(7): 411-421.
Rotimi C, Leppert M, Matsuda I, et al. 2007. Community engagement and informed consent in the International HapMap Project. Community Genetics, 10(3): 186-198.
Rozenblatt-Rosen O, Stubbington M J T, Regev A, et al. 2017. The Human Cell Atlas: From vision to reality. Nature, 550(7677): 451-453.
Sakata K, Antonio B A, Mukai Y, et al. 2000. INE: A rice genome database with an integrated map view. Nucleic Acids Research, 28(1): 97-101.
Sasaki T, Burr B. 2000. International Rice Genome Sequencing Project: The effort to completely sequence the rice genome. Current Opinion in Plant Biology, 3(2): 138-142.
Sasaki T. 2005. The map-based sequence of the rice genome. Nature, 436(7052): 793-800.
Sherkow J S, Barker K B, Braverman I, et al. 2022. Ethical, legal, and social issues in the Earth BioGenome Project. Proceedings of the National Academy of Sciences, 119(4): e2115859119.
Sudmant P H, Rausch T, Gardner E J, et al. 2015. An integrated map of structural variation in 2,504 human genomes. Nature, 526(7571): 75-81.
The 1000 Genomes Project Consortium, Ayub Q, Bedoya GDJ, et al. 2015. A global reference for human genetic variation. Nature, 526(7571): 68-74.
The Council of the Global HIV Vaccine Enterprise, Members of the Enterprise, Alternate members & Ex-officio members. 2010. The 2010 scientific strategic plan of the Global HIV Vaccine Enterprise. Nature Medicine, 16(9): 981-989.
The ENCODE Project Consortium, Jill E. Moore, Michael J. Purcaro, et al. 2020. Expanded encyclopaedias of DNA elements in the human and mouse genomes. Nature, 583(7818): 699-710.
The ENCODE Project Consortium, Snyder M P, Gingeras T R, et al. 2020. Perspectives on ENCODE. Nature, 583(7818): 693-698.

The International Cancer Genome Consortium. 2010. International network of cancer genome projects. Nature, 464: 993-998.

The International HapMap Consortium. 2007. A second generation human haplotype map of over 3.1 million SNPs. Nature, 449(7164): 851-861.

The International HapMap 3 Consortium. 2010. Integrating common and rare genetic variation in diverse human populations. Nature, 467(7311): 52-58.

The International HapMap Consortium. 2003. The International HapMap Project. Nature, 426(6968): 789-796.

The International HapMap Consortium. 2004. Integrating ethics and science in the International HapMap Project. Nature Reviews Genetics, 5(6): 467-475.

The International HapMap Consortium. 2005. A Haplotype Map of the Human Genome. Nature, 437: 1299-1320.

Tindemans P A J. 1997. The global aspects of megascience. Elsevier Oceanography Series, 62: 11-15.

Tirode F, Surdez D, Ma X T, et al. 2014. Genomic landscape of Ewing sarcoma defines an aggressive subtype with co-association of STAG2 and TP53 mutations. Cancer Discovery, 4(11): 1342-1353.

UC DAVIS. 2018a. Earth BioGenome Project Aims to Sequence DNA From All Complex Life. [2022-05-15]. https://www.ucdavis.edu/news/earth-biogenome-project-aims-sequence-dna-all-complex-life.

UC DAVIS. 2018b. International Consortium Officially Launches Earth BioGenome Project in London. [2022-05-15]. https://www.ucdavis.edu/news/international-consortium-officially-launches-earth-biogenome-project-london.

Van Eyk J E, Corrales F J, Aebersold R, et al. 2016. Highlights of the Biology and Disease-driven Human Proteome Project, 2015-2016. Jouranl of Proteome Research, 15(11): 3979-3987.

Venter J C, Adams M D, Myers E W, et al. 2001. The sequence of the human genome. Science, 291(5507): 1304-1351.

Vermeulen N, Parker J N, Penders B. 2013. Understanding life together: A brief history of collaboration in biology. Endeavour, 37(3): 162-171.

Wang X L, Xia Z, Chen C, et al. 2018. The international Human Genome Project (HGP) and China's contribution. Protein Cell, 9(4): 317-321.

Zhang G J, Rahbek C, Graves GR, et al. 2015. Bird sequencing project takes off. Nature, 522(7554): 34.

Zhang J, Bajari R, Andric D, et al. 2019. The International Cancer Genome Consortium Data Portal. Nat Biotechnology, 37: 367-369.